岡部いさく
&
能勢伸之の

ヨリヌキ

週刊安全保障

[監修]
フジテレビジョン「ホウドウキョク」／岡部いさく

[編]モデルグラフィックス編集部

pick up,

Weekly national security

Isaku Okabe & Nobuyuki Nose

大日本絵画

Publisher/Dainippon kaiga Co., Ltd
Kanda Nishiki-cho 1-7, Chiyoda-ku, Tokyo 101-0054 Japan
Phone 03-3294-7861 Dainippon Kaiga URL; http://www.kaiga.co.jp

Editor/Artbox Co., Ltd
Nishiki-Cho 1-chome bldg., 4th Floor, Kanda Nishiki-cho 1-7,
Chiyoda-ku, Tokyo 101-0054 Japan
Phone 03-6820-7000 Artbox URL; http://www.modelkasten.com/

INTRODUCTION

『能勢伸之の週刊安全保障』とは？

インターネット配信によるフジテレビ系のニュース専門局『ホウドウキョク』の番組のひとつ。

フジテレビ解説委員の能勢伸之氏を中心に、現代世界の軍事事情に鋭く切り込むという主旨でスタートしたが、軍事知識ゼロのアシスタント・小山ひかる嬢の「月って人工衛星？」といった質問に、困った能勢氏が岡部いさく氏に回答をムチャぶり。四苦八苦しつつ、小山嬢が納得するまで喩えを変え、かつマニアも唸る知識も加えて岡部氏が答えるといった、ドタバタやりとりが定番化。

そんな「地中海って料理じゃないの？」といった発言をかましていた小山嬢も、放送開始から一年余、ゲスト出演の中谷元防衛大臣（当時）の前でNIFC-CA（注／米軍の新型防空システム）の説明をこなし、大臣から満点を貰うという成長っぷり。

軍事知識の浅い人は小山嬢のスタンスで基本的な知識を得て、深い人は岡部氏や能勢氏の解説でより知識を深めることができる番組だ。

CAST

ほぼレギュラー化
している
軍事評論家にして
英国大好き
ゲスト

岡部いさく
ISAKU OKABE

軍事評論家。本番組では小山嬢が繰り出すどんな質問にも瞬時に答え、深い解説も加え、かつイラストも描くという多彩な任務をこなす。でも、ゲスト。英国航空機好きは有名で、英国関連の話題を取り上げると即「番組の私物化！」「英国面キター！」等のツイートが飛んでくる

なんでも学びたい、
NIFC-CAの
キャンペーンガールに
なりたい
アシスタント

小山ひかる
HIKARU KOYAMA

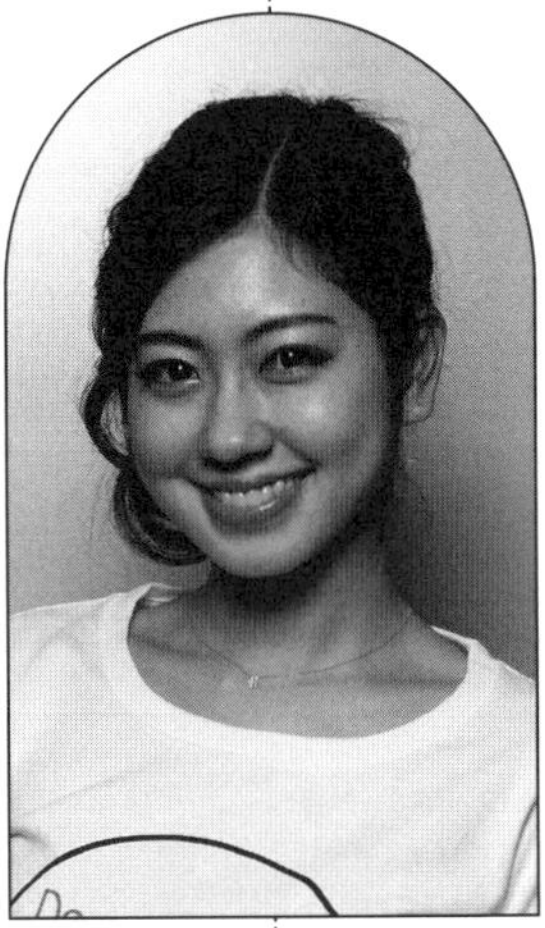

滑走路ではなくファッションショーのランウェイを歩くモデルにしてマルチタレント。番組初期は番組関係者や視聴者の度肝を抜くトンデモ質問が多発したが、最近では機影で飛行機の名前を当てるなど目覚ましい成長を遂げており、違う意味で視聴者を驚愕させ続けている

フジテレビの誇る
軍事・安全保障
担当の解説委員
&プラモデル好き
番組アンカー

能勢伸之
NOBUYUKI NOSE

本番組アンカー&フジテレビ解説委員というエラい人だが、プラモデル好きだったり、戦車が出るとうれしそうだったり、小山嬢の飛び道具的発言を岡部氏にムチャぶりしたり、雑誌での自分の扱いがふたりに較べて少ないことにスネたりと、中味はけっこうフツーのオジサン

INFORMATION
PROGRAMS

毎週金曜日19時〜21時、生放送で絶賛放映中
（再放送は毎週土曜・日曜20時〜22時）

「ホウドウキョク」のWebサイト
http://www.houdoukyoku.jp/
にアクセスすれば無料で即視聴可能

スピンオフ番組『日刊安全保障』（月曜〜木曜の20:55〜の21:00）もスタートしている。アクセス方法は『週刊安全保障』と同様。日々、日本周辺で起きている国家の安全保障にまつわる現象を、能勢伸之が毎日わかりやすく解説。

前書き

はい、今週も『能勢伸之の週刊安全保障』の時間となりました。

思えば２０１５年の４月にフジテレビの24時間インターネット配信番組『ホウドウキョク』の１コーナーとしてスタートしたのでした。その前に能勢さんから、「こういう番組をはじめますんで」とお声をかけていただいて、なにしろＴＶ報道界のみならず、日本のマスメディアきっての軍事・兵器エキスパートとしてその名を轟かせてきた能勢さんの番組ですから、もうふたつ返事でお手伝いさせていただくことにしちゃったのですな。

能勢さんとのお付き合いは、いまを去ること30年近い１９８０年代の末ごろだったでしょうか、亡き江畑謙介さんのお引き合わせでお会いしたのがはじまりで、それ以来、湾岸戦争あり同時多発テロにアフガン戦争あり、イラク戦争あり、そのあいだにもいろいろ軍事的な事件ありで、フジテレビの報道番組で能勢さんのお手伝いをさせていただいてきました。

その能勢さんの視点と知識で、日本を取り巻く軍事・防衛の状況、安全保障の現状を報じる番組ときては、これはぜひお手伝いさせていただきたい、声をかけてもらって、こんな光栄なことはない……んだけど、じつは能勢さん、ひとつ大事な点を見落としていた。岡部いさくはじつはボケだったのでした……というか、能勢さんがそれに気づいてないことを岡部が見落としてたのでした。

当然、ボケを期待されてると岡部は思って調子に乗ったわけですが、さらにさらにそこに小山ひかるさんが強力なワイルドカード性を発揮してくれたもんですから、もう大変。そしてまあこういう番組のトーンができてしまったわけです。

しかもこのワイルドカード、本番中に、いきなり、飛び出してくれるものですから、事前に準備とかしてられない。「じゃあ、自分で描いてしまえ」と岡部がスケッチブックで説明図、いや説明絵か、を描くことにしたのでした。最初は放送中にその場で描いていたのが、いつの間にか放送前に仕込むようになって、だんだんエスカレートしていって、いまのスケッチブック説明絵に至っているんです。

そんなわけで、ひょっとすると能勢さんの当初の構想からだいぶ外れちゃったのかもしれませんが、『週刊安全保障』はTV地上波ニュースや新聞では報じない写真や映像から、「これは何なのか」「いま何が起きているのか」「どんな意味があるのか」を軍事専門誌よりも早く報じる、「いまの日本で唯一にしてまったく新しいニュースなんではないか」と、岡部いさくの分際でもけっこう誇りに思っています。

それとともに、この番組はツイッターを介して視聴者のみなさんからの情報やご指摘もできるだけ早く反映させて、双方向メディアというか、軍事や安全保障に興味を持つ人たちのフォーラムとしても、まだまだ足りない点が多々あるにしても、ある程度機能しているんではないか、とも思います。それはつまりこの番組は、視聴者のみなさんと一緒に作っている、みなさんのお力でできているともいえるわけです。

そういう文字通りのライヴ（生きている）番組から、ご好評いただいた回を厳選して、今度はこうして本のかたちでお届けします。番組中では説明しきれなかったこと、曖昧にしちゃったこと、思い違いしてたことなどは、解説として付記してありますので、面倒くさいかもしれませんが、より詳しく、より正確にお知りになりたい方はご参考になさってください。

ということですので、『ヨリヌキ週刊安全保障』、みんな読んでねー。

2016年9月　**岡部いさく**

CONTENTS

※本書は『能勢伸之の週刊安全保障』で配信されたアーカイブからセレクトした回の一部を構成し、編集・加筆したものです。
※権利の都合上、配信時に流れた映像を使用できない場合もあります。資料写真やイラストを掲載している場合、配信時とまったく同じものや状況などを再現していないこともあります。
※呼称や肩書きなどは基本的には配信時のものを使用しています。

2015年6月20日配信回［前半］

出演　能勢伸之／小山ひかる
GUEST　岡部いさく

主な話題
"最新鋭システム"搭載イージス艦
ロシア海軍　キロ級潜水艦　宗谷海峡を通過
ロシア　プーチン大統領『ICBM 40発追加』
アメリカ　バルト海から黒海に戦車追加か
日本配備　"最新鋭システム"搭載イージス艦

前半は
ロシア関係の
話題が多めです。
ロシアといえば、
モフモフ帽子
！

“最新鋭システム”搭載イージス艦

【ロケ映像／横須賀港にて岡部氏が解説】

岡部　新たに前方配備になるイージス巡洋艦チャンセラーズヴィル（※1／写真1）が横須賀基地に入ってきました。最新のイージスのベースライン9を搭載した船です。舷側に赤白青の幕を張って、ちょっとおしゃれをしてきてます。

岡部　これから巡洋艦チャンセラーズヴィルの艦内見学です。これからいったん外に出て、前甲板に行きます。チャンセラーズヴィルの特徴は、イージスベースライン9というイージスシステムの最新バージョンと、それによるネットワーク能力を持っていることです。そのネットワーク能力のひとつがこれ、NIFC-CAというものです。このNIFC-CAはE-2D早期警戒機やイージス艦をネットワークで結んでしまうものです。これによって、E-2D早期警戒機が捉えた海面や地上スレスレを飛んでくる巡航ミサイルに対して、それがたとえイージス艦のレーダーの範囲を越えていたとしても、イージス艦のミサイルを発射して迎撃する。これによって、イージス艦の迎撃能力がさらに速いものになる。そういう特徴があるわけです。

【スタジオに画面切り替わる】

小山　岡部先生、ちょっと聞いてなかったですよ、私（笑）。みんなが取材に行ってたの聞いてなかったあ（笑）。

岡部　はい、行ってまいりました（笑）。

小山　行きたかったあ（笑）。

岡部　なぜチャンセラーズヴィルに行ったのにシャイロー（の帽子を被っている）かというと、このチャンセラーズヴィルの艦長レンショー大佐が、士官学校を出て最初に赴任した船がシャイローだったんですね。ですので、記者会見のときにこれを被ってると、「おっ！」みたいなね。そういうつかみにしようかなと被っていって、上手く艦長をつかむことができたシャイローの帽子、というわけです（写真2）。

小山　そうなんですね。

岡部　アメリカ海軍にはよくこういう野球帽型の帽子があって、それにちゃんと船の番号とか名前が入っているんです。

能勢　チャンセラーズヴィルの映像はまたのちほど、たっぷりとお伝えします。続いて恒例の視聴者プレゼントです（編注／番組冒頭では書籍や雑誌の紹介、視聴者プレゼントコーナーがある場合も。本書の発行元である大日本絵画刊行の書籍が紹介&プレゼントされることも多々）。このコーナーで何週か紹介してきました、この本。私が書いた『東アジア軍事情勢　これからどうなるか』（ＰＨＰ研究所）（※２／写真３）ですが、視聴者プレゼントは今回が最後になります。よろしくお願いいたします。それからもうひとつのお知らせですが、この番組が『週刊新潮』（新潮社）で紹介されました。

小山　（２０１６年）６月25日号（写真４）ですよね。

能勢　はい。

小山　けっこう記事も書かれていまして、私といさく先生の名前もしっかり書いていただいて、すごい嬉しいです。

能勢　ひかるさんのこともね、「知ったかぶりをしない」と（笑）。

小山　そうですね。知ったかぶりをしない女の人ということでちゃんと書いていただいて。そこ重要ですからね（笑）。ぜひこちらも読んでいただきたいなと思いますので、みなさんぜひぜひ読んでみてください。

3

4

ロシア海軍　キロ級潜水艦　宗谷海峡を通過

小山　それでは『週刊安全保障』、まずは「今週のスクランブル」のコーナー」です。このコーナーでは日本周辺で確認された航空機や船舶について紹介しているんですけれど、ふたたびロシアの潜水艦が宗谷海峡を通過したときの写真が、防衛省より公開されました。（２０１５年）６月18日午後1時ごろ、海上自衛隊のP-3Cが、ロシア海軍キロ級潜水艦（※３／写真５）を確認。宗谷海峡を通過したとのことです。宗谷海峡の位置を確認しましょう、はい。

岡部　北海道のいちばん上のところ。

能勢　で、今回の潜水艦の画像、（うしろのモニターに）出ますか？

岡部　ああ、これですね。

小山　先週やったやつですよね。

岡部　そうそう。先週やったやつとおんなじですね。これは８７７って

5

いうタイプのほうかな？

能勢　大きくわけてキロ級潜水艦には636っていうタイプと877があるんですが、新しいほうの636ではなく877で（※4）。

小山　そのなんとか級っていうのも、私、覚えたんですよね。

岡部　ありがとうございます。

小山　詳しい人（編注／未来工学研究所の小泉悠氏。ロシア軍事情勢に詳しく本番組ゲスト出演も多いため、出演日以外もロシア関係の話題が出ると名前を挙げられたり、呼びかけてツイッターでの返答を求められることも多い。なお、氏は奥さんを「妻氏」、娘を「娘氏」と呼ぶため、番組でもその呼称が使われる。氏のコラムはP86）に教えてもらったんですけど、キロ級とかは型がいっしょみたいな。だから、何個も違うやつを作ると、人だったり時間がかかっちゃうから、ケーキの型といっしょで、同じものを何個か作って、新しいひらめきが起きれば、違うかたちの型を作って、それをわけてるわけですよね。

岡部　そうです。

小山　それを勉強したんですよ（笑）。

能勢　それが「級」というやつで、636と877は、いまのたとえでいうと、クリームまで塗った上で、上に乗るのがパインなのかイチゴなのか、そんな感じですね。

岡部　636のほうが、イチゴが乗ってる値段が高いやつって感じかな？　で、これ（潜水艦の乗員が上のほうに出ている写真を見て）アップですけど、誰も手を振ってくれてないですね。

小山　（潜水艦上部にある球状のものを指して）レーダーの逆のやつですね。

岡部　あなたの言う（「ハワイ＝わいはー」的な）「だーれー」だよ（笑）。今回これが宗谷海峡のほうを西に向かってるところをP-3Cが見つけたんですけど、先週は東に向かってた。だからひょっとするとカムチャッカの基地とウラジオストックの基地のあいだで艦の入れ替えがあったのかな、みたいなことも考えられますよね（※5）。それはロシア海軍に聞いてみないとわかりませんけれど。

小山　聞いてみましょうね、また。

能勢　チャンスがあればですね（笑）（編注／「そんなチャンスはねーよ！」とツッコミたい人も多いだろうが、森本防衛相（当時）や中谷防衛相（当時）にインタビューするなど、奇跡的なチャンスをゲットしていく小山嬢だけに、ぜったいない、とは言いきれない気もする）。

小山　自衛隊のみなさんご苦労様です。

ロシア　プーチン大統領『ICBM 40発追加』

能勢　このロシア関連について、別のニュースも入ってきています。週刊安全保障軍事ニュースひとつ目は、ロシアのプーチン大統領、この人が、ICBM（※6）を40発追加という発表をしました。これが、おそらくはRS24、パレードで出てきた大型のICBM（※7）ではないかと思うんですが。しかもこのICBM、これまでのものと違うといっていいかわかりませんけれど、いわゆるICBMっていうのは5500㎞より遠くまで届く弾道ミサイル（※8）ということになっているんですが、このミサイルの場合はこれより短いところも狙えるんじゃないかといわれているわけです。

岡部　ロシア側が豪語して、「アメリカのミサイル防衛網も突破できるのだ」みたいなことといってますよね。

能勢　ええ。見方によってですけれど、弾頭部分が極超音速兵器のような形状（※9）をしているんじゃないかという見方もあるみたいですね。

岡部　ひょっとすると（大気圏再）突入してから機動ができるみたいな、そういうことも考えられるのかしら。

能勢　極超音速兵器というのはマッハ5以上の速度で飛んで行くという代物です。

小山　見えます？

岡部　見えないかもしれない。私なんか目が悪いから（笑）。

小山　視力の問題ですか？

岡部　動体視力の問題だから。

小山　こんな大きいのが？

岡部　先っちょに入ってる小さい奴がマッハ5以上っていうと時速6000㎞？　1分に100㎞以上。

小山　じゃあ、5分で（東京から）関西まで行けちゃいますよ。

岡部　そんなもんですよ。

能勢　で、マッハ5以上ということですが、この極超音速兵器というのは、アメリカがやろうとしていたのはマッハ20を超えると。中国が試験に成功したのはマッハ10を越えていたと言われていますからね（※10）。

小山　人が掴まったら潰れちゃいますか？

岡部　吹っ飛ばされるんじゃないですかね（笑）。

能勢　そうなると核兵器のことが気になってくるので、核兵器の数について、ストックホルムの研究所SIPRI（※11）が、2015年版「世界の核兵器の動向についての発表」（写真6）を今週行ないました。この数を見てみると、2014年の合計のところ、いちばん下のところを見ていただけると、1万6350個の核弾頭があったのが、2015年の合計では1万5850個と。全体としては減った感じに見えます。ですが、この減ったのは、基本的にはほとんどアメリカとロシアが減らした分だけということですね。

岡部　この両国は、戦略兵器削減条約（※12）とかで、いちおう自分たちでコントロールしてはいるんですよね。

能勢　ええ。アメリカとロシア、イギリスとフランスもそうなんですが、これを見ると、配備している核弾頭の数、それ以外の倉庫に入った状態のものを「その他・保有数」の項目に分けて出しているわけです。でも、その他の国に関してはわからないことが多いというわけなんです。

岡部　中国やインドやパキスタンやイスラエルの核兵器が、みんなしまってあるとは限らないわけですね（※13）。何発かは「配備核弾頭数」のほうに入りそうなもの、（保管庫などではなく）基地に置いてあったり、ミサイルの頭に装備してあったり、そういう状態のものもあるかもしれない、というわけですよね。

能勢伸之の週刊安全保障

世界の核兵器の動向　2015年

国	配備 核弾頭数	その他・保有数	2015年合計	2014年合計
アメリカ	2080	5180	7260	7300
ロシア	1780	5720	7500	8000
イギリス	150	65	215	225
フランス	290	10	300	300
中国		260	260	250
インド		90−110	90−110	90−110
パキスタン		100−120	100−120	100−120
イスラエル		80	80	80
北朝鮮			6−8	6−8
合計	4300	11545	15850	16350

出典：SIPRI Yearbook 2015

6

小山 それは発表してないということですか？

岡部 そうですね。なんともわからないという。

能勢 ロシアのＲＳ24の40発追加、と。おそらくＲＳ24だけじゃないかもしれませんが、それを40発増やすぞとなると、ロシアの核弾頭の数が変わるかもしれませんね。

岡部 ロシアに詳しい人（小泉悠氏）がＷｅｂニュースに書いていましたけれど、ロシアの場合はＩＣＢＭって勘定するなかには、潜水艦発射弾道ミサイル、ＳＬＢＭの数も入っているから、これはロシアが以前から予定していた配備数で、それを含めて今回40発追加と言っているんだと。私の解釈が間違っていたら申し訳ないんですけれども。だから、ロシアが急に核兵器の大増強に乗り出したというわけではなさそうですよね。この時期にこういうことを言い出すってことは、ＮＡＴＯ、アメリカとの緊張に関連するものではありますよね。

能勢 そうですね。

小山 このＩＣＢＭ40発っていうのはなんですか？

岡部 さっきみたいな大陸間弾道ミサイル。それを40発増やすと言っているんだけれど。

能勢 で、あのＲＳ24の場合は、ひとつの車両の上に1発乗っかっていると。言葉の問題で、日本語の場合問題として出てくるのが、ミサイルの数は基本的に誘導弾、弾数ですから「発」で数えるのが普通だと思うんですが、発射装置で数える場合は「基」ですね（※14）。基という字を使うんですけれど、ミサイルの数そのものを基と書く人がいて、それでややこしい問題が起こると。こういうひとつの発射装置に一発という場合はそれでも問題ないんですけれども、ひとつの発射装置に何発も入っている場合はいろいろな混乱が起きますね。

岡部 先週のお話でイスカンデル（※15）、あれは1両の発射装置に2発ですもんね。そうすると1基で数えるのか2発で数えるのかという問題がありますね。

小山 はい、ツイッターに来ているんですけれども、「中国増えてないか？」って書いてますよ。

能勢 そうかもしれませんね。

小山 「大気圏再突入時に機動できるの？」と。

能勢 そういうことになりますね。超音速兵器ですと、そうなるはずです。

小山 あとは、「ＲＳ24は射程によってはＩＮＦ条約に抵触する可能性もあるんじゃ？」。

能勢 それが指摘されました。

岡部 やはりね。

能勢 ただしですね、ＲＳ24そのものは５５００㎞以上に届くということで、これはＩＣＢＭにあたるということで、ＩＮＦ条約違反にはあたらない（※16）とアメリカも判断したそうです。

小山 これ（拮抗という字を指して）なんて書いてあるんですか？

能勢 キッコウ、拮抗している核戦力ですね。核戦力を持つ大国同士だからこそ、おたがい情報交換して、上限や配備に関して交渉できる。力を背景にして初めてできる外交もあるのかも、です。

小山 （岡部先生は）どうですか？

岡部 まあ、それは悲しいけど世界の現実ではありますよね。しばしば。

小山 ちょっとよくわからないんですよね、ひかるには。難しい！（笑）（※17）。

岡部　つまりね、両方共同じくらいの力を持っているから喧嘩はよそうなと。お互いボコボコになっちゃうからという話ができるのであって、弱いほうが強いほうに「そんなに大きな握りこぶしはやめてよ！」と言っても、弱い奴の言うことを聞いてくれるとは限らないわけです。

小山　そういうことかー。

アメリカ
バルト海から黒海に戦車追加か

能勢　ロシアの核兵器の話までしたところで、その背景としては、ロシア側はどうも逆にNATO、西側の動きを気にしているからだという見方もあります。それがどういう話かと言いますと、続いてのニュースなんですが、アメリカはバルト海から黒海にかけて、戦車や装甲車の追加配備を行なうんじゃないかというニュースがありました。で、その地図は出てますか？　これですね（地図A）。網のかかっているところが現在のNATO諸国です。太線はかつてのワルシャワ条約機構（※18）とNATOの境目になっていた線です。

小山　ん？　ん？

岡部　つまりね、いまでこそこっち（地図の網のかかっているところ）はアメリカとフランスとイギリスの仲間、いわゆる西側諸国になってるけど、昔は太い線から向かって右側っていうのは昔のソ連、いまのロシアの子分というか手下に抑えられてた国だったわけ。それがソ連が崩壊したせいでみんな独立したり、西側にくっついたりしてしまって、勢力の地図が昔といまではずいぶん違ってきてるわけなんですよ。

小山　この旧ワルシャワ条約機構って習いました？　学校で。習ってないですよね？（※19）

能勢　あ、そうですか？

岡部　習ってないかもしれないですね。

能勢　要するに冷戦時代にアメリカを中心とした軍事機構にNATOがあって、それに対抗するかたちでソビエト中心に作られた軍事機構がワルシャワ条約機構だったわけです。

小山　軍事機構？

岡部　つまり軍事的な仲間だ。

能勢　それがソビエト連邦が1991年に崩壊して、ソビエト連邦にぎゅっとおさえつけられていたいろいろな国が、ソ連や後継の国といっしょにやるのは嫌だってことで、ソ連やワルシャワ条約機構から離れ、NATOのほうに入れて

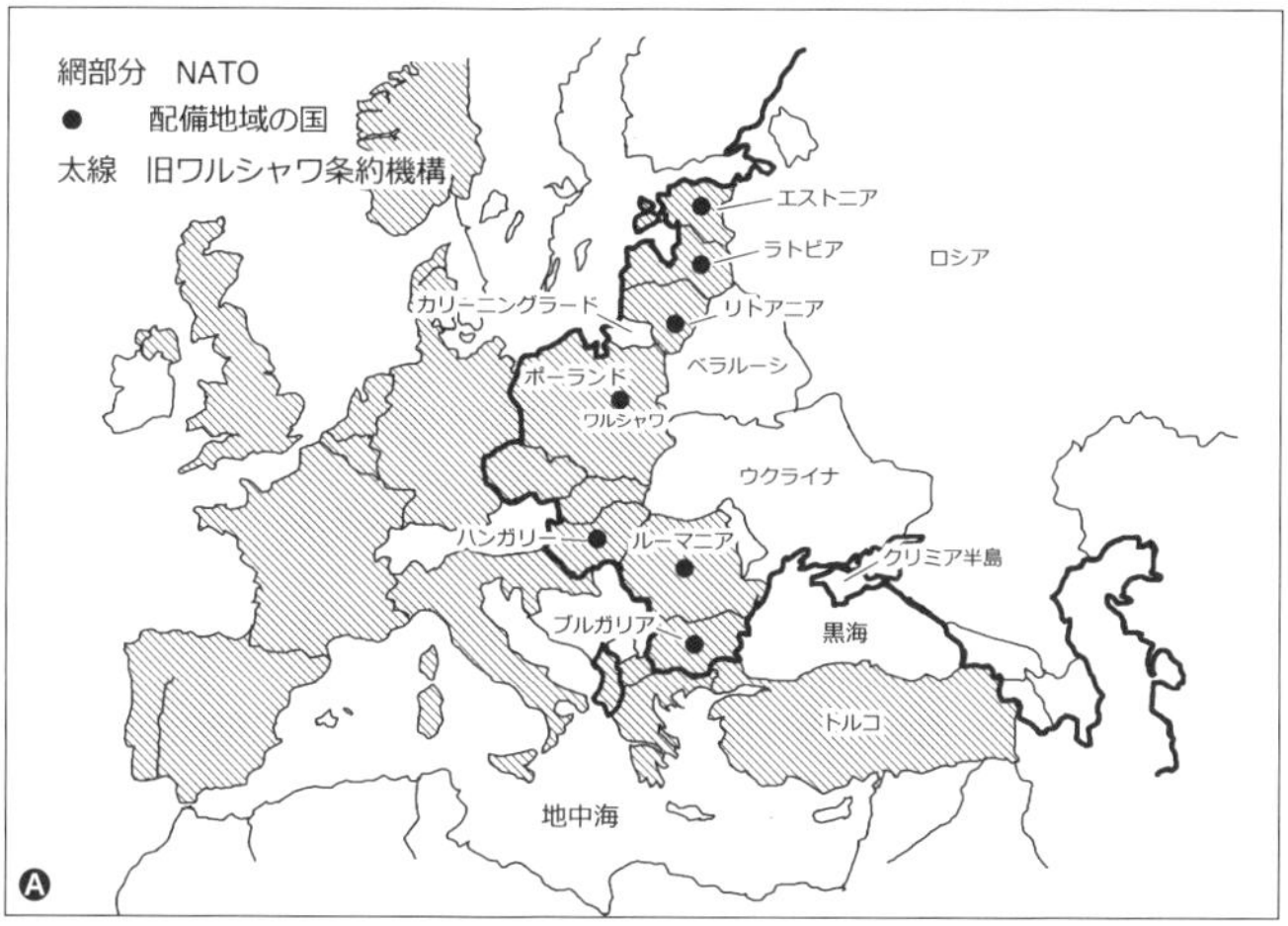

くれと逃げちゃったわけですね。その結果、網のかかっているところが東側に広がっちゃったと。

岡部　ここらへんの国（バルト三国）ですね。

能勢　そこがＮＡＴＯに入っちゃったんですね。それで、広がった部分の国に沿ってアメリカは、写真に映ってますＭ１Ａ２戦車（※20／写真7）を含めて、装甲車両１２００両をどーんと、その点がついてるところを候補地として配備、事前集積しようか、ということに。

小山　置くってことですか。アメリカが？

能勢　アメリカがいま検討していると言われています。そう報道されているだけなんで、正式な発表があるわけじゃないですけど。

岡部　ウクライナとベラルーシ、ベラルーシとロシアは非常に仲が良い。ウクライナはロシアとのあいだでもめている。でも、言ってみればここらへんはロシアのすぐ近くだから、ロシアの庭先に（アメリカの）戦車だとか装甲車が配備されるかもしれない。配備って言っても戦車や装甲車だけ置いといて、兵隊さんはいざというときに輸送機なり船なりで送り込んで戦車に乗り込んで作戦するという。まあ、どのみちロシアにとっては心穏やかならざる状態ですね。

小山　黒海というのはどこですか？

岡部　黒海というのはトルコの北ね。で、ここがウクライナでここがロシア。クリミア半島っていうこのあいだロシアがぶんどっちゃった（※21）ところがあるわけです。これがこのあいだ日本に軍艦が来たトルコですよ。

能勢　とくにバルト三国と言われるところ。エストニア、ラトビア、リトアニア、そこに戦車なんか置かれた日には、この国は非常にモスクワに近いんですね。

岡部　モスクワはロシアの首都。

小山　帽子の？

岡部　毛皮の帽子の（笑）。

能勢　そのバルト三国のところに、ＮＡＴＯが交代で戦闘機を配置してますよね。

岡部　そうです。バルト三国あたりの空をパトロールする。なにせここらへんの国は小さくて軍事力が弱いんで、ＮＡＴＯに加わったから、イギリスとかフランス、アメリカもカナダも戦闘機を送り込んで、空をパトロールしましょうということでやっている。いまここらへんにロシアの飛行機が飛んできて、結構緊張が高まってるんですよ。それから、先週イスカンデルが配備されるということで有名になったカリーニングラード（※22）。このカリーニングラードを挟むところにアメリカ軍の戦車が置かれるという、ロシアにとってみれば、首筋がぞくぞくするような状態にもなってるんだけれど、考えてみればきっかけはクリミアですか？

能勢　でしたかねえ。そういうようなヨーロッパ情勢、アメリカの情勢。これはなかなか興味深いというか、緊張度の高い状況にあるわけですね。それで、置かれるであろう２５０両もの戦車、検討されているのはM1A2戦車と言われているんですが、映像はM1A2SEPV2（※23）と呼ばれているものです。砲塔の上にある機関銃のところが、リモートコントロールで砲塔のなかから向きを変えたりできるタイプのものです。

岡部 戦車のなかの乗員が姿を現して機関銃を撃たなくていいと。

能勢 市街地みたいにどこから弾が飛んでくるかわからないようなところでは、こういうリモコン機関銃付きの戦車（※24）のほうがいいだろうということで、こういう形のものが出てきたんです。

岡部 機関銃を撃とうと思ってハッチ開けて顔出すと、狙撃兵が狙っていてパンと撃たれてしまうということがけっこう……

小山 ありますよね。映画とか観ててもそういうシーンありますよね（※25）。

能勢 で、M1A2SEPV2の映像ですが、たまたまこれはバルト三国で。

岡部 エストニアだっけ？

能勢 エストニアでしたっけね、そこに（2015年）3月の段階でM1A2SEPV2がいたという映像がこれです。で、2両走っていますが……

岡部 これはデモンストレーションかな。

能勢 そうですね。（車体が旋回しても）砲塔がピタッと動かず車体だけ回って。

小山 すごい。なんで？（笑）。

能勢 いまの戦車はこういったことができるものが多いんです。

岡部 （戦車下部の）履帯という部分ね、それを左右で逆に回してるの。そうするとその場でぐるっと向きが変えられる。そうやって戦車の車体が回っているときにも大砲の向きを一定にしておくメカニズムがあるんですよ。だから大砲が動かなくても車体だけぐるぐる動く（※26／写真8）。

小山 普通だったら大砲が動きそう。

岡部 大砲は実際動きますよ。

能勢 ですからこういった、戦車の車体自体が位置を変える、向きを変えることをしながら、ひとつの標的に何発も撃ち続けることもできるわけですね。

岡部 人間だったら顔を見合わせながら身体を動かせるわけですよ。

小山 ぐにゃぐにゃ人間だ（笑）（※27）。

能勢 この映像はM1A2SEPV2というタイプで、いま話題になってるのがM1A2の250両配備が検討されていると伝えられているんですが、M1A2にはSEPV2以外にもTUSKⅠ、TUSKⅡという、鎧のように装甲を増やしているタイプもあります。アメリカがどういうものの配備を検討しているかはわかりませんが、とりあえず3月段階ではこういったものがロシアに近いところにいたというわけですね。

岡部 冷戦時代にロシア製戦車と真向から撃ちあうことを考えると、いくらでも装甲を厚くしたくなる感じもわかりますよね。

能勢 そういった戦車もいたと。

8

小山 （映像を見ながら）すごい回ってる。
能勢 今度は砲塔が回ってますね。
小山 いっぱいあるんですね。キャタピラのなかに車輪が。
岡部 そうなんです。
能勢 はい。
小山 可愛くない（笑）（※28）。
岡部 可愛くはないよね（笑）。
小山 茶色なんで。
能勢 ヨーロッパなのになんで（車体が）こんな色なのかっていう。
岡部 これはいわゆる砂漠色（※29）ですよね。イラクとかアフガニスタンみたいな砂っぽい土っぽい色のほうが目立たないけど。
小山 レーダーとかついてないんですか？
岡部 レーダーはついてないですね。その代わり赤外線だとかテレビだとか、暗いところでも見えるようにするものだとか。それからレーザーで距離をとったり、そういうものですね。
小山 やっぱ可愛くないですね。足がいっぱいあると虫っぽく見えるんですよね。私、虫すごい苦手で（笑）。虫っぽく見えちゃった。

日本配備“最新鋭システム”搭載イージス艦

小山 ……それではですね、みなさんお待たせしました、海面上を低く飛ぶため撃墜が難しいとされてきた巡航ミサイルを、海上で撃墜する能力を搭載したアメリカ海軍イージス巡洋艦チャンセラーズヴィルが、日本配備のため18日に横須賀に到着しました。これは（岡部先生と能勢さんが）行ってこられたやつですよね。
岡部 そうです。チャンセラーズヴィルなんですけど、２０１１年の東日本大震災のときに、ちょうどチャンセラーズヴィルとほかの船が日本の近くにいて、救援のために駆けつけてくれたんですよ。
小山 やさお！（※30）。
岡部 ……うん（笑）。ヘリコプターで被災者に水や食料をピストン輸送したんです。
小山 いいですね、そういう話を聞きたいですね。
能勢 で、日本周辺では弾道ミサイルの問題がいろいろ指摘されていると思うんですが、弾道ミサイルだけじゃなくて、近年では、先ほども指摘されてたように、海上を低く這うように飛んでくる巡航ミサイルはレーダーで捉えることが難しくて、それが故に軍事上の脅威が増大してるわけですね。チャンセラーズヴィルの到着後記者会見をしたレンショー大佐（※31）は……
岡部 （チャンセラーズヴィルの）艦長ですね。
能勢 艦長はチャンセラーズヴィルが最新鋭の迎撃ミサイルSM－6（※32）を搭載可能であること。ほかのイージス艦や早期警戒機とリアルタイムのデータリンクを組んで巡航ミサイルを迎撃するNIFC－CAという仕組みを搭載していることを明らかにしました。集団的自衛権を廻る論争が続くなか、巡航ミサイルの脅威に対処するため、日米のイージス艦との関係をどのようにすべきか問われることになるかもしれません。さて、ひかるさんへのクイズもあります。VTRを観ていただきたいと思います。

【横須賀港にて岡部氏と能勢氏と番組スタッフの取材風景の映像】

能勢　（鳥居のバルーンを）膨らまして。

岡部　空気で膨らまして。

能勢　（鳥居は）バルーンなんですね（写真9）。

岡部　それとあっちのほうに歓迎の（出店のようなスペースが）いろいろと。今日は巡洋艦チャンセラーズヴィルが日本に到着する歓迎のお菓子やなんか。「ウェルカムホーム、おかえりなさい」（というプレートなども）。

能勢　へえー！

岡部　横須賀での新しい生活のための資料とかカレンダーとか。

能勢　ああー、なるほど。

岡部　多くの乗組員が今度横須賀に新しく赴任するわけですから、基地の施設の案内とかいろいろあるわけですよ。で、風車がね、アメリカの（国旗を表す）スターズ&ストライプス。アメリカ軍にはいまこういうVFW、Veterans Foreign Warsという外地での、退役軍人の協会があるんです。

能勢　（協会の歓迎スタッフの方々に）お疲れ様です。

岡部　こういうふうに、非常に家族的な歓迎の仕方というか、これがじつはアメリカ軍の文化なんですよね。

能勢　なるほど。

岡部　じつはチャンセラーズヴィルが日本に配備されるのは二度目なんです。だからウェルカムホームは当たってないわけではない。

番組スタッフ　あの鳥居って厚木基地でも見ましたけど、アメリカの軍関係者は鳥居好きなんですかね？

岡部　鳥居好きですね（※33）。在日米軍基地にはたいていありますね。横田基地にも確かあるし、沖縄のアメリカ陸軍の施設、あれがトリイステーションっていう名前ですんで。

番組スタッフ　そして能勢さんは（ひとりで）先のほうに行っちゃいましたよ。

岡部　ええと、（チャンセラーズヴィルは）どこに着くのかな？

　こっち側はあんまり来たことがないから。いまいるところはだいたい巡洋艦や駆逐艦がいるところです。ぶるぶるって音が聞こえるでしょう？　あれは発電機で送風機を回して鳥居のなかに空気を入れて膨らませて。

カメラ　先生に解説していただきたいんですが、なんで鳥居好きなんですか？　アメリカ海軍は。

能勢　なんでなんだろう？

岡部　海軍にかぎらずね、横田基地の空軍のところにも鳥居があるでしょ？　ターミナルの前の芝生みたいなところに。

番組スタッフ　日本らしいと見えるのかしら。あ、石川先生！（※34）、前回はツイートありがとうございます（編注／航空軍事評論家・石川潤一氏と遭遇。岡部氏や能勢氏とは親交が深く、番組の影のブレーン的な役割を担っており、番組中で名前や氏自身による指摘が頻出する。その石川氏のコラムはP48）。

石川　どうもどうも（笑）。

番組スタッフ　そのうちご出演もしていただけるとお聞きしていますので。

石川　そのうち（笑）。岡部さんみたい2時間ひとりで（小山さんの相手をする）なんてとても無理ですよ。大勢でね（笑）。

能勢　彼女（小山ひかる）の質問に。

石川　無理！　あんなすごいことを（笑）。あの突っ込みは私は（回答は）無理ですね。あれはスキルがないと。

番組スタッフ　能勢さんがいますから、ぜひぜひ。

石川　ずっと黙ってるよ、2時間（笑）。

【石川氏となんとなく別れ能勢氏と合流】

番組スタッフ　今日の（岡部先生の）ファッションチェックを。

岡部　これはイージス巡洋艦シャイロー（※35／写真10）の帽子です（写真2）。何年か前に取材したとき、艦長のロックリン大佐（※36）にもらったんです。『世界の艦船』（海人社刊）のインタビューのときに。なぜチャンセラーズヴィルなのにシャイローかと言うと、チャンセラーズヴィルの艦長レンショー大佐が、士官学校を出て最初に赴任した船がじつはシャイローだったんですね。ですんで記者会見のときにこれを被ってると「おっ！」みたいな、そういうつかみにしようかと。

番組スタッフ　考えてらっしゃいますねえ。

岡部　でも考えてどうなるというわけでもなくて、考えて滑るということもありますし。そういう経験も何回かあります（※37）。

カメラ　どうなんですか？　能勢さんそのあたり。

能勢　上手くいけばいいかなと。とにかくインタビューの時間どれくらいになるのかなとか。

カメラ　（岡部氏がスケッチブックに絵を描いているのを見て）描いてるし！（笑）。

岡部　あれはきり型の護衛艦（ゆうぎり）（※38／写真11）。OTO・メララの76㎜砲（※39）、アスロック8連装発射機（※40）。それから艦尾にはシースパローの8連装発射機（※41）があって、アスロック発射機にしてもシースパロー発射機にしても、いまにすると古典的な、姿を消しつつある装備なのでいまのうちに見ておきます。

番組スタッフ　（ゆうぎりを指して）海警2901と同じやつですか？

岡部　だいたい76㎜砲ですからね、

例の海警の2901と大砲の口径としては同じですよね。性能的にも近い砲。つまり、海警は海上自衛隊の護衛艦に匹敵する大砲が付いてるわけです（※42）。

もうじき森のところにマストが出てくる。イージスシステムの最新バージョン、ベースライン9を搭載した巡洋艦チャンセラーズヴィルが、横須賀に入ってきます。舷側に赤白青の幕を張ってる（※43）。ちょっとおしゃれをしてきています。

能勢 あー、これはちょっとあれだなあ、ひかる女史用だ（笑）。

ナレーション 能勢解説委員からオーダーがあった、『週刊安全保障』らしい入港シーンをご覧になりながら、ひかるさんに問題です。側面に張られたこの布の意味するものはなんでしょう？（写真12）

【映像がスタジオに切り替わる】

小山 はい……というわけで（笑）。側面の布の意味するもの。

岡部 まあおしゃれはおしゃれなんですよ。さあ、この色は？

小山 これって、前回でトルコの（軍艦が来た）ときってありましたっけ？

岡部 ありませんでした。

小山 ありませんね、はい。ありませんなあ。これって国旗じゃないですか？

岡部 そのとおり。

能勢 アメリカ国旗の場合、青白赤の3色使ってますよね。

小山 だから、アメリカ国旗を表して。

岡部 レッドホワイトアンドブルーなんですね。

小山 アメリカの巡洋艦が来たぞっていうのを表してると思いまーす！ 正解？

能勢 正解ですね。

岡部 おめでとうございます（笑）。

小山 そうなんですね。解説をお願いします、でも解説がそういうことか。

岡部 こういう軍艦が港に着く様子、とくにこのチャンセラーズヴィルはこれから横須賀を基地にするわけでしょう？（すでに横須賀を基地にしている船が帰ってくる様子を見るチャンスはあるんだけど、新しい船がやってくるのを見る機会はなかなかないんですよ。で、これがやってきたところでＶＴＲの続きをご覧いただきましょうか？

【ふたたびチャンセラーズヴィル取材映像に戻る】

岡部 いま乗組員はみんな、舷側に並んで正式の挨拶をしているわけですね、入港の。かっこいいでしょう？

番組スタッフ （急速に曲がって岸に近づく小型船を見ながら）すげードリフトかます！ ぶつかりません？（写真13）

岡部 ぶつかっても大丈夫ですよ。バンパーがついていて。というか、こういうのは特殊な推進器がついてるんですよ。普通のスクリューと舵じゃなくて、縦に板状の物が回るフォイト・シュナイダー式プロペラ（※44）という、そういう推進器がついてるから、すごい小回りが効く。スピードは出ないですけどね。

番組スタッフ　本当にぶつかってるんですけど（笑）。すごーい。

（再度石川氏と遭遇）

石川　この船（チャンセラーズヴィル）この距離で見るの初めて（笑）。

岡部　迫力ありますよね。けっこうああいうあからさまな通信アンテナがタイコンデロガ級には多くて（※45）。船の中央部にいろいろほかのアンテナに隠れ目立ちませんけれども、そういう派手なアンテナがたくさんあります。ここが25㎜の機関砲（※46／写真14）。リモートコントロールで撃つようになってて、あそこについてる丸いやつが（写真14の機関砲の向かって左）、いまは下向いてるけど赤外線照準器（※47）です。

能勢　あれ？　八木アンテナ（※48／写真15）？

岡部　ここの出っ張り。番組でおなじみ八木アンテナがついてるんですけど。これいままで見たことない。なんだろう。HSM-75 WOLFPACK（※49／写真16）って書いてあるでしょう？　あれね、ヘリコプター用の燃料タンクなんですけど、HSM-75っていうのは厚木にいる部隊じゃないんですよね。たぶんチャンセラーズヴィルがサンディエゴ（基地）にいたときから積んでる部隊の燃料タンク。なかに入ってるヘリコプターには、どうせ厚木の部隊が乗るんでしょうけれども、はたしてどこの部隊（の番号）になっているか気になりますけど（※50）、姿が見えないね。

13

14

【レンショー艦長への岡部氏によるインタビュー映像】

岡部　『トモダチ作戦』のチャンセラーズヴィルのご尽力に、日本人のひとりとして感謝します。

艦長　ありがとうございます。チャンセラーズヴィルはかつて横須賀に配備されておりました。サンディアゴに配備中に東日本大震災が発生し、『トモダチ作戦』に参加しました（写真17）。また日本に戻ってこれたことを非常にうれしく、そして、光栄に思っております（写真18）。私が日本に

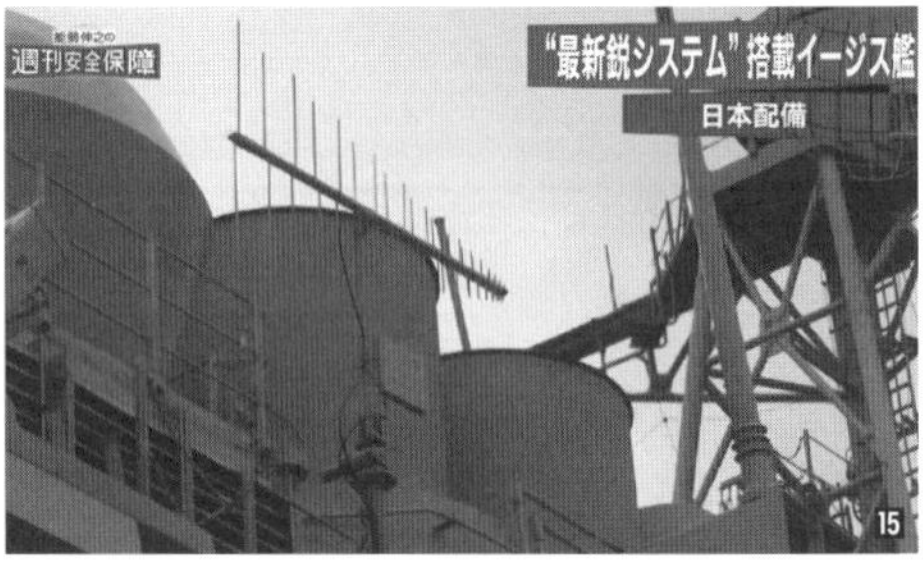

15

16

来るのは今回が初めてではありません。佐世保に配属されていた際、横須賀には何度か来ました。

（岡部氏の帽子を見て）シャイローの帽子を見つけましたが（写真19）シャイローは私が最初に配属された艦です。

【インタビュー終了後】

番組スタッフ　先生、帽子作戦効きましたね。

岡部　効きましたね。

能勢　すばらしかったです。

【艦内取材映像に戻る】

岡部　これから巡洋艦チャンセラーズヴィルの艦内見学です。チャンセラーズヴィルが日本に来るのは二度目。前回取材した経験があったかな？

ナレーション　内部映像をお見せする前に、問題です。このHやEが意味するものはなんでしょう？（編注／写真20は巡洋艦アンティータムのもの。チャンセラーズヴィルには同様の位置にイラストBのような字が入っている）

【映像がスタジオに戻る】

岡部　このね、船のいわゆるブリッジ、艦橋、操縦するところの外側に「HEEEE」と色違いの字が並んでるですが（※51／イラストB）、なんだと思いますか？

小山　これ、（文字の下にある）線も意味があります？

岡部　あります。

小山　ツイッターさん見てますかー？　答えが欲しいなあ。

岡部　「へえええええ」じゃないよ。

小山　「へえええええ」じゃないですよね（笑）。Hが3つということではなく？

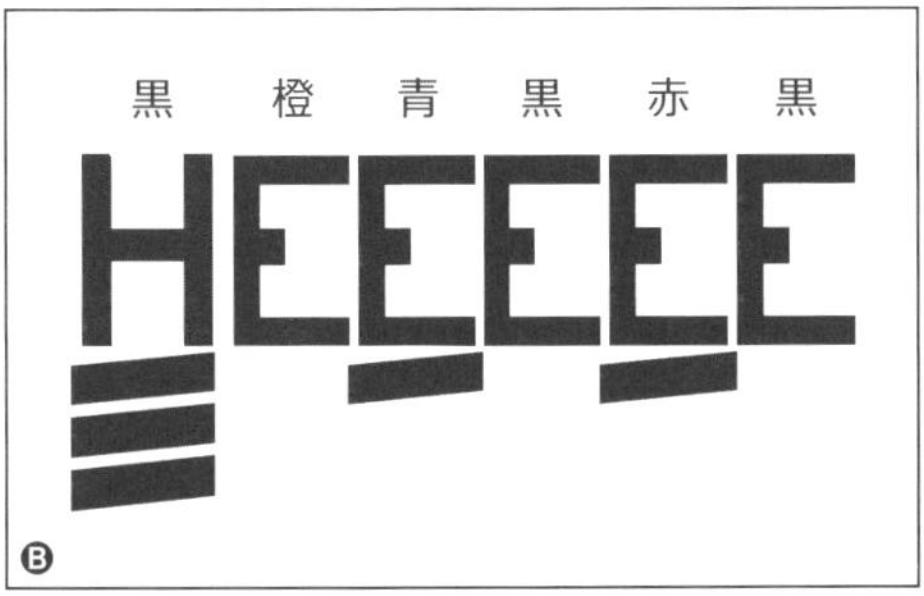

岡部　Hが3つですね。
小山　色は関係なく？
岡部　色は関係ありますね。
小山　えーと（パソコンでツイッターを見ながら）、あっ！　ありがとうございます。
能勢　ん？
小山　受賞歴？
岡部　そうなんです！
小山　ありがとうございます！
岡部　よくわかりましたね、なんて（笑）。
小山　ありがとうございます！　ありがとうございます。で、受賞歴ってなんですか？
岡部　色によって課目が違うんですよ。たとえば船の操縦が上手いとか、船の整備状態がいいとか、そういうような課目を表していて、それが偉いよってEマークとかHマークを書くことが許される。それを何度も受賞すると、（ふたつ書いて）2回もらってるよっていう。
小山　Hはなんなんですかね。
岡部　なんなんですかね？
小山　（Eを）3回も受賞してるってことですよね。
岡部　ええ。
小山　じゃあ色によって、黄色は1回しか受賞してないということですね。
岡部　そうですね。課目がいろいろ違うんだけど、つまりこれをたくさん書けるってことは、この船が優秀だってことですね。
小山　すごーい。ありがとうございます。これで私もたくさん正解できた（笑）。
岡部　そういうことになるのかな？（笑）。
小山　ここでディレクターさんからカンペが来たんですけれど、次に流れるVTRが乗船してからの映像になるんですけれど、能勢さんも岡部さんも（取材を忘れて）夢中になってるみたいです。
岡部　すいません、いつものことです（笑）（※52）。
小山　（取材中の）解説がほとんどないようなので、ここではVTRを流しながら、おふたりにいろいろフリートークを加えながら解説してほしいということで。無言VTRみたいになっちゃうので（笑）。
岡部　そうですね（笑）。
能勢　確かに今回は、ベースライン9という新しいシステムを積んでるが故に私たちが知らないことがいろいろあったということで（その場で解説出来なかったわけで）すね。
小山　じゃあ、あれですね、カメラそっちのけで（笑）。
能勢　解説しようにも基礎知識がないものなんで（笑）。
小山　それでは行ってみましょうか、はい。

出典／写真5：統合幕僚監部、写真10：U.S.Navy

2015年6月20日配信回［後半］

出演　能勢伸之／小山ひかる
GUEST　岡部いさく

主な話題　“最新鋭システム”搭載イージス艦　日本配備

能勢さんも
岡部先生も
チャンセラーズヴィル
に夢中。

取材と
いうより
社会科見学に行った
男子たち
みたい

“最新鋭システム”搭載イージス艦日本配備

【チャンセラーズヴィル艦内の取材映像を見ながらスタジオで3人がコメント】

能勢　いまこうやって艦内へと登っていくわけなんですが、まず乗員の方たちに出迎えられました。

岡部　（入口には）艦長さんとか乗組員さんの顔写真つきのボード（があります）。誰が艦長さんですよ、誰が副長さんですよ、というのがありまして。いま、艦の後ろのほうに……

能勢　向かっていますね。このドアがものすごく分厚いのわかりますかね（写真1）。で、それで、いよいよ後ろの甲板にやってきました。

岡部　これが25㎜機関砲（写真2）ね。

小山　カメラよりも全然先に行っちゃってますもんね、おふたりが（笑）。

能勢　すみません。で、これが25㎜機関砲を撮ってるところ。

岡部　（乗員の方が）解説してくれる。取材者が何グループかに分かれまして、私たちを案内してくれていたのは、

フィリピンさんという女性士官です（写真3）。

小山　きれい～！

能勢　この方、去年大学卒業したばかりといっていましたね。

小山　年下ですか、私より！　見えへん。

岡部　でね、これがいきなり（港に）入ってきちゃった船なんですよ。

小山　取材中に？

岡部　取材中に入ってきたのが見えて、「え!?」と思ったんですけど。きれいでしょ？

小山　これはなんですか？

岡部　これはアメリカ沿岸警備隊（※1）っていう、まあ日本で言うと海上保安庁みたいな？　そういう組織のメロン（※2／写真4）っていう船なんです。

小山　メロン？

岡部　人の名前なんだけどね（笑）。果物のメロンとは字の綴りが違う。

能勢　で、これが（さっき見た位置と）反対側にある25㎜機関砲ですね。で、いまから登っていきます。

小山　大変ですね、カメラ持ちなが

ら。

能勢　そうですね。で、ここがヘリコプター甲板（写真5）。さっきいたのがミサイル発射のための甲板なんですね。これがミサイルの発射機ですね。

岡部　「積んでるヘリコプター部隊はHSM-75ですか？」って聞きました、そうしたら「75だけど、いまヘリコプターは載ってません」と。

小山　（能勢さんがカメラに）完全に背中向けちゃってますよ（笑）（※3）。

能勢　すみません（笑）。

岡部　あそこに見える窓のついてるところ（写真6）。あれはじつはヘリコプターの着艦をコントロールする、空港の管制塔みたいなところなの。そのあとヘリコプターの格納庫に入ったけれど、いまはヘリコプターいないんで荷物置きになってました。（艦の）なかを歩いて行くわけですけど、例によってきつい階段です。

小山　すごい。

岡部　パイプだらけでしょう？　いろいろぶつかったりして。で、上がっていった先がこの船の上の、メインマストの付け根部分。

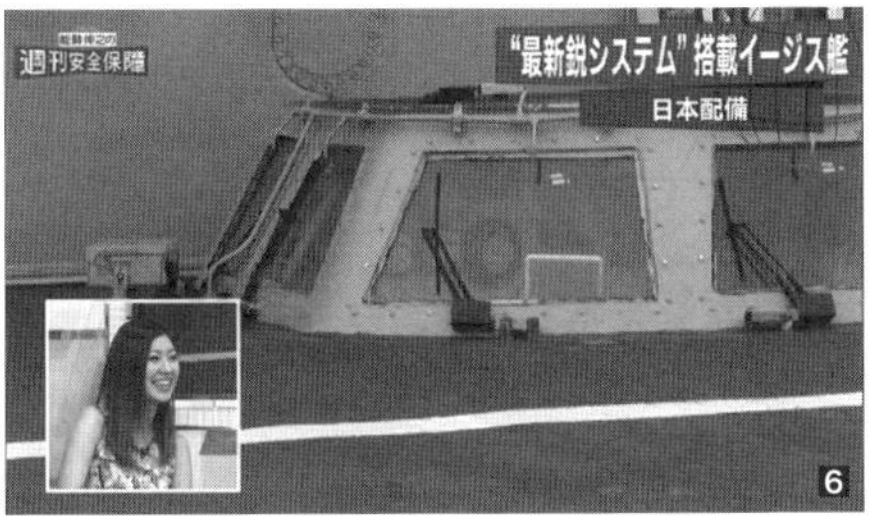

小山　電波塔みたいですね。

岡部　そうです。まさに電波塔なんです。こういう鉄骨を組み合わせているものがあって（写真7）。

小山　よそ見してたらカーンって当たりそうですね。

能勢　当たりますよ。

岡部　このあいだトルコの軍艦でも見たとおり、甲板にもいろいろなものが出っ張ってるから。昔はマストに大きなレーダーが付いていたんですが、とっちゃったんですね（※4）。

小山　へえー。

能勢　またもうひとつ上がっていきます。で、そこにあるのが今度はこの白い（丸い）ものがついた……

岡部　ファランクスっていう、一種のロボット機関砲（※5／写真7中央付近）ですね。

ナレーション　突然ですが問題です。「この丸いもの（写真8）なんだ？」5秒で答えて！

小山　レーダー！

岡部　いえ、これは……。

小山　風船？

能勢　いや、テレビの。

小山　テレビのアンテナ？

岡部　そう、衛星テレビのアンテナです。

能勢　この箱がヌルカ（※6／写真9）ですね。

小山　え？

能勢　ヌルカという囮を発射する装置です。

岡部　この箱のなかから、囮が飛び出して、空中に浮いて、それが電波を出すと（それをめがけて）飛んでくるミサイルのレーダーにはあたかも船のように見えてしまうと。で、そっちに引きつけられて船にはミサイルが当たらない。で、これからいよいよ艦橋に上がるんですけれども。

小山　すごいいっぱい登るんですねー。

能勢　そうなんですね。

岡部　半日取材するとね、結構足がガクガクします。日頃鍛えてないから、こういうとき厳しい。いまカメラ構えてる機部ディレクターもよいしょって（笑）。これがさっき「HEEE」とか書いてあったところの内側。

小山　内側ね、はいはい。

能勢　で、このCOっていうのがね（写真10）。

小山　CO？　空気？　一酸化炭素？　二酸化炭素？（※7）

能勢　ではなくて（笑）、たぶんコマンディングオフィサーですね。

岡部　コマンディングオフィサー、つまり指揮をする士官、艦長さんの椅子。

小山　へえー。いっぱいある。

岡部　なかにも（椅子が）ある。いまのは外用ですね。

能勢　で、ここはいわゆる操舵室になるんですかね。

岡部　まあ、パイロットハウスっていうね。で、そこから（船の）前方を見るとこんな感じに見えますよって。

小山　たかーい（写真11）。

岡部　高いですよ。で、さっき見えた25㎜機関砲（写真12）あれをここからリモートコントロールで撃つんですよ（写真13）。

小山　ふーん。

岡部　で、この画面でもって目標を見て、操縦桿みたいなのがあるでしょう？　あれで銃の向きを変えて、発射ボタンがついていて。発射ボタンはカバーがついてて、これね（写真13）。

小山　これで撃てちゃうってわけですね。

【パイロットハウスを出て全員艦内を移動】

小山　大変だ、カメラ持ちながら。

能勢　そうなんですよ。

岡部　この階段がね、登るより降りるほうがつらい（写真14）。

小山　これをササッて降りていくわけですよね。乗ってる人は。

岡部　そうですね。だからいきがって真似してタタタッて降りようとするとすごく危ないのでやらないように気をつけています（笑）。ここに、艦長さん（の部屋）が（写真15）。

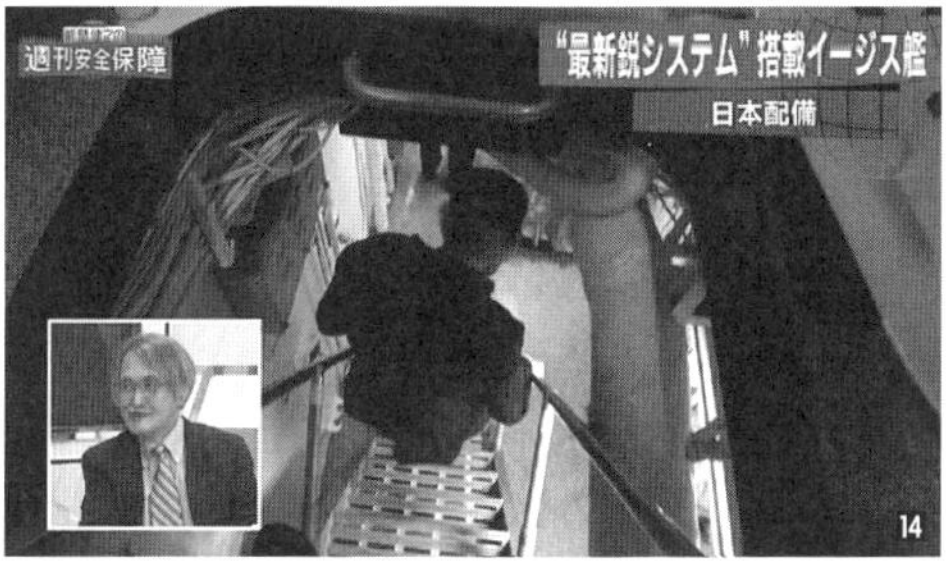

14

小山　前に見た「比叡」が描いてあったところみたいな感じ（の部屋）ですか？（※8）　トルコの軍艦（にもあった）。

岡部　そうそう。偉い人の部屋。このあいだの（トルコ艦の）士官室も偉い人が食事してる部屋だから、内装とかが豪華。艦長さんの部屋も木製のドアが（付いていて）……

小山　特別な。

岡部　（ふたたび階段移動をしている映像を見ながら）けっこう船のなかって、真ちゅうの金色の部分があって（※9）。

能勢　よーく見るとですね、この階段降りるところも必ず蓋があるんですね（※10）。

【スタジオの映像に戻る】

能勢　で、ここから撮影中断になりました。というのも、この先にＣＩＣ（写真16）、戦闘指揮所（※11）があるからなんですね。

小山　戦闘指揮所？

岡部　うん。つまり船が戦うときの司令室。つまり軍艦としてはいちばん頭脳にあたる部屋なわけですね。しかもさっきも言ったとおり最新のイージスシステムが採用されているでしょう？　だからどんな部屋になっているのか、どんな機械があるのか、とてもみなさんにお見せしたかったんだけど、撮影はできない。いちおう見せてはもらえたんですよ。

小山　行った人しか見られない、ということですね。

15

16

岡部 そうなの。

小山 だから（映像を）見せてくれないんですね。

能勢 まあそういうことになりますかね。

岡部 前は空母でも巡洋艦でも駆逐艦でもCICを見せてくれて撮影もさせてくれたんですよ。もちろん（モニター）画面やなんかに映るものは、見せてもかまわないようなものに変えて、本当の作戦上の情報は出てない画面にしてある。そういうものを見せてくれたんですけど、最近アメリカ軍は見せてくれないんです（※12）。

小山 何かあるんですかね？

岡部 方針が変わっちゃったみたいで。

小山 薄暗いとこですか？

17

岡部 そうです。本当は薄暗いんです。

能勢 これはほかの船のCICの写真ですけどね（写真17）。

小山 ひかるがすごい好きなアニメの映画で舞鶴のイージス艦に乗ったお話があったんですよね（※13）。そこでちょっと薄暗くていっぱい画面があって、みたいな（思い出したように）、あそこですね。なんとなくイメージできました。

岡部 で、こんなふうにいろんなディスプレイがあってコンピュータを操作して。トラックボールっていう丸い玉みたいなのを動かして、一心に情報を見ているわけですよ。で、チャンセラーズヴィルのCIC、見てきて、はたと思い出したのが、これはね（写真18）、チャンセラーズヴィルのCICじゃないんですよ。これはアメリカ海軍がこれから作ろうとしている新型駆逐艦アーレイ・バーク級フライトⅢ（※14）というね、新しいタイプの駆逐艦のCICはこんな配置になりますよという図なんですよ。もちろんこれは駆逐艦だから（巡洋艦の）チャンセラーズヴィルとはちょっと違うんですけど、全体的には同じような感じ。（チャンセラーズヴィルは）正面に大スクリーンが何枚もあって、ここ（スクリーンの前）が一段低くなってて、その後ろにこういうコンソールっていうの？　ワークステーションみたいなのがたくさん並んでる。（各ワークステーションの前には）それぞれ3面のディスプレイというかスクリーンがあって、キーボードがあって、操作するものがあって、トラックボールがある。こういうものがずらっと並んでたんですよ。取材のノートを見ますと、チャンセラーズヴィルの場合、正面の大スクリーンがもっと大きかった。この写真では奥の画面に4種類くらいの絵がスクリーンに映ってるけど、チャンセラーズヴィルは6つくらい絵が映ってまし

18

たね。で、そのスクリーンの前にあったコンソールが3つか4つで、その下の列が6つで、その下の列が3つで、列の半分に何かキャビネットみたいなものがあって、一番下には他のコンソールとは逆向きのステーションがあって。全体的な配置としては結構似てるんですよ。だから、ベースライン9のCICっていうのは、ひょっとすると新型駆逐艦アーレイ・バーク級フライトⅢを一種先取りしているようなものなのか、あるいは何か共通性を持たせるデザインになっているのか。

能勢　ですね。このワークステーションですけれど、見た印象はイギリス海軍のタイプ45駆逐艦デアリングなどに載っているものとちょっと似てますね（※15）。

岡部　あれは一昨年でしたっけ？　東京の晴海にイギリスの軍艦が来たんですよ。で、そのときもね、CICを見せてくれたんです。撮影はダメだったけど。それもね、やっぱり3面のこういうスクリーンが並んだワークステーションっていうの?、そういうのがずらーっと並んでる配置だった。タイプ45駆逐艦デアリングってフネなんだけど、それのCICには（フライトⅢやチャンセラーズヴィルのような）大きなスクリーンはありませんでしたが。3面スクリーン&ディスプレイ付きのステーションがこれからの軍艦のトレンドなのかも（※16）。

小山　はい。じゃあツイッターを見てみましょう。「そういえば、艦橋にトラックボールのついたキーボードがあったけど、なんでマウスじゃないんだろう」

岡部　ねえ、どうしてだろう。マウスだとフネが揺れるとどこか落っこちちゃうからかな？　私の家は揺れないけど、マウスしょっちゅう落ちるよ？（※17）

小山　線で繋がってるだけですもんね。

岡部　繋がってないやつもあるから。

小山　だからぽろっと落ちちゃうのかな？　ということですけど。「ワークステーション？」っていうのが。

能勢　こういう場合コンソールのほうがいいですかね。

小山　コンソールってなんですか？

能勢　こういうコンピュータの1セットみたいなところですかね。

小山　（ツイッターを見ながら）「ネルフ本部」ってなんですか？

岡部　ネルフってあなた、あれじゃないですか。『エヴァンゲリオン』の本部じゃないですか（※18）。

小山　ああ、私『エヴァンゲリオン』観てないんですよね。

岡部　あ、そうなんだ（笑）。

能勢　はいはい、それは他局の番組でやってください（笑）。

小山　申し訳ない。すみません（笑）。

能勢　次もVTRがあります。

小山　それはさておきまして。じゃあ見てみましょう。

【取材映像に戻る。時折スタジオの解説も入る】

岡部　チャンセラーズヴィルの戦闘指揮所はカメラ持ち込み禁止でした。これからいったん外に出て、前甲板のほうに行きます。古い船なんですけれど、ベースライン9改修（※19）によって戦闘指揮所のなかの在り方はすっかり変わっていました。表示そのものの表し方はそれほど違っていないそうですけれども、やはりディスプレイ上に現れるまでの情報の統合、情報の範囲、スピード、

19

そういうところが大きく向上しているんだと思います。

【艦内通路を移動して前甲板へ】

岡部　チャンセラーズヴィルの前甲板にやってまいりました。僕の前にそびえてるのが巨大なチャンセラーズヴィルの艦橋です（写真19）。そして、その艦橋の前に張り付いている八角形のものがＳＰＹ-1レーダー（※20／写真19の左上）のアンテナなんですね。で、こちらが前部のミサイル発射装置。ＶＬＳ垂直ミサイル発射装置（※21／写真20）ですね。全部で61個あります。そして5インチ砲（※22／写真21）です。5インチ、つまり口径127㎜の大砲ですね。

能勢　これにはＪ．バー・デービットまたはロードハンドリングデービットって書いてあって、人が（海に）落っこちたときにこれを使って助けるものなんだけど、どうやって助けるのかよくわからない（※23／写真22）。

番組スタッフ　謎ですね。なんかここに書いてありますね（写真23）。

20

21

22

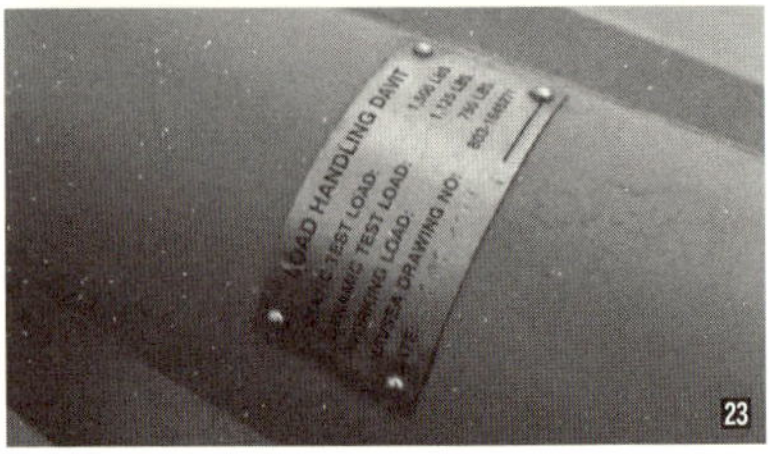

23

【再び移動。艦内通路を進みながら】

番組スタッフ　（通路の）幅は狭いですね。

岡部　そうです。なにしろ元は駆逐艦ですから。

番組スタッフ　駆逐艦を巡洋艦にしたんですか？

岡部　そうですよ。

番組スタッフ　なんですと！

岡部　駆逐艦にイージスシステムを乗っけたんです（※24）。それこそ靴べらで無理やり押しこむように。けっこうむりくりして乗っけたんです。そうしたら、これだけ能力があるんだから駆逐艦じゃなくて巡洋艦でいいんじゃね？　となって、それで巡洋艦になったんです。

番組スタッフ　なんと！

【人の多い部屋のあたりへ移動】

番組スタッフ　なんかすごい美味しそうな匂いが。

岡部　チャンセラーズヴィルの士官室です。取材のあとこうやってお菓子や飲み物などを渡してくれます（写真24）。まあいろいろあるんですが。赤い、なんでしょうねこれ、クランベリージュースの可能性があります。そしてアメリカ名物チョコチップの入ったクッキーです（写真25）。しっとり感がありますね。で、日本の人はよくアメリカの食べ物は味気ないって言うけど、私はじつはアメリカの食べ物はとても好きです（※25）。一日中船のなかを登ったり歩いたりして……

番組スタッフ　（すぐにジュースを飲もうとした岡部氏に）乾杯してください。

岡部　では、チャンセラーズヴィル日本到着ということで！（能勢氏と乾杯）（写真26）

番組スタッフ　ジュースはなんのジュースでした？

岡部　たぶんクランベリージュースですけど、見た目とおり赤い味がします（笑）。ちょっと渋くて、めちゃくちゃ冷たいわけでもなくて、さわやかな。たぶん氷も入ってたんですけど、溶けちゃったのかな。

【甲板での撮影映像に切り替わる】

岡部　チャンセラーズヴィルの特徴が、イージスベースライン9という最新バージョンと、それによるネットワーク能力です。そのネットワーク能力のひとつがこれ、NIFC-CAというものです（写真27）。このNIFC-CAはE-2D早期警戒機やイージス艦をネットワークで結んでしまうものです。これによって、E-2D早期警戒機が捉えた海面や地上スレスレを飛んでくる巡航ミサイルに対して、それがたとえイージス艦のレーダーの範囲を越えていたとしても、このE-2Dによってミサイルを発射して迎撃する。これによって、イージス艦の迎撃能

力がさらに遠く、さらに速いものになる。そういう特徴があるわけです。

【映像がスタジオに戻る】

小山　というわけで、机の上にクッキーが来た！　じゃじゃーん！　映るかな？　チョコチップクッキー。ちょっとね。

能勢　これ、チャンセラーズヴィルから。

小山　いただいてきてくださったんですけど、私食べてないので試食させていただきたいと思います（笑）。

岡部　6月18日のやつですからね（笑）。

小山　湿気ってるかもしれないですけれど（笑）。いただきまーす（写真28）。この距離からクッキーの匂いがしてるんですよ。甘い。いただきます。うん、美味しい！　めっちゃしっとりしてる。カントリーマ●ムみたいな歯ざわり？　食感ですね。美味しいです、チョコチップクッキー。いかにもチョコチップクッキーって味がする。

岡部　けっこうチョコの入りがいいでしょ？

小山　いいチョコ使ってますね。

岡部　どこを食べても必ずチョコの味がするという。

小山　このクッキーも甘くて。

岡部　どうですか？　甘さ具合は。

小山　けっこう甘め。アメリカンな味がしますね。けっこう大きいんですよ。

岡部　厚いしね。

小山　分厚さもけっこうあるんで、アメリカ向きのクッキーです。

岡部　私もああいうふうに急かされて1枚しか食べられなかったんだけど、1枚食べたおかげで、午後までお腹持ちましたよ（※26）。

小山　（岡部氏に向かって）食べます？

岡部　いや、私は食べないでいいですけど（笑）。

能勢　で、私は1枚も食べられなかったんですけど（笑）（※26）。それでですね、この船、クッキーはともかくとしましてNIFC-CAを積んでいるわけです。能力としてはこのNIFC-CAというのが気になるわけです。安全保障の面でも、艦長のレンショー大佐がなかなか気にかかる発言をしていましたので、お聞きください。

【能勢氏によるインタビュー映像に切り替わる】

能勢　さきほど、この船の能力について言及がありましたが、このベースライン9AとNIFC-CA、このあたりの能力についてご説明いただけないでしょうか？

レンショー艦長　（ベースライン9の）一部にはほかの艦とのネットワーク能力があります。それがNIFC-CA（海軍統合火器管制対空）です。NIFC-CAはほかの艦とのあい

30

だに共通の状況認識を作り出すもので、対空作戦指揮や統合的な作戦を可能とします。本艦は多くのテストを行ない成果を収めてきましたが、それは単に機器のテストだけでなく、乗員も多くの経験を積むことができました。我々はＮＩＦＣ－ＣＡとベースライン９に多くの経験を持っています。おそらくアメリカ海軍のなかでもＮＩＦＣ－ＣＡとベースライン９についてもっとも経験があると思います。

能勢　ＮＩＦＣ－ＣＡとベースライン９によって、日本の防衛については大きく寄与するんでしょうか？

レンショー艦長　アジア太平洋のどの同盟国にとってもこの能力は大変な価値があると思います。もちろん日本の防衛にとっても大事です。現時点でアメリカ海軍が持っている最高の艦ですよ。（ＮＩＦＣ－ＣＡを通じての日米の情報共有は）将来的には充分ありうると思いますよ。すぐにその能力を備えるわけではないでしょうが、海上自衛隊は優秀な艦を持っていますから、将来の可能性としてはありえるでしょうね。

【スタジオに切り替わる】

能勢　はい、これがレンショー大佐の会見の模様だったわけですが、いくつか気になる言葉も出てまいりました。それが用意できておりますでしょうか。レンショー大佐の言った言葉は、まずＮＩＦＣ－ＣＡというのは、アジア太平洋のどの同盟国にとっても大事な価値があるということですね。それから日本の防衛にとっても重要になるだろうとも言っていました（写真29、30）。それから、さらにこのＮＩＦＣ－ＣＡによる日米の情報共有は将来充分にありえると言っていたわけですね（写真31）。

岡部　チャンセラーズヴィルは、ＮＩＦＣ－ＣＡを初めて使って実射テストをやったフネですよね。

能勢　そうですね。海の上でのＮＩＦＣ－ＣＡという能力を実証して見せた艦ということになるわけで、そのフネそのものが日本の配備になったということです。

岡部　だからこの艦長はいろいろテストを積んで、乗員はたくさん経験を積んでいるよと。アメリカ海軍のなかでも、このＮＩＦＣ－ＣＡとイージスベースライン９については、うちの乗員が一番だよって、そういう言い方をしてたわけですよね。

小山　ＮＩＦＣ－ＣＡってやりましたよね？　前にも出てこなかったでしたっけ？

岡部　そうですそうです。もう一回さっきの港で使ったフリップを

31

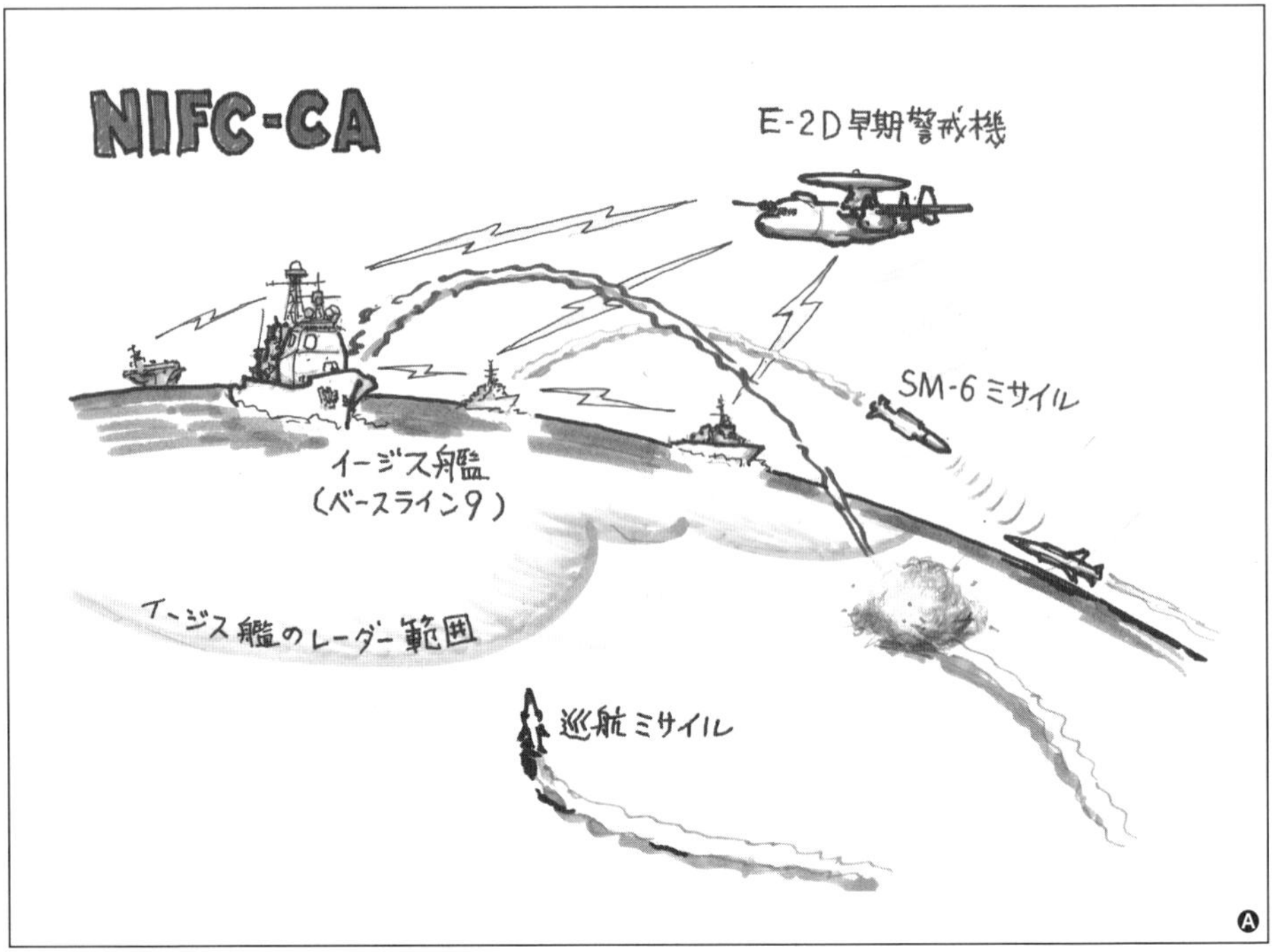

見せてみましょう。

小山　クッキー美味しいなあ（※27）。

能勢　はい（笑）。

岡部　これがさっきの横須賀港で使った図（岡部イラストA／P90参照）なんですけれどもね、つまりＮＩＦＣ－ＣＡっていうのはこのイージス艦とイージスベースライン９（を搭載した）イージス艦とＥ－２Ｄ早期警戒機をネットワークで結ぶものなんですね。別にＥ－２Ｄでなくても、レーダー付き気球のＪＬＥＮＳ（※28／写真32）なんかを使ってもいいわけですけどね。

能勢　はい。ただそれで、複数のイージス艦……

岡部　ベースライン９（搭載）であればアメリカ海軍に限った話ではないということですよね。

能勢　それが多分レンショー大佐の言ったことを指しているのかなと。基本的にいまの日本にとっての脅威とは何かを考えた場合に、弾道ミサイル以外にも、日本周辺では海の上を這うように飛んできそうな巡航ミサイル（※29）がどんどん増えていると。その巡航ミサイルにどう対処するかを考えたときに、アメリカはこのＮＩＦＣ－ＣＡという仕組みを開発してきたというわけですね。

岡部　海面スレスレで飛ばれるとね、地球は丸いから水平線まで

しか見えないでしょ？（巡航ミサイルは）水平線の先に隠れちゃうからごく近くまで来ないとわからない。で、水平線上に現われて姿が見えたときにはすでに距離が近いから、とても対処が間に合わないかもしれない。だったら「水平線の向こうにいる巡航ミサイルをなんとかするようにしようよ」という試みのひとつが、このE-2D早期警戒機とNIFC-CAなわけですよね。とくにこのSM-6っていう、新型の艦対空ミサイル、スタンダード・シリーズの。これは飛んで行く方向をプログラミングしてあればそっちに飛んでいって、SM-6ミサイル自身にレーダーがついているから、ミサイルが勝手に目標を捉えてくれるわけですよ。それで命中すると。だから、フネのイージス艦のレーダーの届く範囲の向こう、水平線の向こうまで飛んでいって巡航ミサイルを迎撃してくれると。そういうものなんですね。

能勢　SM-6ミサイルの発射模様の映像もあるんですが、これがそうですね（写真33）。

岡部　そうですね。これはイージス駆逐艦ウェイン・E．メイヤー（※30）でやった発射テスト。

小山　すごーい。

能勢　上がっていって。

岡部　ブースターを切り離して。

能勢　どんどんどん上に行くわけですが、このSM-6は特徴のひとつとして、発射したあと、本来は発射した艦が（ミサイルを）どこに向かうか制御したりするんですが、他の艦からも制御することができます。つまり、たまたま（発射した艦がミサイルを）見えない状態になっているときに、他のフネとか、E-2Dから見えたときにはそのE-2Dが間接的に制御することもできるだろう、と言われているミサイルです。

岡部　NIFC-CAがあれば、どのフネが捉えた目標であれ、あるいはE-2Dが捉えた目標であれ、撃てるフネが撃てば、SM-6の射程内であれば迎撃できちゃうという、イージス艦の部隊そのものが一体となって作戦（を遂行）できるっていう。

能勢　複数のイージス艦の艦隊がベースライン9の能力を持っていて、そのあいだにE-2Dがいれば、ベースライン9のイージス艦同士のレーダーのデータを（E-2Dが）中継できることもあると。それらが一体となって、どれかが標的となる巡航ミサイルを見つければ、それに対していちばん適当な位置にいるイージス艦がSM-6ミサイルを発射する。それによって迎撃の可能性が上がると。さきほど岡部先生から説明があったとおり、海の上から（巡航ミサイルが）ちょこっと上がったときに迎撃ミサイルを発射しても間に合わない。また、向こうの海の先にぽこっと隠れちゃうかもしれない。そういったことがあるものですから、このSM-6ミサイルというものを使おうと。しかも誘導（する艦）を変えていくというかたちになるんじゃないか、ということですね。

岡部　レンショー艦長が言っていた共通の状況認識、つまり英語で言うとセントラル・ピクチャーと言ってましたけれども、つまりイージス艦同士が同じ状況を見ることができる。もちろんE-2D早期警戒機を含めて、みんなが同じ状況を見ることができると。それで統合的な防空戦闘の指揮をすることができるということなんですね。

能勢　で、共通の認識っていうのはさきほど岡部さんが言ったように、これが自分のレーダーで映っていない広い範囲までを見ているという状況になるということですよね。

岡部　レンショー艦長はいずれ海上自衛隊にとっても将来的には（導入が）ありうることだと思いますと言ってましたけれども、いまのところまだあれですよね、（自衛隊が）ＮＩＦＣ－ＣＡを導入するって話は聞こえてこないですよね。

能勢　日本政府としては決定してないですよね。ただ、ベースライン９の能力っていうのは、言い方を変えるとＡＣＢ－12（※31）という言い方もあるんですが、それに関しては日本政府としてはこれからのイージス艦に載せるつもりはあるそうで。ベースライン９なりＡＣＢ－12の能力、これは基本的には、コンピュータの基本ソフト、ＯＳに当たるもので、ＮＩＦＣ－ＣＡとか弾道ミサイル防衛能力のＢＭＤ（※32）っていうのはアプリにあたるようなものですから、（ＯＳ）はベースライン９を載せた、アプリはどれを載せる？　ということになるわけです。

小山　ちょっとね、わかっちゃう。わかっちゃいます。話してる内容が（※33）。

岡部　私と能勢さんばっかり話してるから（笑）。

小山　わかっちゃうから、うんうんって聞いてました。

能勢　ああ、そうですか。

小山　ベースライン９ってあれですよね、イージス艦のまわりにいる軍団のことじゃないんですか？

能勢　じゃなくて、コンピュータで言うと基本ソフトみたいな。

岡部　みんなが同じようなコンピュータを持ってるという。

小山　じゃあ、前に模型で見た、主体のイージス艦が１個あって、まわりに６個くらいいるやつのことじゃないんですか？

能勢　ＣＥＣ（※34）っていうのは、共同交戦能力って言うんですよ。これが先ほどＮＩＦＣ－ＣＡの中心になる機能なんですが、例えば敵が巡航ミサイルを発射しましたと。それで巡航ミサイルが飛んできて、それをＥ－２Ｄが見つけ……

岡部　ＣＥＣのね。

能勢　Ｅ－２Ｄが見つけた情報を、イージス艦にどんどんネットワークで伝えていくと。それによって、コモンピクチャーと言いますか、大きな情報が全員の共通認識になるというわけですね。

岡部　イージス艦が、自分のフネのレーダーでこっちのほうからこういうミサイルが飛んで来るとか捉えていなくても、みんなわかってしまう。

能勢　で、そのデータがどんどんいろんなところから捉えられて、最初のＥ－２Ｄのデータだけじゃなくて、ほかのイージス艦とか、他のセンサーによるデータもどんどんとイージス艦の艦隊、それから早期警戒機の部隊に伝えられていく。それによってデータがより詳しくなっていくわけですね。その巡航ミサイルがどういうふうに飛んでいるかというデータが次々にイージス艦の艦隊、それからＥ－２Ｄの部隊に溜まっていきます。そうすると、こうやって海の上を低く飛んでくる巡航ミサイルがどの方向から来るとか、ネットワークのなかで捉えることができるようになります。１隻のイージス駆逐艦でそれを捉えると、そのデータをすべてのイージス艦が共通で持つと。そうなると、いちばん適当な迎撃位置にいるイージス巡洋艦がＳＭ－６ミサイルを発射して、これが巡航ミサイルのほうに向かって飛んで行くと。データしか見ていないけど、それによって撃墜できるというわけですね。ですので、(小山さんは)CECという能力のことをさっき言いかけたんだと思いますが。ベースライン9っていうのはイージス艦の1隻1隻に入っている、コンピュータで言えばOSにあたるような基本ソフトみたいなものです。その基本ソフトの上にアプリは何をつけるかということになっている。とりあえず日本政府は次のイージス艦に関してはベースライン9にすることを決めているわけですね。

小山　ふーーん。オッケーです。わかりました(笑)。ツイッターで「ベースライン9がOSで、NIFC-CAやBMDがアプリ、チャンセラーズヴィルはPCケース?」と。

能勢　なるほどね(笑)。

岡部　OSやパーツを変えて最新のシステムで動き続ける、と。確かに。

能勢　でも、チャンセラーズヴィルも何年経ってますかね。

岡部　1989年の就役だから、これで29年。

小山　じゃあ年上ですね、私より。がんばってますね。

岡部　そうですね(笑)。

小山　で、「ベースライン9がOSで、NIFC-CAがクラウドコンピューティングを用いたアプリでは?」という意見が来ています。

岡部　その例えはなかなか秀逸かもしれませんね。確かに考え方としては、いわゆるクラウドっていうのに近いものがありますよね。

能勢　まあCECで、お互いデータを共通化していくところがそうですね。

小山　というようなわかりやすい例えもいただいております。「クッキーの視聴者プレゼントは……」ないですね(笑)。

能勢　申し訳ございません。

岡部　1枚あるからプレゼントしてもいい……。

小山　(小山が)食べまーす(笑)。「イージス1『向こうに敵がいるからそっちに行ってね』SM-6『うんわかった』イージス2『あっちだからね』こんなことができるわけ?」というツイッターの意見も。

能勢　まあそうですね。しかも、イージス艦が、最初に見つけたフネとは別のフネである可能性があるわけです。

岡部　そう。

小山　これ、「いつE-2Dは早期警戒機になったんですか? 昔は警戒機だった気がするけど。早期警戒機はE767では?」っていうのがありますけど。

岡部　あのね、E-2シリーズ(※35)は最初から早期警戒機です。エアボーン・アーリー・ワーニング、AEW。で、E767のほうが早期警戒管制機AWACSだったんですね。エアボーン・ワーニング&コントロールシステムズで。

能勢　というわけです。ただチャンセラーズヴィル(に搭載しているの)は、ベースライン9と言っても、ベースライン9Aというタイプです。

小山　何がですか?

岡部　チャンセラーズヴィルがですね。

小山　ああ、はい。

能勢　で、ベースライン9シリーズにはベースライン9AとかB

34

とかＣとかあるんです（※36）。

岡部　これがね、その取材のときにもらったパンフレットなんですけど（写真34）、ちゃんと米海軍広報が日本語版を作ってくれまして、これによりますと兵装のところに……「兵器システムイージスウェポンシステムベースライン９Ａ」ってちゃんと。今回のアメリカ海軍のパンフレットは非常にこまかいことが書いてあって、あとで記事を書くときに役に立つという。ありがとうございます。

能勢　で、そこのベースライン９Ａとか９Ｃとか、なぜ区別があるかというと、ベースライン９Ａは弾道ミサイル防衛の能力は持たないという。

小山　弾道ミサイル防衛能力？

能勢　要するに弾道ミサイルが発射されたときに、それに対処するＳＭ-３迎撃ミサイルを発射する能力はないですよという。

小山　じゃあ、巡航ミサイルだけってことですか？

能勢　巡航ミサイルとか飛行機とか。それがベースライン９Ａなんです。あとベースライン９ＡにはＮＩＦＣ-ＣＡが積めますよと。

岡部　で、じつはベースライン９シリーズにおいて、（９Ｃが）ＩＡＭＤ（※37）なのかな？　つまり対空戦闘もミサイル防衛も両方できちゃうやつがベースライン９Ｃですね。

能勢　ですね。ベースライン９Ｃはイージス巡洋艦には載らなくて、イージス駆逐艦の一部には載せられるというわけです。

小山　ややこしいですね。

岡部　ややこしいんです。記事を書く身になってごらんなさい（※38）。

小山　「記事を書く身になってごらんなさい」ですって能勢さん（笑）。

能勢　私もね、こんな本（さっと自著を取り出し）を書くのにですね、それがいかに大変だったかという（写真35）。

小山　急に宣伝しだした（笑）。

岡部　すかさず（笑）。

能勢　すかさずね。まあ、ありがとう（笑）。

小山　詳しいですからね、おふたりは。

能勢　それでおそらく海上自衛隊がこのチャンセラーズヴィルの艦長が言うような能力を持つようになるとしますと、海上自衛隊の持っているイージス艦は基本的に駆逐艦に相当するものですから、ベースライン９Ｃに相当するものが持てるようになるんじゃないかということなんですね。で、そのベースライン９Ｃになりますと、ＮＩＦＣ-ＣＡだけではなくＩＡＭＤ能力を持つということで、弾道ミサイル防衛能力も同時に持つことになるだろうと。

岡部　弾道ミサイルも飛行機も巡航ミサイルも撃墜できちゃうよという、そういうフネになるわけですね。

小山　それが、ベースライン……

35

岡部・能勢　（声を揃えて）９Ｃ。

能勢　ただし、ベースライン９Ｃだけを導入しても、アプリにあたるものを入れてかないと、そういう能力をもてませんけどね。

小山　アプリになるもの、ＮＩＦＣ-ＣＡとかですか？

能勢　ＮＩＦＣ-ＣＡとかほかのＢＭＤ能力とか、そういうものを入れないと。

岡部　そのベースライン９Ｃを引っさげてやってくる艦が、もうじき、来年？

能勢　今年（２０１５年）来ます。

岡部　今年から横須賀に新配備になる駆逐艦ベンフォールド（※39）。で、来年ミリアス（※40）？　で、もうちょっと後になってバリー（※41）、これらがベースライン９Ｃの船になるわけです。

能勢　で、おそらくこの３隻はＮＩＦＣ-ＣＡも弾道ミサイル防衛能力もつけてやってくるでしょうと。とくにバリーが今年に入ってでしたか、弾道ミサイル防衛能力に関して新しい試験やってましたね。それで最近のアメリカ海軍の弾道ミサイル防衛能力の試験を見ると、まあ巡航ミサイルと弾道ミサイルを同時に撃墜してみせるとかで、複数の弾道ミサイルが立て続けに発射されている。空中に弾道ミサイルが同時にいるという状況で、瞬間的に複数の弾道ミサイル防衛イージス艦で、どのイージス艦がどの弾道ミサイルを担当するかをぱっと決めて、それで迎撃のシミュレーションをやってみせるということにも成功したみたいです。

岡部　自動的に決めちゃうわけですよね。コンピュータが。「お前やれ、お前はあっち」って。

能勢　それはあくまで自動的にプランを提出するかたちで、それを承認するのは海軍軍人の人間になるわけで、これがＢＭＤコマンダーと言われる人たちです。彼らによる割り振りを受けると、それぞれの船が迎撃すると。これも考えてみるとＮＩＦＣ-ＣＡとちょっとだけ似てる気がするんですが（※42）、複数の弾道ミサイル防衛イージス艦が、ひとつの隊となって、グループとなって、一体となって行動して初めて可能になる能力というわけですね。

岡部　これだけ語っちゃうとあれですよね。これご覧になった人は（能勢さんの）本読まなくてもいいんじゃないですか？（※43）

小山　確かに〜（笑）。

能勢　（その本には）どういう能力のフネが出てくるかを多少書いたわけですが、（出版）以降いろいろな試験が行なわれたのでつていうことはあります。そういう新しい能力に関しては追って（この番組などで）お伝えできればと思うんですが。それと同時に日本ではいま集団的自衛権とか、武力行使の一体化とか、そういう議論が行なわれているわけで、安保法制ですね。ＮＩＦＣ-ＣＡと集団的自衛権、武力行使の一体化はどういう関係になるのか、この番組なりにお伝えしたいと思っております。その際にこの本をお持ちですと、テキスト代わりになるかなと。

小山　（笑）。

岡部　よく、大学の一般教養の先生がそういうことしませんでした？

能勢　はい（笑）。

岡部　ね（笑）。「自分の書いた本が教科書だよ」みたいな。

能勢　それに近いところはありますね（笑）。とにかく今回がプレゼント最後ですけれども、当たった方はそういうふうにお使いいただけるかなと。

岡部　で、婉曲な言い方ですけれども、当たらなかった方はぜひ買ってよと。そういうことですね（笑）。

能勢　あの、別に、この本がなくてもわかるように放送しなければいけませんから（笑）。

小山　そうですね（笑）。

能勢　それで、このNIFC-CAの能力について非常に重要な点としましては、CECの能力を持つためには、そのための専用の通信ターミナルというか、データリンクのターミナルが必要になるわけです。ものすごくデータ量の多い通信になるわけですから、アンテナも非常に特別なものになってしまうんです。

小山　Wi-Fiみたいな感じですかー？

岡部　そんなもんですね。

小山　データ量が大きいと、Wi-Fiが使えない携帯だとデータがダウンロードできないですからね。

能勢　はい、そうなんです。しかもそれがWi-Fiよりはるかにデータ量が大きいので。ですから、アンテナが専用のものでなきゃ困る、となってしまったわけです。これがですね、まさにチャンセラーズヴィルのマスト上、岡部さんが一生懸命探して、「これがCECのアンテナだ！」と（写真36）。

岡部　これがね、後ろマストのてっぺんのところなんですよ。で、上にお皿があってグレーのプリンみたいなやつがあって、その下に4つ並んでる板みたいなやつ。これがCEC用アンテナの平面アンテナっていうやつなんですね。

小山　お皿が逆さになってプリンが落ちてきてる途中にあるあれですね。（電波を受け止めるのを）やってくれるやつ（笑）。

岡部　やってくれるやつ（笑）。

小山　捉えてくれる板がCEC用のアンテナで（笑）。

能勢　これはチャンセラーズヴィルの場合は4枚が一組だと。

岡部　違うタイプのものもあるみたいですね（※44）。

小山　4枚一組、ヨンコイチではないんですか？

能勢　ヨンコイチです。

岡部　ちなみにこれは飛行機の航法に使うTACAN（※45）っていう装置のアンテナ、これがデータリンク16というアンテナかな？（※46）。で、これがCECです。

小山　リンク16ですか？　プリング●ス16で覚えたら忘れなさそう（笑）。

能勢　はい。

岡部　で、さっきNIFC-CAで説明したように、情報中継をやるのがE-2Dなわけで、E-2Dにも当然このアンテナがあるわけです。

小山　早期警戒機ですね。

岡部　そうですそうです。まあ、使うレーダーは上にあるんだけれども、CECのデータのやり取りのアンテナはこのお腹にあるんです。ち

ょうど影になって暗くて見えにくいんですけれども、お腹にあるのがCECアンテナ（写真37）。これはE-2Dですよね。E-2Dは航空自衛隊も導入することになってます。

能勢　で、このCEC用のアンテナ、E-2Dの場合はまんまるですよね。外から見る限り。航空自衛隊がE-2D早期警戒機を導入することになっているんですが、現状ではこのCECの端末、それからアンテナを載せる予算がついているわけではなさそうです（※47）。

岡部　ええ。

能勢　ですので航空自衛隊が導入するE-2DがCECに対応できるかどうかはまだわかりません。

岡部　まあ、対応できればいいなと思っている人はたくさんいるんでしょうね。

能勢　はい。かもしれませんね。ですので、このCECを使った共同交戦能力があって、さらにSM-6という迎撃ミサイルがあって、イージス艦の数も充分にあり、CECを搭載したE-2Dも充分な数があれば、初めてNIFC-CAは成り立つと。

小山　これ（岡部氏が出したイラスト）、なんですか？

岡部　これがね、なかなか出す機会がなくてね。一生懸命がんばって描いたんですけれど（イラストB／P89参照）。

小山　すごい絵が出てきましたよ。すごーい！　やばーい！

岡部　「特別図解最強巡洋艦チャンセラーズヴィル」。最強っていうのは、さっきの艦長がベストシップって言っていましたように、アメリカ海軍調べの言い方です。それで、最強かどうかというのは、あくまで2015年6月18日現在ということで、さらに能力の高い船が出てくるかもしれませんが（※48）。で、大砲があって

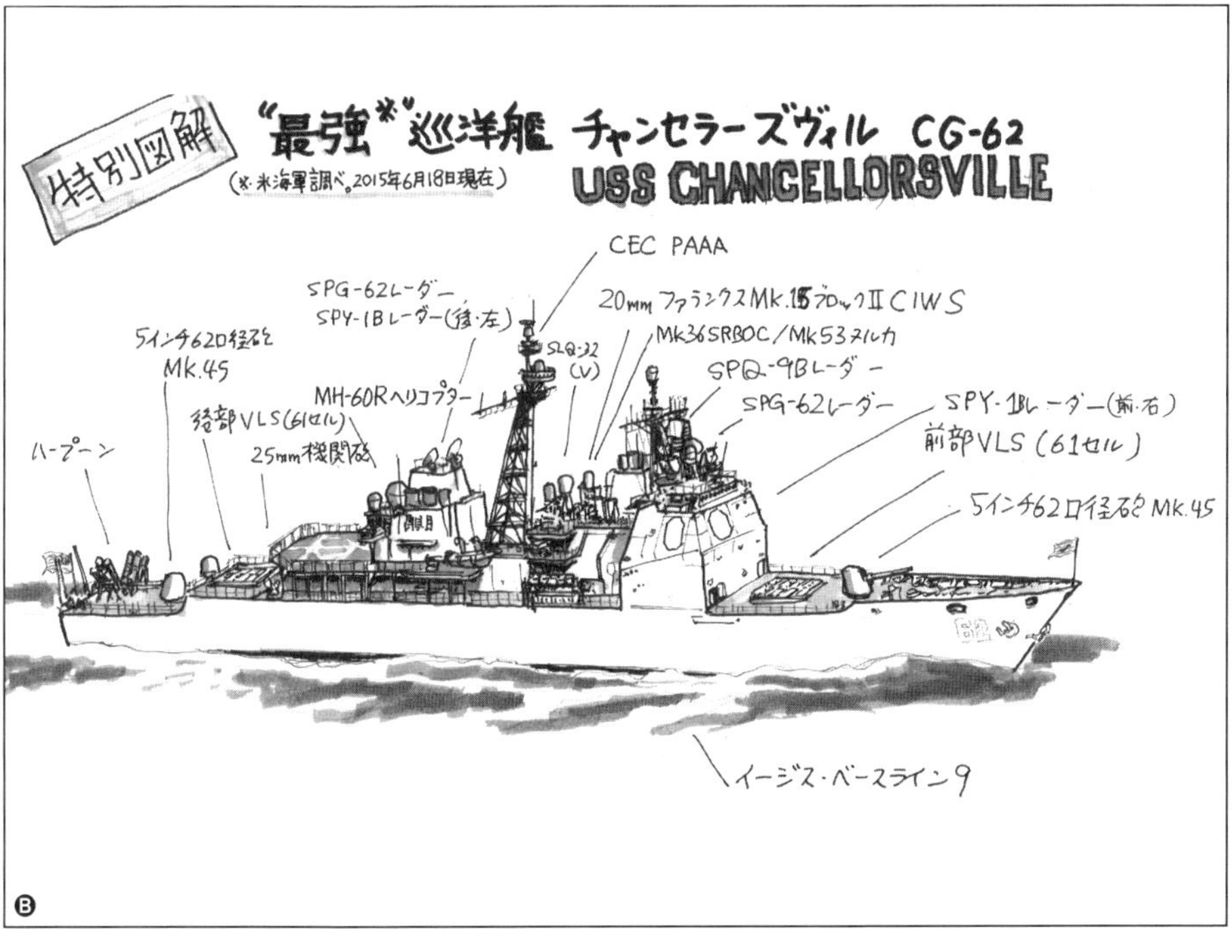

ここ（前部・後部ＶＬＳ）にミサイルがあって、ここがあれですよね、レーダー（ＳＰＹ-１ＢＬレーダー）がついている。で、ここのところがね、さっきHEEって書いてあったところ。で、ここがなかを見た艦橋の部分。で、話題のCECのアンテナっていうのがここ（後方部マスト最上部）にある。（そのアンテナにはＰＡＡＡ、プラナー・アレイ・アンテナ・アセンブリーという名前があるんだそうですが、本当は違う番号がついてるんでしょうけど、ちょっと調べがついていません（※49）。で、こういう絵を一生懸命描いたのに使うところがないので悔しいなあという感じですが（編注／本書でもありがたく使わせていただきました）。

小山　すごい絵ですね。

岡部　ありがとうございます。

能勢　でまあ、そのSM-6も、ＶＬＳ（※50）、というか、垂直発射機にミサイルが入るだろうと。さっきの映像でもありましたが、そこの蓋がカパッと開いてSM-6が発射されると。

小山　いっぱい蓋があるところですよね。

岡部　前に61、後ろに61、合わせて１２２。

小山　おお、計算が速い。

能勢　はい……（笑）。ただイージス艦の場合は、SM-6だけを積むわけにはいかないので、チャンセラーズヴィルの場合はSM-6の他にSM-2という航空機撃墜用のミサイルも積まなきゃいけない。で、それから積んでるかどうかわかりませんけれど、対地攻撃用の巡航ミサイル・トマホークも積むかもしれない。それから近距離の防空用のミサイルＥＳＳＭですとか、そういうものも。ＥＳＳＭはかならず積んでると思うんですけれど、積む能力はあると。その１２２の発射装置をどういうふうに振り分けてるかはちょっとわからないわけですよね。

岡部　あとは、潜水艦攻撃用のアスロック、あれも積んでるはずですから大変ですよね。

小山　だれが決めるんですかね。上から3番目の右から2番目があれでとか決めるんですかね（笑）。「どこ入ってたんだっけ、ここ入ってた！」みたいな。

能勢　そうなったら大変ですからね（笑）。しかもそのひとつひとつの発射装置の箱のところから（配線が繋がっていますが）、それがさっき撮影できなかった戦闘指揮所でどれを発射するか決めたときに、配線が違ってたら大変なことになりますから。

岡部　ＣＩＣを見せてもらったときに三面のディスプレイがありますよって言ったでしょう？　その右側の端っこにね、武器のリストがあって、そこにSM-2、SM-6とあって、欠けてる部分があって、ハープーン（※51）とかいろいろ書いてあった。「欠けてる部分はなんなんだろう、トマホークなのかしら」みたいなことをいろいろ考えてね（笑）。

小山　あっという間（に終わり）ですね。

能勢　で、あとこれからイージスシステムはいまはイージス艦のみに載ってるんですけれども、さきほど言ったようにイージスシステムはベースライン9A、9C、9Eとあります。Aが巡洋艦、とくに巡航ミサイル対象NIFC-CAを載せるような船だと。それでベースライン9CがIAMD化していって、弾道ミサイル防衛もやるだろうと。それで、ベースライン9Eはフネじゃないんですよ。

小山　あれでしょう？　ハワイにできた、陸にできた家みたいなやつでしょう？（※52）

能勢　そうです、そうです。イージス・アショアという。

岡部　よくわかったね！　すごいね！（笑）。

能勢　イージス・アショア、地上に置かれるイージスシステムがベースライン9Eというわけですね。

小山　（小山嬢がEはイージス・アショアとわかったので）岡部先生がガチでびっくりしてました（笑）。

能勢　弾道ミサイル防衛においても瞬間的に弾道ミサイル連射された場合に割り振ってしまう、ネットワーク、データリンクで繋がる仕組みを採用し、あとは巡航ミサイル対処もデータリンクでNIFC-CAを使って繋がってしまうと。つまり複数のシステムが繋がっていくわけです。ですからベースライン9Eもひょっとするとイージス艦と繋がるかもしれないですね。

岡部　そうすると陸海合わせてミサイル防衛。

能勢　ということになるんですね。

岡部　さて、能勢さん衝撃の予告があるんじゃないんですか？

能勢　衝撃の予告……どの文でしょう（笑）。私はとぼけるつもりはないんですが（笑）。

小山　私もわかってないんですけど（笑）。

岡部　ここで予告です。じつは……。第11代防衛大臣・森本敏氏に『週刊安全保障』にご出演いただける。そういうことになっています。そして小山ひかるさんが元大臣に直撃します。

小山　そうなんですか？

岡部　日本の安全保障はどうなるでしょう。そうなんですよ？

小山　そうなんですか？　森本さんに？

岡部　ええ（笑）。

能勢　それとですね、森本・元大臣とともに、元アメリカの国務省で日本部長だったケビン・メアさんも同じ日に出演と。

岡部　げっ！

小山　（後ろの森本氏の写真の帽子部分に）私物？　レンタル？って出てるけど（写真38）。

岡部　（小山ひかるが森本氏の）帽子は私物かレンタルか（気になっていたので）。

小山　（笑）。今日はたくさん映像がありましたね。私、行ってなかったですけど、楽しかったです。

能勢　本当はイージス艦の模型を用意しようとしたんですが、チャンセラーズヴィルはいろいろとアンテナが変わっていて。それで出すのを控えました。

岡部　ほんとにアメリカの軍艦って、ちょっと見ないといろんなアンテナがすぐ変わりますね（※53）。

能勢　ええ。しかもアンテナが変わったのが重要って、今回まさに。

岡部　そうですね。じゃあどうも、ありがとうございましたー。

38

出典／写真5：統合幕僚監部、写真33：DVIDS

石川潤一（航空軍事評論家）

黒衣《くろこ》のスタンスもまた楽しきかな

「軍事」には政治や学究の世界とは別に、趣味としての「ミリタリー」の世界がある。その双方に足を突っ込みながら、どちら側の世界にも沈み込まないようバランスを取りながら、いい意味でフラフラしている番組。それが私の『週刊安全保障』に対する印象だ。番組のファンも、このバランス感覚を私同様、ハラハラしながら楽しんでいるのでは？

能勢さんから「インターネット配信の番組をやるから協力してよ」と頼まれたのは1年以上前。能勢さんとは彼がフジテレビ入社以来の付き合いだけど、カメラの前で喋るのが苦手で本番に弱い私は、これまで彼が手がけた番組のように「黒衣（くろこ）でよければ協力するよ」と答えた覚えがある。それでもまだ彼は、私をスタジオに引っ張り出そうと画策しているようで、事あるたびに「航空軍事評論家の石川潤一先生」とクレジット付きで紹介してくれる。「先生」などという器でないのは自覚しているが、多方面からお仕事をいただくフリーランスである以上、名前を紹介してもらって大いに助かっている。

その黒衣が何をやっているかといえば、オンエア前日の金曜日とか、下手をするとオンエア当日にいきなり電話がかかってきて、「いまメールで写真送ったからこの飛行機の型式と所属教えて」とかいうような無茶振りをされる。あとはオンエア観ながら、「そこは違うだろ」「正確には○○だよ」とか突っ込みツイートするのも黒衣の役目だ。時間は土曜日のゴールデンタイム。妻からは「食事が冷めちゃうわよ」とか叱られながら、「ちょっと待って、もうすぐブレイクだから……」と、つい観てしまうこの番組。黒衣をけっこう楽しんでる自分がいる。

いい機会なのでひとつ提案。以前から能勢さんには持ちかけているんだけど、ミリタリー系のライターやカメラマンなどを集めて、バーベキューやったりコタツで鍋をつつきながら「週刊安全保障的ミリタリー放談会」。そんなのあれば、顔出ししてもいいかな。どんな発言が飛び出すかわからないので、さすがに生中継は無理だろうけど、取材先で仕込んだ、この番組でしか流せないおもしろい話が聞けるはず。記者会見などで同業者が集まると、お茶しながら無駄話することがよくある。当然、誌面には書けないオフレコ話に花が咲くわけだが、その雰囲気を番組のファンの皆さんに伝えられたら楽しいんじゃないかな。もちろん発言の大部分はカットあるいは「ピー」を入れてもらう必要があるけどね。

Junichi Ishikawa

1954年東京都生まれ。立正大学地理学科卒業後、『航空ファン』(文林堂)編集部勤務。1985年に独立して雑誌記事執筆。著書、訳書多数。

BreaktimeSpecial ①

番組途中に入るちょっと休憩のブレイクタイム。２０１６年３月26日配信回ではブレイク特別版として『東京ボーイズコレクション』に参加した自衛隊の映像が流れた。本業はモデルの小山ひかる嬢も興味津々！

夏用制服

作業服装

乙武装作業服装

通常演奏服装冬服

水上降下服装

ブルーインパルス専用　フライトスーツ・整備服

航空服装

冬用制服

大空を駆ける
航空自衛隊の
みなさん!
華やかなイメージが
あったけど、
渋カッコイイ制服が
多くてビックリ
しました!

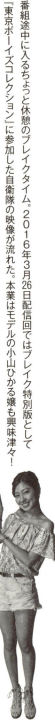

2015年12月19日配信回［前半］

出演　能勢伸之／小山ひかる
GUEST　岡部いさく

主な話題
米・英・仏　戦闘機訓練
邦人輸送訓練を公開　海外での不測の事態想定
耐IED装甲車ブッシュマスター登場　自衛隊、邦人輸送訓練
初の弾道ミサイル　標的迎撃試験映像&ルーマニアで完成
米B-52爆撃機　南シナ海・人工島から12海里内飛行
米・4年ぶり　台湾に武器売却へ
中国「断固反対」
米航空大手　第6世代戦闘機コンセプト
米軍　インジルリク基地からF-15C・F-15Eを引き上げ
トルコ関係「展望みえない」　プーチン大統領
今週のスクランブル　中国艦船が……
日・インドネシア　外務・防衛閣僚会議

前半は
ニュースを
ギュギュっと！

ブッシュマスターの
お話のなかに

能勢さんの
プラモデルへの
こだわりが
垣間見えます
（笑）

米・英・仏　戦闘機訓練

小山　アメリカのF-22ラプター（※1／写真1）、イギリスのタイフーン（※2／写真2）、フランスのラファール（※3／写真3）が参加する空中戦訓練が、アメリカヴァージニア州ラングレー空軍基地で開始されました。

能勢　これはイギリス空軍の撮影した映像だそうです。

岡部　そうですね。第19スコードロン（※4）のタイフーンの一団ですね。

能勢　ゲートガードがF-15なんですね。

岡部　そうなんです。もはやF-15はゲートガードなんですよ。おもしろいですよね。いつもはこういう戦闘機訓練ってほかでやるんですけどね。ネバダ州のネリス空軍基地で。

1

2

3

能勢　これはまさにタイフーンですね。

岡部　ええ、これがタイフーンで。で、これ訓練の出発なんでしょうけど、燃料タンクぶら下げてますよね。こっちがフランスのラファール。

小山　重たそう（笑）。

岡部　ねえ。ラファールは3本。こちらがF-22は当然クリーン、外に何もつけていない。ミサイルも燃料も機内に搭載していますから。その点だけでもタイフーン、ラファールはハンデありますよね。

小山　つまりステルス性が。

岡部　それに機体の重さの点でも。そういうことを気にしないのがイギリスで。第5世代のF-22ラプターと、第4世代プラス0・5、4・5とか4・7世代のタイフーン、ラファールが空中戦訓練やったんですね（※5）。時々、ラファールが空戦訓練でF-22を撃墜したというニュースがありますけど。

能勢　で、これが空中で撮影した写真ですね。いちばん奥からF-22ラプター、その手前がラファール、タイフーン。

小山　これが（写真4のいちばん下）、あの映画に出てくるやつですね、

4

『トップガン』。

岡部　そうですそうです。

能勢　よく知ってるね（笑）。

岡部　『トップガン』じゃね、敵の戦闘機に化けてたんですね（※6）。

能勢　これは（写真4のいちばん下）T-38（編注／岡部氏の訂正は※7へ！）という練習機。というわけなんですね。まあ見事な編隊というか。

小山　確かにキレイにいい写真撮れてますよね。これだけ練習機感ありますよね。

岡部　なんとなく軽々しいでしょう？

小山　ステルス性ないですよね。

岡部　だって、これ1950年代の末に初めて飛んだ飛行機だもんね。

小山　あえてこういう階段みたいになってるんですか？

岡部　そうですね。

小山　こういうかたちを作るのも訓練のなかに？

岡部　同じ間隔で、それぞれ違う空軍の人たちが、「それっ！」て号令をかけるとピタッと編隊が組めるのは訓練が行き届いてるなと。

小山　ひかるはこれ（F-22）がいい（写真5）。

岡部　（なんで）これがいい？

小山　見た目的にいちばんかっこいいですね。

岡部　やっぱりね。

小山　F-22！

岡部　私はこれ（タイフーンを指して）（笑）。

能勢　岡部さんといえば英国機ですからね（笑）（※8）（編注／岡部氏は英国の装備、とくに航空機が好きなことで知られている。氏が見せる英国への濃厚な愛は、某映画の暗黒面をモジって「英国面」と呼ばれている）

邦人輸送訓練を公開
海外での不測の事態想定

小山　さて、海外での不測の事態が発生した場合に日本人を輸送する訓練が行なわれ、導入されたばかりの地雷やIED（※9）に強いブッシュマスター装甲車（※10）が登場しました。

ナレーション　輸送訓練を公開です。群馬県の陸上自衛隊　相馬原演習場で海外で不測の事態が発生した場合に日本人を安全な場所へ輸送するための訓練が公開されました。今年（2015年）導入された新型の輸送防護車に民間人役の参加者を誘導して退避させました。安全保障関連法では自衛隊の新たな任務として武器を使用した邦人救出が可能になりましたが、今回の任務では新たな任務の想定は見送られています。

耐IED装甲車ブッシュマスター登場
自衛隊、邦人輸送訓練

能勢　小山さん、このブッシュマスターなんですけど、もともと

6

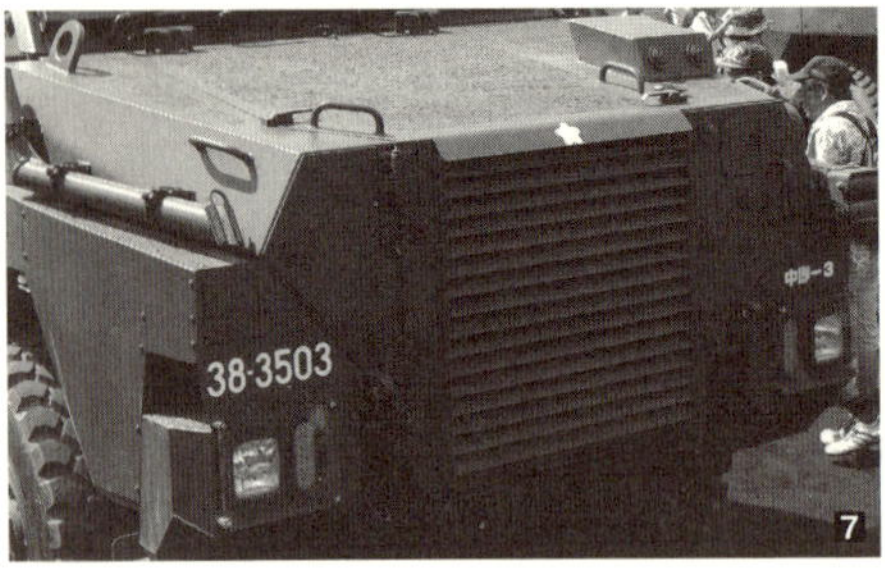

7

はどこの国のものかわかりますか？

小山　あー、どこだったっけ。

岡部　意外なことに、あそこなんですよ。

小山　あそこなんですよね。答えは岡部さんが知ってるので、ひかるの代わりに言ってもらいます（笑）。

岡部　オーストラリアですよね（笑）。

小山　豪州ね、豪ね！　豪！

岡部　訓練のかたちで陸上自衛隊のブッシュマスターが公開されたのはこれが初めてかもしれませんね。

能勢　上に乗ってる機関銃はMINIMI（※11／写真6）ですね。で、ハッチの裏側が白く塗られていました、というのがこれではっきりしましたね。

岡部　プラモデルを作ったら（ここは）白く塗ろうねという話ですか（※12）。

能勢　え？　まあ、それはさておき次をお願いします（笑）。で、これですね。

岡部　フロントグリル（※13／写真7／写真7、8、9、10は『2016年度富士総合火力演習』時のもの）。

能勢　番号の書き方も、非常に参考になるという。まあ、何の参考になるかは置いといて。

小山　完全に模型ですよね。（編注／能勢氏は模型好きとしても有名。そのあたりのこだわりは本番組にも反映されている。詳細はP174へ）

能勢　で、こっちがさっきと反対側の方向ですよね（写真8）。で、後ろ側がこういうふうになっていたと。

岡部　ここ（後部ドア）から乗り降りするわけですね、乗員の方は。

小山　この（後部ドア近く）タイヤは替え用のタイヤ？

岡部　替え用のタイヤ。パンクしたりすることもあるので。

小山　これ（タイヤの泥よけに書いてある英文）はなんて書いて

8

9

あるんですか？

岡部　do not overtake turning vehicle

小山　あ、これですよ。これがキモなんですよ（写真9）。

能勢　どうして？

小山　これは地雷とか踏んだときにバーンってなるのを防いで両サイドに分ける用になってるんです。だからこれがキモなんです。

能勢　そうです。すごい！

岡部　鮮やかな説明に唖然とした（笑）。

小山　なかの人が怪我したり亡くなっちゃうから、それを防ぐというか、抑える用にこうなってるんですね。

能勢　V字の形をしてるわけですね。

岡部　すごいね、『週刊新潮』のグラビア出るだけのことはあるね（※14）。

10

小山　いえいえ（笑）。次行きましょうか。

岡部　（先述のタイヤの泥よけに書いてある英文）do not overtake turning vehicle.（写真10）「この車が曲がろうとしてるときに追い越すな」ってことなんでしょうね。

能勢　腰高の車ですよね。

岡部　それに視界が狭いから、これ（ブッシュマスターを）追い越そうと思って後ろから行くと、こっち（ブッシュマスター）の運転手が見えてなくてぶつかったりするから気をつけてねってことなんでしょうね。

能勢　しっかりとワイヤーカッター立ててますね（※15／写真11）。

小山　硬そうですね。

岡部　ワイヤーカッターはこれね。

小山　ここを絶対に触っちゃいけないって言ってますよね。これ、プラモデルではポイントなんですよね。とれやすいからって

岡部　（上部から）顔を出してる人が、道に張ってあるワイヤー、電線などに当たって怪我をしないように、それを切るための棒がついてるんです。

小山　いろいろあるんですね。

11

初の弾道ミサイル標的迎撃試験映像&ルーマニアで完成

小山　次行きましょうか。前回、この番組で地上設置型イージスシステム、イージス・アショア（※16）による迎撃試験が12月9日実施され、成功したとお伝えしましたが、その映像が公開されました。

12

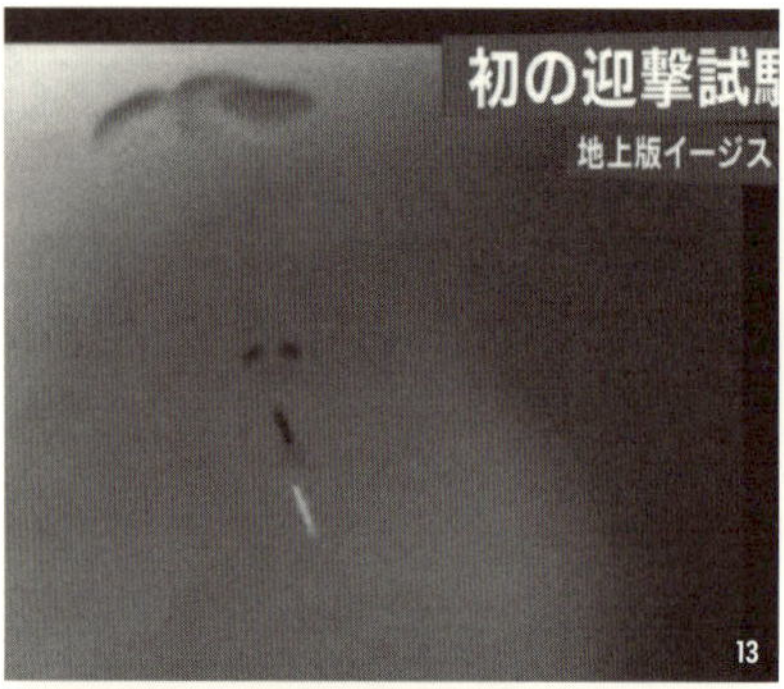

13

14

能勢　これがですね、（アメリカの）ミサイル防衛庁（※17）のエムブレムですね。試験の名前がものすごく長くて（写真12）。標的そのものの名前を聞こうとしたんですが（※18）。

岡部　いまこれ、C-17（※19）から投下して、標的を入れたカプセルが落ちてパラシュートの予備傘が出てパラシュートが開きいの、カプセルの姿勢が安定して……ということですね（写真13）。

能勢　はい。

岡部　安定して、落ちていって。

能勢　直立をしてですね。

小山　これなんですか？

岡部　いまぽろっと落ちたでしょ？　あれが標的のロケットで、あれから点火して飛んでくわけです。そしてこれがイージス・アショアっていう陸上のイージスシステムの発射機からSM-3ブロックⅠB（※20）が発射されたと（写真14）。（映像は）スローモーションですね、これは。

能勢　ミサイルの形状が見えにくいのですけどね。

岡部　斜めになってるのは、例のハワイの地上施設の発射装置が、垂直発射装置と言いながら斜めになってるからかしら（※21）。前の垂直発射装置の箱形が斜めになってたでしょう？　雲を突き抜けてどんどんこのスピードで上がっていくんですね。このスピードで上昇していくものですから、ノーズコーンが大変らしいですね（※22）。このあいだ市ヶ谷（の陸上自衛隊駐屯地）で見せてもらいましたけど、これの発展型のSM-3ブロックⅡ（※23）。あれのノーズコーンを日本で作ってます。チタニウムですってね。

能勢　分離するのかな。分離しました。

岡部　落っことして二段目に点火して。

小山　これが二段式？

能勢　そうですね。

小山　だってほら、能勢さんの本（※24）読んでるんですけど、それにすごい出てくる。こういう言葉が。

能勢　はい。ありがとうございます……（笑）。

岡部　そしてこれがいま、標的に命中する、と。いろいろなカメラで撮影してますけど、はいあたった。

小山　わかりづらいですね。

岡部　赤外線で撮ってますからね。色をつけて表示するようにしてるから、赤や黄や青に見えるわけですね。

小山　ふーん。

岡部　これであれですね、イージス・アショアも迎撃に成功したと。

能勢　なお18日にですね、ルーマニアで工事をしていたイージス・アショアがついに完成したけど（写真15）。

岡部　まあ、施設として完成したけど、まだ稼動状態には入らない。実際に動き始めるのは来年の……。

能勢　早い時期だそうですね。

米B-52爆撃機　南シナ海・人工島から12海里内飛行

能勢　さて、米中関係に微妙な案件です。ウォール・ストリート・ジャーナルなどアメリカのメディアが伝えたところによると、先週10日、アメリカのB-52大型爆撃機（※25）が、南沙諸島のクアテロン礁（※26）から十二海里以内を誤って飛行。中国は抗議したということだそうです。

岡部　一説によるとクアテロン礁から2マイル以内、かなり近づいちゃったようですね。これがクアテロン礁ですね。確かレーダー施設があると言われていた島じゃなかったでしたっけ。

能勢　そうですね。レーダーなのか灯台とか。

岡部　そこにB-52が間違って接近したと。でも、いまどきの軍用機って飛んで行くところを間違えないようにいろいろなものがついているわけですよ。カーナビと同じようなGPSとか、慣性航法装置という、自分の居場所を計算して出す装置とか、電波で自分の位置を確かめる装置とか。そういう航法装置がついていて、自分の居場所とか飛んで行く方向を間違えないようになってるわけです。だって、下手すると戦争のときには核爆弾を積んでいく飛行機です。それが自分の居場所をわからなかったら大変ですから。それが間違って侵入したんですって……。

小山　間違ってないんじゃない？　だから（※27）。

能勢　それはわかりませんよ？　ただ、とにかくアメリカ側の発表は「間違って」ということらしいです。

岡部　だから、間違って島のいろんなセンサーの能力とか中国側の反応を、間違ってとっちゃったと。

小山　まあ、間違いはありますけれども。

米・4年ぶり　台湾に武器売却へ

小山　そんなアメリカ政府はですね、台湾にフリゲート2隻、AAV7水陸両用装甲車を台湾へ輸出することを決めました。中国は反発しています。

ナレーション　アメリカがおよそ4年ぶりに台湾への武器売却を決

定です。アメリカのオバマ政権は（2015年）12月16日、日本円で総額およそ約２２００億円に上る武器を台湾に売却することを決定し、議会に通知しました。売却が決まったのは2隻のフリゲートや地対空ミサイル、水陸両用車両などで、２０１４年12月にアメリカ議会で成立した、台湾に武器を売却する権限を大統領に与える法律に基づくものです。今回の決定についてホワイトハウスのアーネスト報道官は「アメリカが台湾自衛力の維持を支援していくことを示している」と説明しています。

中国「断固反対」

ナレーション アメリカ政府による台湾への武器売却決定を受け、中国が反発です。

中国外務省の鄭沢光次官は12月16日アメリカの臨時大使を呼び出し、「台湾は中国領土の一部であり、台湾への武器売却に断固反対する」と述べ抗議しました。また鄭次官は武器売却に関与したアメリカ企業に対し制裁を実施すると表明したほか、武器売却計画を撤回し、台湾との軍事関係を断つよう求めました。

能勢 今回の発表によりますと、いわゆるオリバー・ハザード・ペリー級のフリゲート（※28）が、退役していたゲイリー（※29／写真16）とテイラー（※30／写真17）ですか、この2隻の輸出がまずあり、それからＡＡＶ７ですね。

岡部 これがペリー級ですね（写真16、17）。

小山 ペリー級っていいですね。テイラーもいいですね。

岡部 こんなものですね。

小山 これだけを輸出すると（写真18）。

能勢 ジャベリン対戦車ミサイル（※31）、スティンガー対空ミサイル（※32）、数が２０８発、２５０発。それでへえーと思ったのが、このＭＱＭ-１７０標的無人機（※33）ですね、これを4機と、ＴＯＷ２Ｂ対戦車ミサイル（※34）を７６９発、それからＡＡＶ７水陸両用装甲車（※35）を36両ということだそうです。

岡部 このゲイリーもテイラーも、アメリカ海軍で退役するときには、すでに船の前のほうのＳＭ-１ミサイルの発射機を撤去してたんですね。でも、台湾に売却するに際してその装置を復活させるようですね。台湾としては、いちおう防空能力のある貴重な船ですから、どうしてもミサイルをつけたいんでしょうね。

能勢 でもすいません、スタンダードミサイルのＳＭ-１って、

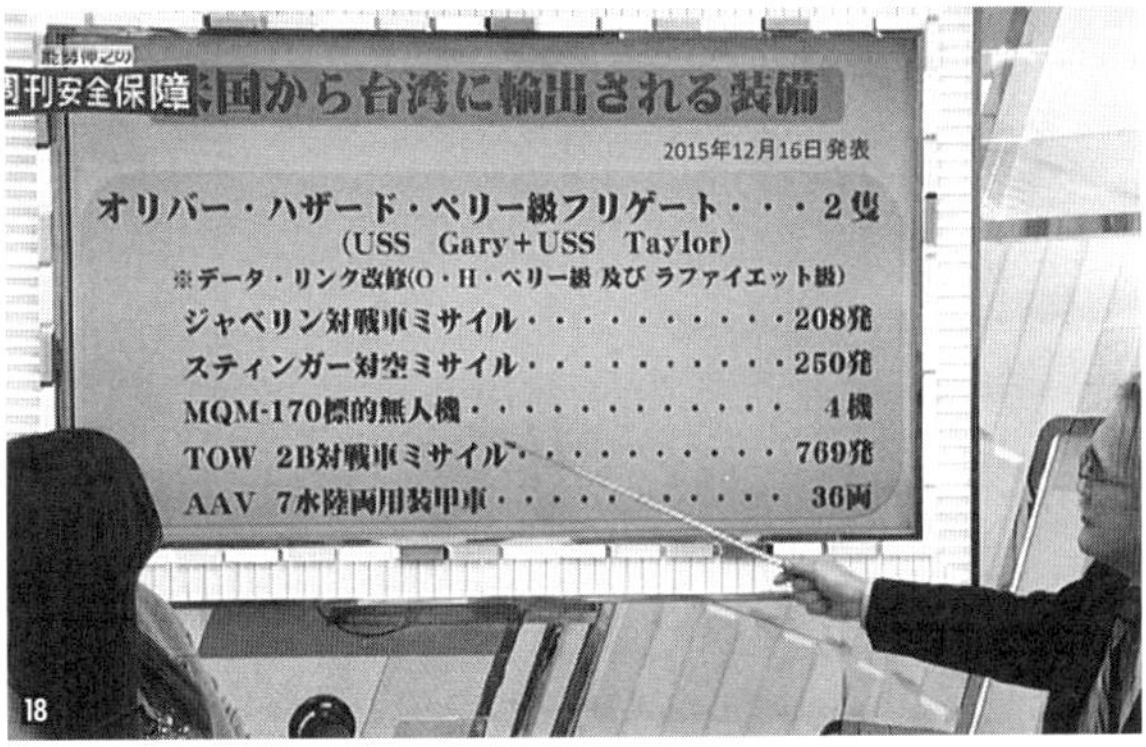

在庫あるんですか？

小山　在庫の心配ですか（笑）。（※36）

岡部　そこですよね（笑）。あとは台湾のキッド級駆逐艦（※37）もSM-1使ってるし。でも、アメリカももうないし、日本もそろそろないでしょう？　F-16のレーダー改修の話（※38）もないですから、中国が怒るほどでもないと思うんですが。

小山　TOWもね、結構取り上げてますもんね。バーンと撃ってるとこを。

能勢　ジャベリンもTOWもスティンガーも、兵隊さんがひとりないし少数で扱う兵器ですよね。で、次ですが、ツイッターになにか来てます？

小山　全然追えないんですよね、（ツイートが）多くて。「O．H．ペリー級は、日本に来て開国に迫ったペリー提督のお兄さんだった」って。

岡部　お兄さんだったかおじさんだったか、そうなんですよ。日本に来たのがマシュー・ペリーで。マシュー・ペリーのほうは補給艦の名前になってます（※39）

小山　ツイッターで「O．H．ペリー級は砲の位置が特徴的（※40）」。「O．H．ペリー級とは懐かしい」。

岡部　昔は横須賀港にも何隻かいたもんです。

米航空大手
第6世代戦闘機コンセプト

能勢　では次行きましょう。懐かしいねと話が出ましたが、アメリカの航空防衛大手ノースロップ・グラマン社（※41）が、第6世代戦闘機のコンセプトを発表しました。これですね。

岡部　これですね（写真19）、どうですか？　小山さん。

小山　宇宙船っぽい。

岡部　宇宙船っぽいですよね。

小山　これが飛んでたら、UFO見たって言う人出てきそう！　ステルス性っぽいですよね。

岡部　しかもノースロップ・グラマン社が考えてるのが、これです。ダイレクテッド・エナジーウェポン。指向性エネルギー兵器。たぶんレーザーとか、あるいは荷電粒子ビームかなんかでしょうね（※42）。こういうレーザー撃ちあったりって、こういうダイレクテッド・エナジーウェポンのはたらきが見たい人は、映画の『スター・ウォーズ』観てねっていう（笑）（※43）。

20

小山　（笑）。でもエイっぽくて、だんだん薄っぺらくなっていくんですね。

岡部　ノースロップ・グラマンは第6世代はステルス設計で、超音速も考えてるらしいですね。

小山　さっきの4機出てるやつのなかに第5世代があったんですよね？　ひかるが好きって言ってたやつ。

岡部　F-22ね。あれのさらに先を行こうってわけですよ。

能勢　形状がやはりノースロップ・グラマンがやってきたB-2（※44）ですとかX-47（※45／写真20）に似ていますね。

岡部　平面形なんかはX-47ですよね。ノースロップ・グラマンが考えてるのは、レーザーなり粒子ビームなんかをやると、どうしても熱が大量に出ると。その熱が当然機体にこもるじゃないですか。そうすると、熱は赤外線になって染み出すわけです。そうすると、ステルス設計をしても赤外線で見たらまるわかりになってしまうと。だから、第6世代戦闘機では、熱をどうやってコントロールするかが重要な技術になるだろうねって考え方を持ってるんです。

小山　楽しみですね。

岡部　私的にも楽しみですね。

能勢　やはり全翼機（※46）っていう。

岡部　尾翼もなくて、全部翼っていう。

小山　だからUFOっぽい。

米軍　インジルリク基地から F-15C・F-15Eを引き上げ

小山　次はシリア情勢関連です。

21

22

能勢　アメリカの航空戦力が一部引き上げになるようです。ロイター電によりますと、アメリカ軍はトルコのインジルリク基地（※47）に展開していたF-15C戦闘機（※48／写真21）6機、F-15E戦闘攻撃機（※49）6機の合計12機を引き上げることになりました。ただ、現在展開中のA-10攻撃機（※50／写真22）12機と無人機（※51）は残るとのことです。岡部さん、これはどういうことでしょうね。

23

岡部　そうですね、空中戦が得意なF-15C戦闘機がいたっていうのは、対するイスラム国、ISには戦闘機がありませんから、シリアに出張ってきたロシア戦闘機と間違いがあるのを避けるけん制策だと思ったのですが、このF-15Cが引っ込むということは、そういうおそれもだいぶなくなってきたのかな、あるいはロシアと角突き合わせるような行動はしないようにしたのかな、という感じがしますよね（※52）。それからF-15E攻撃機。全天候で昼でも夜でも低空を侵入していろいろな兵器で攻撃できるすぐれものの飛行機なんですけど、それを引っ込めちゃうということは、何もそこまでする攻撃ではなくて、残るはA-10攻撃機ですよね。A-10攻撃機は、いろいろポッドとかついてますけど、昼間にパイロットが自分の目で目標を見て攻撃するという。つまり敵と味方が近寄って戦ってるときに、敵を叩くには、パイロットが自分の目で確認したほうがいいわけですよ。そういうイスラム国との戦いについて、いわゆる近接航空支援。味方のすぐ近くにいる敵を叩くっていう、そういう作戦にアメリカ空軍がシフトしているのかなと考えました。あと、あれなのかしら、運用経費が違うのかしら（※53）。

能勢　A-10は非常に巨大なガトリングガン（※54）が。

岡部　そうですね、30㎜機関砲（※55）が。そうすると、ドイツの電子攻撃型のトーネード（※56／写真23）が、偵察機としてどのくらいちゃんとした情報をリアルタイムで持ってきてくれるかにかかってきますね。

小山　はい。年末恒例の記者会見で、ロシアのプーチン大統領がトルコ批判です。

トルコ関係「展望みえない」プーチン大統領

ナレーション　トルコとの関係改善に「展望は見えない」と断言です。ロシアのプーチン大統領は（2015年）12月17日、恒例の年末の記者会見を行ないました。集まった1000人を越える報道陣のなかで、外国メディアとして最初にトルコメディアを指名しロシア機の撃墜を受けてシリアに配備した地対空ミサイル（※57）に言及し、改めてトルコをけん制しました。
　また、エルドアン政権との関係性については「展望は見えない」と述べ、今後も対立が続くとの見通しを示しました。一方で低迷が続く経済情勢については「危機のピークは過ぎた」と強調したものの具体的な対策には言及しませんでした。

能勢　相変わらず厳しい言葉でしたね。

小山　そうですね。そして、そのロシアの黒海艦隊（※58）に、新たにブーヤン級コルベット（※59）が2隻配備されました。

能勢　これ（モニターに写っている船）は（コルベットとは）違いますね。

岡部　これは偉い人を乗せた、いわゆるランチというモーターボートですね。黒海艦隊に新たに配備されて、式典が行なわれているという。寒そうですね。でも、襟のファーがキレイでしたね。それで、ロシアの聖アンドレという旗が掲げられて。

小山　いっぱいある。

岡部　いわゆる合図の旗なんです。なんかのお祝いのときには全部並べて、綺麗でしょう？

小山　手品で旗出すみたいな（笑）。

岡部　で、こうやって艦隊に就任しましたよ、と。けっこう内部はよく整理されててキレイですよね。ひところロシア海軍はお金がなくて、非常に低迷していた時期があったんですけれども（※60）、本当にいまのロシア海軍はそこから脱却して。ギリシャ正教のお坊さんがお祈りをするんですね。そして旗を受け取って。

小山　ああすごい、（旗に）キスした。

能勢　で、コルベットは、駆逐艦やフリゲートよりさらに小さいわけですよね。

岡部　そうですね。軍艦としてはかなり小さい部類ですけど、ついているのも対空ミサイルで、対艦ミサイル避けの機関砲も。質素な武器がついてるだけかと思うと、じつはそうじゃないんですね。

能勢　このクラスのフネが重要視されるのが、これなんですね。

小山　カリブル（※61／写真24）。

岡部　私ロシア文字は読めませんけど、たぶんカリブルと書いてあると思います。（ロシア事情にくわしい）小泉（悠）さん、そうですよね？（笑）。

小山　小泉さん（ここに）いないけど、観てるとは思うけど（笑）。

能勢　あれだけ小さなフネなのに、これが撃てると。

岡部　このあいだカスピ海からシリアに向けて撃ってたでしょう？（※62）あのミサイルですよ。あれを積んだ船が黒海に来たってことは、このミサイルの射程にヨーロッパのドイツあたりまで入ってしまうという。これはＮＡＴＯにとっては嫌な感じでしょうね（※63）。

小山　確かに。

24

今週のスクランブル 中国艦船が……

小山　それでは、『今週のスクランブル』に行きましょうか。（2015年）12月13日午前5時ごろ、沖縄県那覇基地の、海上自衛隊第5航空群所属P-3C哨戒機（※64）が、宮古島北東およそ130㎞の海域を、東シナ海から太平洋に向けて南東に進む中国海軍ジャンカイI級フリゲート（※65／写真25）2隻を確認しました。これら2隻は、13日午後11時ごろ、与那国島の南およそ220㎞の海域を南西に進み、バシー海峡に向かったのを確認しています。

岡部　台湾とフィリピンの間の海峡のことをバシー海峡といいます。ジャンカイI級はいま、中国海軍のスタンダードになっている新鋭のフリゲートで、わりとバランスのいい武器を持っていて、ステルス性も取り入れているなかなかまとまったフネですね。あれが宮古島からグルっとバシー海峡を抜けたってことは、たぶん東海艦隊の所属かな？　上海の近くの基地の。それがぐるっと台湾を一周できるよと、そういうのを見せつけたのかな。

能勢　台湾をぐるっと周るというのは、なかなか刺激的な。

25

岡部　そうですね。ちょうどアメリカの武器売却の話があったところで。

日・インドネシア 外務・防衛閣僚会議

能勢　はい。次が、日本とインドネシアですね。日本とインドネシアの外務防衛閣僚協議2＋2（※66）が開かれ、日本からの防衛装備品移転に向けて必要な協定締結に向けて交渉を始めることで一致したとのことです。

ナレーション　日本政府はASEAN＝東南アジア諸国連合の加盟国では初めてインドネシア政府との2＋2＝外務・防衛担当閣僚会議を開催しました（写真26）。両国は中国が海洋進出を進める南シナ海などの現状について意見交換したうえで連携を強化していく方針で一致しました。

　また海上自衛隊の救難飛行艇「US-2」（※67／写真27）の輸出を念頭に防衛装備品や技術の移転を可能にするための交渉を始めることを確認しました。

26

27

能勢　ということなんですね。US-2といえば、インドとの輸出がどうなるかという状況（※68）なんですけど、今度はインドネシアで。

岡部　インドネシアはご存じのとおりたくさんの島からなる国で、国が広がっているのね。西はスマトラ島から東はスラウエシ島とかあっちのほうまでダーッとつながってる。で、こまかい島もたくさんあってそこにたくさんの人が住んでる。だから、船での輸送も必要だし、海上保安庁みたいな警備艇も必要だし、輸送船も必要だし。もしUS-2みたいな飛行艇があって、患者を輸送したり海難事故で救助ができたりすると、インドネシアにとっては役に立つんでしょうね。インドネシアが日本のフネとか飛行艇に興味を持つのはうなずける話ですね。インドネシアは冷戦が崩壊したあと、東ドイツ海軍の艦艇（※69）なんかを大量に引き取ってるんですよ。冷戦当時のソ連装備に不慣れなわけではない。だから、ひょっとしたらロシアのジェット飛行艇（※70）がライバルになるかもしれませんね。でも、これで日本はフィリピンにフネをあれ（装備移転）すると、今度は南シナ海の南側のインドネシアに装備移転の可能性も見えつつある。南シナ海で日本製のフネや飛行艇が活躍することが増えるかもしれませんね。

能勢　戦略的な意味合いも見えてくるんですかね。

岡部　それに応えてくれる方が……。

小山　次はブレイクなんですけれど、ブレイクのあとは、なんと第14代防衛大臣中谷元さんがこのスタジオにお見えになります！

出典／写真1～3：©CROWN COPYRIGHT 2015、写真20：U.S.Navy、
写真21～23：U.S.Air Force、写真26：海上自衛隊

2015年12月19日配信回［後半］

出演　能勢伸之／小山ひかる

GUEST　中谷元 第14代防衛大臣／岡部いさく

主な話題
”ひかる”が直撃　中谷防衛相　生出演
日豪の今後の関係は……
F-35A組み立て開始

中谷元
防衛大臣
初登場！

緊張
したけれど
ゲンちゃんはとても
優しくて大好きに
なっちゃいました
！

“ひかる”が直撃
中谷防衛相　生出演

小山　はい、ここからは、中谷元防衛大臣（当時）にも加わっていただきます（写真1）。ようこそいらっしゃいました。

中谷　どうぞよろしくお願いします。

能勢　ツイッターにさっそく質問が来てますね。

小山　いろいろ来てます。「中谷大臣が好きな戦闘機は何ですか？」という質問が。

中谷　F-2（※1／写真2）ですね。これは我が国の主要戦闘機です。防衛庁長官に就任したときが2001年だったんですが、このときはまだ試験運用で、青森県の三沢の基地に乗りに行ったんですけれど、私も搭乗しまして、飛び上がって非常に高度な動きを経験しました。とてもなめらかで、飛んでいると、パイロットがときどきどっちが下か上かわからなくなるそうなんですけれど、そういうときはボタンをポン押すと正常に戻ると、そういう装置もありまして（※2）。「飛んでるの？」「止まってるの？」とわからないくらい、非常に安定した能力のある飛行機ですね。

小山　へえー、乗りたいですね。

能勢　それ暗にお願いしてない？（笑）。

小山　いえいえ（笑）。ちょっと私もいろいろ質問を考えてきたんですけれども、みなさんがなかなか聞かないようなことを聞いてみようと思って。小さいころのアダ名とかありましたか？

中谷　そうですね。まあ、だいたいみんなにゲンちゃんと呼ばれてましたけど、アダ名はもやしっ子。日陰のもやし。非常にひょろひょろで、細身の子供だったんです。

小山　そうなんですね。意外な一面が。

岡部　でも、陸上自衛官でいらしたときは、レンジャー課程（※3）を通られてたんですよね？

中谷　そうなんですね。防衛大学校に入りまして、まず体鍛えなきゃという思いと、精神力ですね。そういうものは集団生活ですから自然と備わっていきますけれど、実際部隊に入って、「レンジャー教育に行ってきなさい」という上司からの命令がありまして、「どこまでできるのかな」という思いがありましたが、非常に自分の限界を越えるような訓練などがありまして。やはり、かなり強靭な体力と精神力が身についたと思います。

岡部　小学校のときにもやしっこでもレンジャーになれる！　という。

中谷　いまは非常に体重が増えたんですけど（笑）。

小山　素敵ですよね（笑）。次ですけど、「防衛大臣になられてよかったことはありますか？」

中谷　そうですね、自衛隊を経験していろいろな方々と知り合いましたけど、自衛隊って本当に、我が国を守るために現場の部隊の人たちは真剣に訓練をしたり、勤務もね、絶対に事故を起こしたらダメだと。「国を守る人が国民に不祥事を起こしちゃいかん」という意識がすごく高いんですよ。そういうなかでみんなずっと国を守る仕事をやっていまして、改めて防衛大臣になると、ときどきそういう人に会うんです。そういう意味では国を守る喜びを、共に心をひとつにしてやっていくんだなと。それぞれ立場は違いますけどね。そういう意味では、同じ国を守っている意識を感じる場面がありますので、防衛大臣になってそういう機会を多く持てるという喜びはあると思いますね。

小山　素敵……（笑）。中谷大臣は、（２０１５年12月）15日午前の記者会見で、「今年の漢字は？」と聞かれて「安」としたところ、午後に発表された今年の漢字と一致したそうですね。

中谷　そうです。

小山　大臣、どうやって当てちゃったんですか？

中谷　はい、これは私の大臣室に、「安」という漢字をずっと額に入れて飾っていたんですよ。なぜ「安」かというと、総理大臣が安倍晋三、安倍内閣、それもありますが、防衛というものは、やはり国民に対して安全、安心、安定、これを与えるものでありますので。とくに今年は平和安全法制を国会で議論しました。やはり安全保障というのはどういうことかを常に自分自身で考えなくてはいけませんが、今年はとくに国民のみなさんがそういうことを考える機会がありましたので、私としては安全保障の「安」だということを掲げたんです。ところがその日の午後に清水寺で発表されて、安全保障の「安」ということで一致して、非常に私としてはうれしかったですね。ドンピシャでした（笑）。

能勢　なるほど。後ろのモニターに映っているのが、清水寺での画像ですね。（写真３）

3

中谷　そうなんです。安倍の「安」みたいなね。で、その次の日官邸で高級幹部会同がありまして、総理、官房長官などと面会できましたが、そのときに私のほうから大臣室に掲げてあった「安」という文字（を書いた色紙）を安倍総理に手渡ししまして、これからも安全保障をしっかりやっていくという決意を披露したんです。

小山　能勢さん、どうですか？

能勢　いやあ、当たったというところ自体に驚いてしまいましたね。

中谷　それだけ国民と感覚が一致したということで、うれしかったですね。

小山　テレビでも安全保障という言葉をよく聞きましたしね。私も生きてて安全保障っていう言葉をいちばん言ってると思います。今がいちばん（笑）。

中谷　この番組も影響したのではないでしょうか。

小山　そうですね、うん。それだといいですね。

中谷　ちなみに流行語も、ＮＩＦＣ-ＣＡが選ばれると思ったんですが（笑）。

小山　そうですよ、ほんとに。これから伝えていきます（笑）。ツイートでもいろいろ来ていますけれど、「すごい当たってる！」というツイートが来てる。「漢字は誰が書きましたか？」と来ていますけれど、これは。

中谷　私は書道を週に一回習ってるんですけど、大臣室に（置いてあったもの）は、書道を教えてくれる先生が書きました。それは総理にさし上げたので。これは（色紙を掲げ）私が書きました。まだまだ練習しなきゃいけないと思っています（笑）。

岡部　こちらの画面（後ろのモニターに）映っている字は、（書道の）先生が書かれたもので？

中谷　これはそうです。その書道の先生で。（その色紙を）安倍総理にお渡ししたら、次の日の内閣のフェイスブックで、安倍さんがこれを持っていた写真が上がっていました（笑）。

小山　すごーい。いいですね（笑）。この番組では、これまで大臣の発言をいろいろ取り上げてきたんですけれど、そこで私もＮＩＦＣ-ＣＡという言葉を覚えたんですね。国会で初めてＮＩＦＣ-ＣＡという言葉を使ったのは中谷大臣だと聞いていますが、女性タレントで初めて使ったのは、私、小山ひかるだと思っています（笑）。

能勢　まあまあ小山さん、ＮＩＦＣ-ＣＡの話はあとでじっくりお聞きするとして。

小山　はい、そうですね（笑）。

能勢　さっそくですが、日本周辺には招いていないのに来てしまう、誰が来たのかいちいち見に行かなければならない、とくに戦闘機で見に行かなければいけない事態、スクランブルというわけなんですけれど、その件数が昨年度９００回を越えて、冷戦後もっとも多かったと。ものすごい増え方ですよね（図Ａ）。

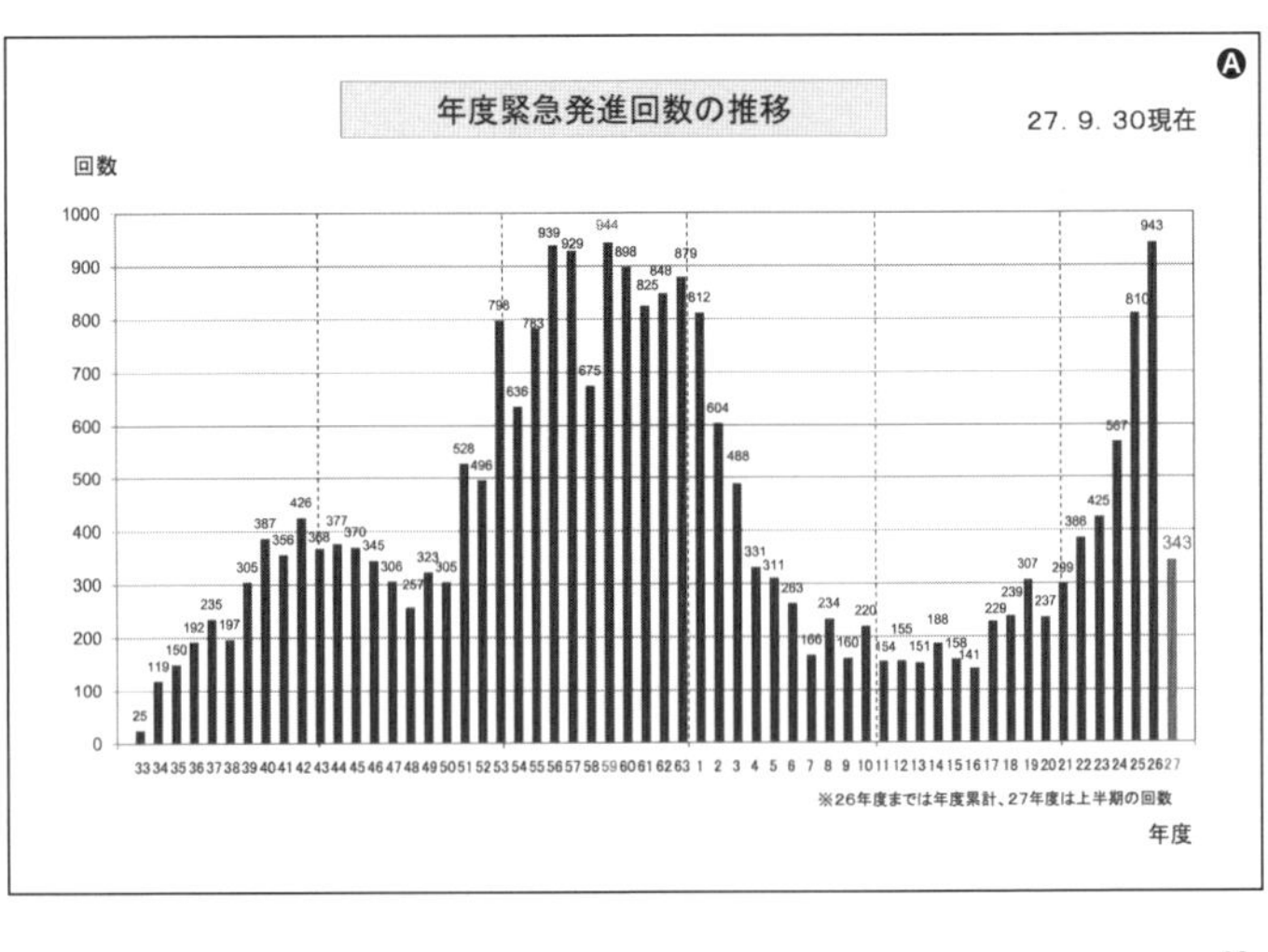

小山　はい。大臣も自衛隊のみなさんもご苦労さまです。それで、質問は。

能勢　はい、すみません（笑）。現在の手順は、国籍不明機をレーダーサイトとか早期警戒機で見つけて、戦闘機を向かわせていると思うんですけれど、これだけスクランブルの件数が多いと、スクランブルの事案にどう対応するのか、これまでと同じ方法でいいのかという意見もあると思うのですが、何か考えていらっしゃることはありますか。

中谷　最近は北から西へということで、昔はロシアの航空機、ソ連機が多かったんですけど、いまは中国機が激増してまして、昨年（２０１４年）９４３回だったんですけど、そのなかで中国機が４６４ですから半分近くだったんです。今年（２０１５年）上半期が３４３と出ていますが、中国機が、今年は非常に多くなってきております。で、この３４３の内、中国機が２３１、上半期。昨年は上半期２０７だったので、30回くらい増えてます。これだけ中国機が毎年どんどん増えているということですね。対策ということで、防衛大綱（※４）で示されていることは中期防で実行しておりますけれど（写真４）、那覇の基地の戦闘機部隊（※５）、これはF-４（※６/写真５）を、いまF-15（※７/写真６）に転換しておりますが、F-15の部隊が一個飛行隊だったのですが、それを２個飛行隊にいたしまして、こういった点で対応をより迅速にしていこうというようなことをやっております。

4

能勢　その中国機なんですが、先日は爆撃機を８機（※８）も１日のうちに沖縄近辺に飛ばしてきたりと、そういった対策がどうなっているのかなと。

中谷　防空識別圏の設定をして、これは世界中どの国もないんですよ（※９）。「このエリアに入ってきたらわかりませんよ」みたいな警告を発してますけど、そういう国際法にもないような状況でもありますし、こういった活動が頻繁になってきてますので、自衛隊としてはしっかりと対応していかなければならないという状況です。

能勢　スクランブル件数もそうなんですけども、日本周辺の安全保障環境ということもありますよね。

中谷　はい。

能勢　北朝鮮の弾道ミサイル、とくに潜水艦発射弾道ミサイル発射試験（※10）が今年（２０１５年）ありましたし、それから中国の弾道ミサイル、巡航ミサイルについては大臣も国会で指摘されていました。爆撃機の最近の動き（※11）も気にかかるところであります。中国は今度新しい非常に強力なレーダーを積んだSu-35（※12）という飛行機を導入するとも言われています。また、今週は

6

5

なかったんですが、毎週のようにやってくる中国の公船の動きも非常に気になるところだと思います。さらに、ロシア軍も北方領土に軍の施設を建設すると言われていますが(※13)、大臣としてとくに重視していらっしゃるのはどこなんでしょうか。

中谷　まずは北朝鮮のミサイル開発。非常に能力を向上させてきておりまして、発射台なんかも改良しまして、20mくらい高さを伸ばしたんですね。以前テポドン2(※14)が発射されていますが、さらにそれを上回るものを開発していると。

岡部　西海岸の東倉里《トンチャンリ》の。

中谷　そうなんですね。それから移動式で車載のTEL(※15)といいますけれども、そういったもので我が国を射程内に入れることのできるミサイル。これは数百発配備可能な状態になってきておりますので、こういった性能を非常に上げているミサイルにどのように対応していくかは、大きな課題のひとつです。

能勢　そういった状況があると対策が考えられますが、とくに装備面での対策で考えられていることはありますか?

中谷　とくに警戒監視ですね。やはり遠くまで見られる目、そして耳、これを持って状況を常に監視をしておかなければなりませんけれど、年々高度化をしてきておりますので、しっかりとこの状況を把握しておかないと、我が国の領海、領空は守れません。自衛隊は、陸海空、国境をしっかり守っていこうということで常に情報収集をしていますが、非常に地道な作業で、いろいろなところで、いまも24時間、365日、吹雪で大変な雪が降ってるなかでも、つねに隊員のみなさんに情報監視をやっていただいてますし、何かあればすぐに空に飛び上がってもらって、異常がないか情報収集している航空機もあれば、潜水艦などの捜索のために、海の上で監視をしてくれる方もいますので、自衛隊ひとりひとりが、こういった情報活動をしてくれて、国の安全を守ってくれているということですね。それらも非常に能力が上がっていますので、そういったことでも事実が発見できるように、精一杯やっております。

能勢　能力に関わるかもしれませんが、中谷大臣がハワイに視察に行かれた。そこでNIFC-CAという言葉も使われました。中谷大臣がハワイで視察された、ちょっと耳慣れないC2BMC(※16)ですとかSBX-1(※17/写真7)、それからイージス艦のポート・ロイヤルを視察されて、その後関西では、AN/TPY-2レーダー(※18/写真8)を視察されていると。ハワイでご覧になったの

7

8

がSBX、それからC2BMC、それから巡洋艦のポート・ロイヤル。それから関西の視察ではこのTPY-2レーダーをご覧になられたというわけですね。これを並べてみますと、そのうちSBX-1とC2BMC、内部（を視察したの）はおそらく日本人初で、経ヶ岬のAN/TPY-2レーダー視察は、日本の閣僚としては初めてだったんですかね。そうしますと大臣の視察は物見遊山とか行き当たりばったりではなく、選び方が体系的になっている感じもするんですけれど。

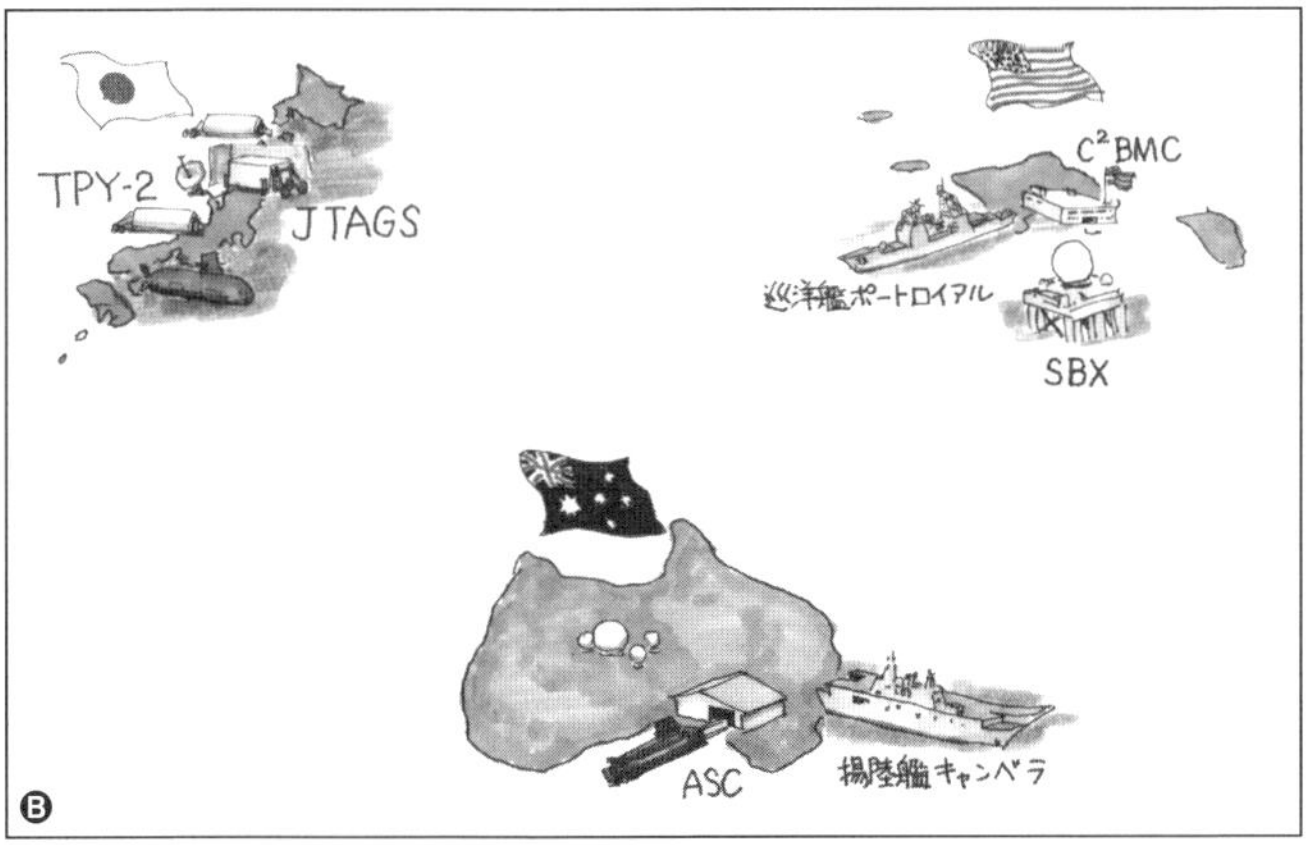

岡部さん、解説してもらっていいですか。

岡部　そうですね（岡部イラストB／P93参照）。SBXは弾道ミサイルの飛来を探知して追跡するXバンド（※19）の強力なレーダーですし、C2BMCはアメリカの太平洋でのミサイル警戒、ミサイル迎撃の情報の要になるところですよね。で、巡洋艦ポート・ロイヤルは弾道ミサイル防衛の実験艦を長らく務めていたフネですし、経ヶ岬のAN/TPY-2も、これは日本も含めてアメリカの弾道ミサイル警戒の一環になっているんですよね。こういう「弾道ミサイル防衛のいまのアメリカの最先端の状況をご覧になる」、という意図を持っていらした視察だったわけですか？

中谷　そうですね。とくに日本では米軍のXバンドレーダー（AN/TPY-2）、青森県の車力と京都府の経ヶ岬の2箇所にありますが、弾道ミサイルの探知において非常に重要なものでもありますし、自衛隊もこういう識別レーダーを持っていますけれど、時代がどんどん進んでくるとこれらのものをトータルで運用することで、いままでできなかったことができるようになっているんですね。それで米側が、それについて新しい動きをしておりますので、Xバンドレーダーに関しては、ハワイにあるSBXという非常に巨大なXバンドの施設（SBX-1レーダー）、これ、（建物の）高さが45mくらいありまして、さらにレーダーの先端まで行ってきたんですけれども、（そこは）85mくらいの高さにあります。で、このレーダーは船で引っ張ることができるんですね。移動が可能ということもわかりましたし、なかで居住ができたり倉庫があったり発電機があったり、非常に最先端のことを実験しながら開発を進めているということがよくわかりました。

能勢　そうすると、さらにこういうかたちのレーダーをアメリカは開発するという説明だったんですか？

中谷　これ自体が弾道ミサイルの探知、追尾、識別、それから迎撃アセットへの情報提供を行なうものでありますので、ベーシックになるような装置だと思います。

岡部　大臣の視察の前に、（2015年）11月1日でしたっけ？ハワイで駆逐艦ジョン・ポール・ジョーンズと陸上のTHAAD（※

20）も含めた防空と弾道ミサイルを一体にしたテスト（※21）がありましたよね。それから視察のあと、12月にはイージス・アショアの実験が行なわれました。このジョン・ポール・ジョーンズとTHAADのテストについては、大臣はアメリカ側からブリーフィングというか、説明を受けられたんですか？

中谷　ええ、ありました。とくにイージス・アショア、いままでイージス艦に積んでいるものを地上に配備するということで、実際にハワイにそれはあるんですけれど、この特徴とか性能等についての説明もありましたし、THAADミサイル、これは車で移動できる新しいタイプなんですけれども、こういうタイプの説明を聞いてきたということです（写真9）。

能勢　THAADとイージス・アショアについて、大臣はハワイでの発言で、検討を加速したいということをおっしゃっていたと思うのですが、これは具体的にどのように検討されるんですか？

中谷　ええ、これはもうすでに防衛計画の大綱で、北朝鮮の弾道ミサイル、これが非常に性能を向上させておりますので、我が国の対応する能力の総合的な向上を図るということも記述してありまして、数年前からこれに対して、イージス・アショアにしてもTHAADにしても、検討は続けてきております。で、平成26年から調査研究を実施するなどしてまいりましたが、さらにこういったものにつきましても米国の先進的な取り組みなどを参考に、検討を加速していきたいと思っております。

能勢　その検討というのは、どちらかを選ぶような検討なのでしょうか。

中谷　いや、これはトータルの問題ですから、今回はこういったものに加えて、C2BMC（写真10）、総合的にいろんなものを組み合わせて作戦能力を図るというものもありますので、こういったコントロールに対することとか、アンテナ部分ですね。こういった情報をいかに取り入れるかという取り組みをしていますので、総合的に検討しなければならないと思っています。

能勢　そうすると、THAADとイージス・アショアを検討するにあたって、C2BMCの能力についても考慮しながら、ということですか？

中谷　そうですね。トータル的に。いま日本にあるのはイージス艦のSM-3、それからPAC-3（※22）などですが、THAADというのは中間地点の空域をカバーできるもので、PAC-3というのは実際に発射したあと、（ミサイルが）落ちてくる周辺を防御

するんですけれど、ＴＨＡＡＤミサイルはさらに広範囲に対応します。ＳＭ－３で撃ち落としたものを、さらにＴＨＡＡＤで対応できますので、そういった点も含めて検討はしております。

能勢　大臣がおっしゃったＣ２ＢＭＣについて、大臣が行かれた場所は、画像も映像も公開されなかったんですけど、アメリカ軍で公開されてるＣ２ＢＭＣの画像はあったんですが、よく見ると、どうも日本列島らしきものが（映っています）。

小山　ここのへんですね（写真11）。

11

能勢　はい。大臣がおっしゃったＣ２ＢＭＣ、これが日本の防衛に関わるものなのか気になってはおりました。このＣ２ＢＭＣに実際入られて、これまで日本人が入ったことがないだろうという施設に実際に入られて、どうでした？

中谷　このような地図がある画面などがありましたけれども、たくさんの情報をリアルタイムで処理をしているということで、まさにコンピュータの能力の向上と情報通信の発達でいままでできなかったことがどんどんできるようになっているんだなということを実感できました。

能勢　確かＣ２ＢＭＣは、日本にも置かれているＡＮ－ＴＰＹ－２、Ｘバンドレーダーが繋がれているのはここだと言われていますね。あと、どういったものが繋がるかも説明があったのですか？

中谷　全体の構想ということで、この上にＩＡＭＤという統合防空ミサイル防衛構想、これはＩは統合、インテグレーテッド。Ａはエアー、Ｍがミサイル、Ｄはディフェンス。いわゆる弾道ミサイルと、巡航ミサイルや航空機、こういったものをひとつの体系にまとめようとしていまして。これは、防空相手の能力と、弾道ミサイルの能力、これらを無力化するための、陸海空の軍種のいろんなオペレーションがあります。それらが重複してるんですけれど、これを整理してトータルとして統合運用できるのがコンセプトなんですね。それを米軍は進めておりまして、画面に準備してきましたけれども、ＩＡＭＤとＢＭＤ（※23）とＡＤ（※24）。これをアメリカがどう整理しているかという図です（図Ｃ）。いままでは弾道ミサイル、それから航空警戒、ふたつに分かれていたんですね。ＢＭＤの弾道ミサイルと、ＡＤは巡航ミサイルと航空機。別々に（オペレーションを）やっていました。ところがＩＡＭＤというコンセプトでひとつにまとめようじゃないかと。いわゆるＮＩＦＣ－ＣＡですね、これは防空ですから、巡航ミサイルと航空機。それからＣＥＣ（※25）これは伝達手段ということで、情報を共有しましょうというものなんですね。コーポレイティブ。そしてエンゲージメント、それからケーパビリティ。情報の共有。これらを共用する海軍の試みです。このＣ２ＢＭＣというのは、弾道ミサイルに対処しようとしているシステムなんですけれど、これも情報の統合化でありまして、イージス・アショアとＴＨＡＡＤ、こういうものを一体化して考えていきましょうというのがＩＡＭＤということで、まさにこれ（ＩＡＭＤ）を見せていただ

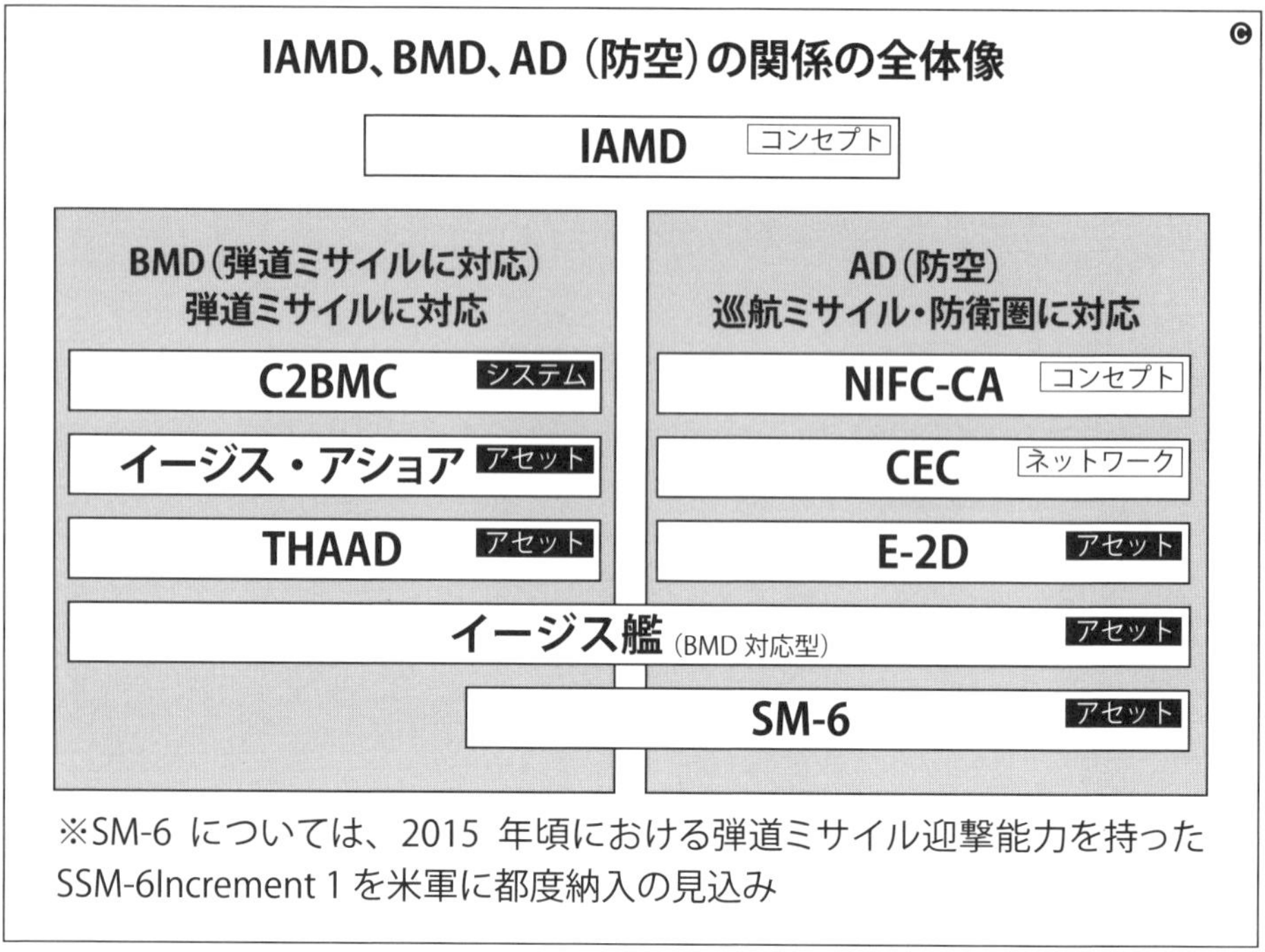
©
IAMD、BMD、AD（防空）の関係の全体像
IAMD コンセプト
BMD（弾道ミサイルに対応）
弾道ミサイルに対応
C2BMC システム
イージス・アショア アセット
THAAD アセット
AD（防空）
巡航ミサイル・防衛圏に対応
NIFC-CA コンセプト
CEC ネットワーク
E-2D アセット
イージス艦（BMD 対応型） アセット
SM-6 アセット
※SM-6 については、2015 年頃における弾道ミサイル迎撃能力を持った
SSM-6Increment 1 を米軍に都度納入の見込み

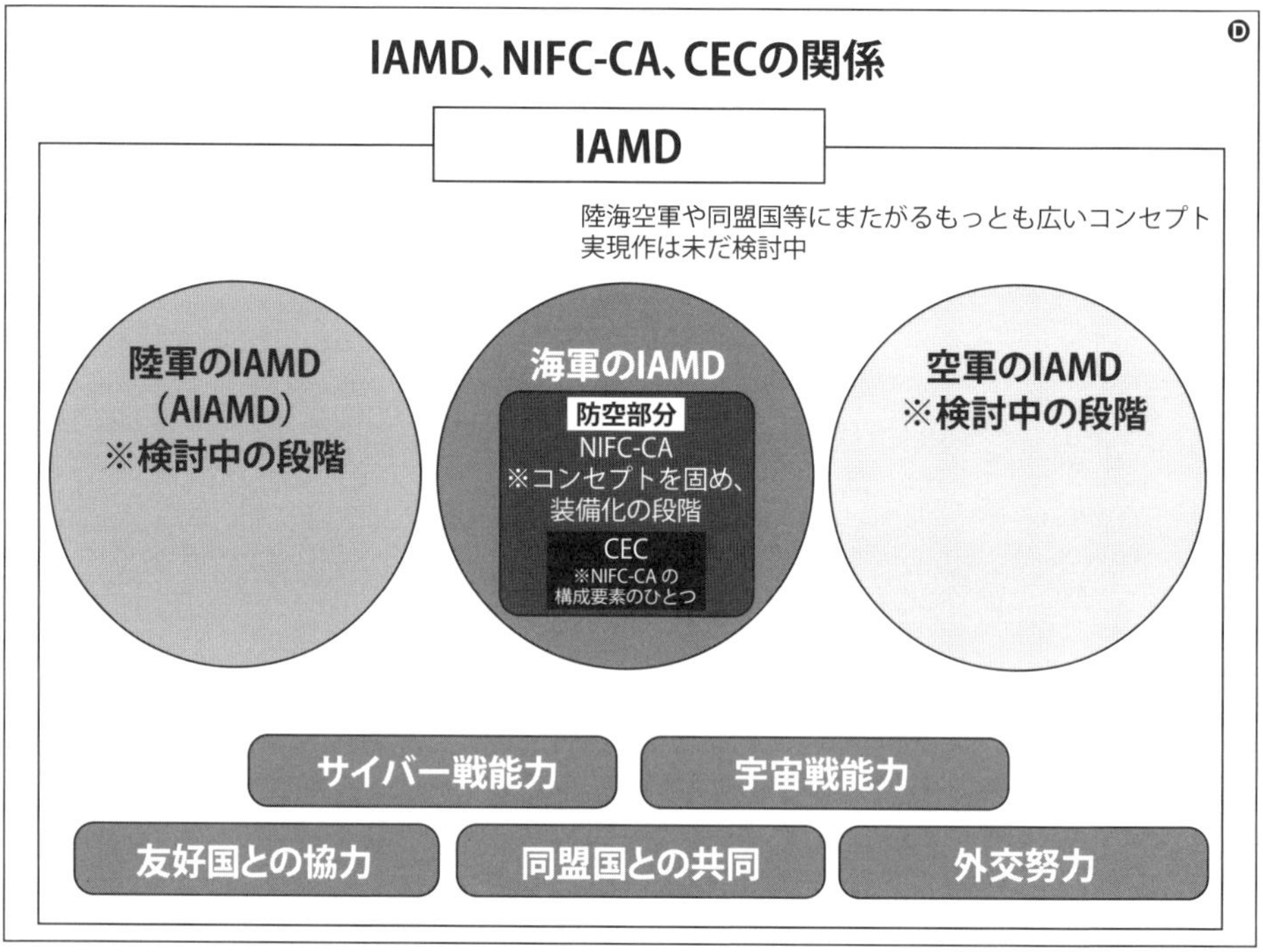
Ⓓ
IAMD、NIFC-CA、CECの関係
IAMD
陸海空軍や同盟国等にまたがるもっとも広いコンセプト
実現作は未だ検討中
陸軍のIAMD
（AIAMD）
※検討中の段階
海軍のIAMD
防空部分
NIFC-CA
※コンセプトを固め、
装備化の段階
CEC
※NIFC-CA の
構成要素のひとつ
空軍のIAMD
※検討中の段階
サイバー戦能力
宇宙戦能力
友好国との協力
同盟国との共同
外交努力

いたので、全体の構想もいっしょに説明していただいたということです。

岡部　おもしろいですね。E-2D（※26）とかSM-6とか、兵器、アセット、いわゆるハードウェアだけじゃなくて、それを繋ぐネットワークがあって、それをどうまとめるかという考え方のコンセプトとしてNIFC-CAとかがあって、それを全部ひっくるめた一種の考え方、見方がIAMDなわけですね。

中谷　そうなんですね。いままで陸海空別々にやってたんですね。これはE-2Dというのはレーダーを積んだ飛行機なんです。これは空軍が持ってましたが、もう空軍だけの持ち物ではなくなって、海軍も陸軍も使ってましたので。もう一枚のペーパーありますでしょうか。で、私もまとめてきたんですが（図D）、NIFC-CAとCECこれは海軍のIAMDの検討です。で、陸は検討段階です、アーミーの。空も、検討段階でありますが、全体をまとめたのがIAMDで、陸海空軍、または同盟国等にまたがるもっとも広いコンセプトで、現実策を検討中でした。アメリカも。で、そういう構想を考えているということで、サイバー、性能能力、宇宙戦の能力、友好国との協力、同盟国との共用、外交努力、こういったものも含めてそういう構想が進んでいるということですね。

能勢　ということは、IAMDはサイバー戦能力も含めて、ということになるわけですか。

中谷　そういうものも研究をしている、ということだと思います。まだ、米国がどのような決定をしたのかは聞いておりません。

能勢　あとは友好国との協力、同盟国との共同というのが入ってくると、日本としてはどう対応していくかが、大臣としては考えられると。

中谷　日本も統合運用（※27）ということをやっていますので、陸海空で別れてデータの処理をするんじゃなくて、やはり情報というものはひとつの統合的に運用しなければいけない時代に来ていると思います。

岡部　我々はIAMDというと、狭い意味での、アメリカ海軍のIAMDにどうしても視線が集中しちゃうんですけれど、じつはアメリカ軍のIAMDというのは広い、もっと大きな概念なわけなんですね。

中谷　やっぱり情報を共用しようという目的がありますので、陸海空の情報を統合して、すべての軍種が見られる、というのがコンセプトだと思います。

能勢　今年（2015年）の4月だったと思うんですが、日米で防衛ガイドライン（※28）を作られたときに、防空ミサイル防衛ということで、AMDという概念が出てきたんですけれども、あのAMDとIAMDというのはどういう違いがあると考えればいいんでしょうか。

中谷　防空ミサイルということで、AMDというのも、エアーですから。航空機とか巡航ミサイルですね。M、これはミサイル。で、D、ディフェンス。そういうミサイルにIがつくと、統合です。ですから陸海空それぞれ別々にAMDをやっていたのを統合運用で、インテグレイトするということで、そういうものをお互い情報共有して統合して運用して、という意味がありますね。

能勢　なるほど。日米の合意がAMDであって、アメリカはIAMDを進めていると。アメリカのIAMDは同盟国との共有も入ってくる。日本はどうしますかという。

中谷　お互い研究検討段階でありますが、（2015年）4月に（出た）ガイドラインで、防空とミサイル防衛について、日米が平素から協力をしましょうという内容の記述があります。具体的には自衛隊と米軍が弾道ミサイルの発射、巡航ミサイルや航空機の侵入に対する抑止、そして防衛体制の維持をして強化をするということは確認しておりますし、政府同士で、挑発的なミサイルの発射や航空機活動に対して調整することになっていますが、これが説明したIAMDですね。これは米国防省が現実的な検討を行なっておりますので、今回は（視察で）話は聞かせていただきましたけれども、弾道ミサイルであれ、巡航ミサイルであれ、航空機であれ、今度は無人機も出てきており航空とミサイルが多様化しているなか、お互いに財政事情も厳しいわけですから、これらの脅威に対しては統合して、装備を最大限活動して、いろんな国とも協力をした上で、包括的なアプローチを図っていきましょうというものであると私は認識しております。

能勢　岡部さん、大臣は正直言って強行軍のようなかたちでアメリカの能力を視察されたと思いますが、どうですか？

岡部　いまの大臣のお話を聞いて、窓がひとつ開いたなという。とくにIAMDに対するアメリカの考え方がうかがえて、視界が開けた感じがしますよ。なるほど、こういう方向にアメリカは考えているんだなというのがわかって。

能勢　小山さんはどう？

小山　いやあ、勉強になりますね（笑）。すごい聞き入っちゃいます、今日。やっぱりNIFC-CAに反応しちゃいますね（笑）。

中谷　いわゆるソフト的なことなんですけど、ハードはどんどん進化するんですけれど、いかに（ソフト的なことで）これをまとめてどう運用するかということで、防空の在り方についても大事なことでありますので、来年（2016年）の予算にも将来の統合航空の在り方についての調査研究費用も計上しておりますので、こういった研究は進めていきたいと思います。

能勢　で、一連の視察を踏まえて、さらに視察をしていきたいアメリカ軍の装備などはありますか？　例えば三沢にJTAGS（※29／写真12）などアメリカ軍は置いてたりしますけれど。

中谷　そうですね。今回はXバンドレーダーも情報収集という面でもありましたし、JTAGSも10年以上前から三沢（基地）に配備されておりまして、非常に重要なものです。（JTAGSは）統合地上戦術ステーションと呼ばれておりまして、弾道ミサイルの防御用のネットワークシステムであるC2BMCなどにどのように応用されるのか、非常に関心のあるところです。で、もうひとつ。DWES（Distributed Weight Engagement Scheme）重点配分交戦スキーム（※30／写真13）というものがありまして、これは複数展開するイージス艦のうち、迎撃に最適な艦を自動的に選択する機能でして、米側が保有する最新鋭のイージス艦の標準プログラムになっております。BMD艦（※31）の改修予定のあたご型（※32）、また27DDG型以降の4隻（※33）については導入する予定にしております。日米共同対処（※

34）において、ＤＷＥＳを使用する具体的な計画は現在ありませんが、弾道ミサイルの対応等につきまして、米国との協力は不可欠でありますので、平素から米側の早期警戒情報をはじめとする必要な情報の共有を行なっているほか、米側はペトリオットのＰＡＣ－３、ＴＰＹ２レーダー、ＢＭＤ能力搭載のイージス艦（※35）といった、弾道ミサイルの防護アセット（※36）を我が国に展開していますので、今後、抑止力と対処力を高めるという点におきましては、日米のＢＭＤ協力をいっそう推進していきたいと考えています。

能勢　ということは、大臣がおっしゃったＤＷＥＳについては、日本のイージス艦に搭載できるかの検討も視野に入れるということですか。

中谷　はい。米国の製造する最新のイージスシステムの標準プログラムになっておりますので、我が国のＢＭＤの改修、いま予定しておりますけど。あたご型、27ＤＤＧ型以降の4隻については導入される予定としております。

能勢　……ちょっと驚きが。すいません（笑）。（※37）

岡部　27ＤＤＧにはＣＥＣを搭載する方向にあるというお話は伺ったんですが。

中谷　はい。情報の共有ですね。

能勢　ＣＥＣを搭載するということは、ＮＩＦＣ－ＣＡ搭載の布石と見ていいんでしょうか。

中谷　情報の共有ですが、人間の目も限度があるんですね。見えるところしか（視界が）ありませんが、誰かがカメラを持ってほかのところにいると、そこ（ほかの場所）の状況も見えますよね。その情報も共有しましょうということを、共同交戦能力というんです。ＣＥＣにつきましては、リアルタイムで情報を共有しようということでして、現在防衛期間中に建造する2隻のイージスシステム搭載の護衛艦に装備化することとしていますが、他の艦艇とか航空機への装備化については、現時点では具体的な計画は持っていないんですけれども、ＣＥＣは艦艇と航空機、これが連携することで効果を発揮するシステムであり、米空軍はもうすでにＥ－２ＤにＣＥＣを……

能勢　米海軍もですね。

中谷　海軍も空軍も装備していることを踏まえまして、自衛隊と米軍の総合運用性の向上といった観点から、Ｅ－２Ｄの装備化については、検討を進める考えであります。

能勢　そうすると、航空自衛隊が導入するＥ－２ＤへのＣＥＣの搭載も検討が視野に入ると。

中谷　検討を進めていく考えであります。

能勢　ああ！　そうなんですか！

中谷　こういうかたちで米側もすでにＥ－２Ｄとイージス艦が情報を共有できるようにしておりますので、米側がこの太平洋地域におけるプレゼンスを維持強化するリバランスを実施するなかで、艦艇としての防空能力を向上させるコンセプトとして、ＮＩＦＣ

-ＣＡ、これを搭載したイージス艦を日本に配備しておりますので、このことにおいても日本の安全を強化するものであると認識しております。

岡部　この番組でも、いろいろな軍事専門誌の記事などでも取り上げられ、一般国民のあいだでもＮＩＦＣ-ＣＡに対する認識がかなり深まっているのかな？　という気がします。ちょっと一般国民代表の方がＮＩＦＣ-ＣＡに関して説明してくださるようなので(笑)。

能勢　じゃあ、小山さん、ＮＩＦＣ-ＣＡの説明を……（写真14／Ｐ90参照）。

小山　すごい急に出ましたね（笑）。私も中谷さんが答弁とかでＮＩＦＣ-ＣＡという言葉をお使いになってから、おふたりにいろいろ教えてもらったじゃないですか。ちょっと自分なりにわかる範囲で、（一般国民）代表として説明させていただきたいと思います（笑）。ＮＩＦＣ-ＣＡは、Ｅ-２Ｄ早期警戒機がポイントなんですね。敵から発射された巡航ミサイル（の情報）を、いままでですと、イージス艦の見通し、レーダー見通し線では地球は丸いですから、すぐには、近くに来るまでわからないですよね。それを、Ｅ-２Ｄ早期警戒機が高いところから見ていますので、このＥ-２Ｄが、敵から来る巡航ミサイルのレーダーで察知します。そしたら、ベースライン９のイージス艦たちにこちらが言うわけですね、リアルタイムに（データを）送るわけですよ。そして、いちばん適した場所にいるイージス艦からＳＭ-６というミサイルが飛ばされ、それで迎撃するっていうシステムをＮＩＦＣ-ＣＡと言います。

能勢　大臣、いまの説明、１００点満点で採点すると何点くらいですか？

中谷　１００点満点。はい。完璧です（笑）。

小山　よかった！（笑）。

能勢　でも、視聴者の方にはどう見えていたのか、視聴者の方も１００点満点で採点していただけたらと思います（笑）。ちょっと付け加えるとしたら、イージス艦のなかで、ベースライン９Ａ（※38）とベースライン９Ｃ（※39）を装備しているイージス艦がＮＩＦＣ-ＣＡを装備できるということだそうです。それで、ＳＭ-６、まだ開発途上というか、一応生産を始めているようですけど、開発途上のミサイルで、非常に特徴的なのが、イージス艦が発射したＳＭ-６を、Ｅ-２Ｄが管制を引き継げると。つまり、イージス艦そのものからは巡航ミサイルが見えてない状況ですよね。

小山　はい。

能勢　ところが、Ｅ-２Ｄからは見えているので、イージス艦から発射されたＳＭ-６を、巡航ミサイルが見えているＥ-２Ｄが、発射されているＳＭ-６をコントロールして迎撃に向かわせるということもできるらしい、と。

小山　そうなんですね。

能勢　私もいまの説明に自信があるわけじゃないので、もっと専門の方から（低く）採点されてもしょうがないなと（笑）。

小山　はい（笑）。

中谷　米側がこのように具体的な取り組みが進んでいるということで、いままではこの（イージス艦のレーダーが捉えられる）範囲しか見えなかったので、その範囲しか対応できなかったんですけれど、E-2Dとリンクすることによって、（イージス艦から）見えない部分も対処しうる。そういう大きな変化が起こっていると。

能勢　岡部さん、さきほど大臣おっしゃっていたんですけれど、日本に、アメリカ海軍がNIFC-CA対応艦を配備開始していると。

岡部　そうですね。今年になって巡洋艦のチャンセラーズヴィルと、それから駆逐艦のベンフォールド。これ両方ともベースライン9でNIFC-CA能力艦ですよね。さらにあれでしょ、来年もう一隻ミリアス（※40）が来て、2017年でしたっけ、バリー（※41）っていう艦がやってくる。それから、おそらく空母ロナルド・レーガン（※42）に搭載しているE-2CもE-2Dに変わるのがそのころでしょうかね？　そうすると、アメリカ海軍のほうは着々と横須賀配備のフネ、つまり日本周辺の海軍力のNIFC-CA化が進むわけですね。

中谷　仰るとおりですね、去年（2014年）10月に弾道ミサイルのBMD能力を備えたベンフォールド（※43）が来ました。で、今年（2015年）8月にミリアスが。これを平成29年、来年ですね。平成29年7月に、横須賀の海軍施設に追加配備すると。そして現在横須賀の海軍施設に配備されているラッセン。通常艦なんですけれども、平成28年2月にBMD対応艦のバリー、これに交代するということは発表されております。今回イージス艦の追加配備というのは、北朝鮮の弾道ミサイルの脅威が存在するなかで、日米両国の弾道ミサイルの防衛能力の強化。そして、我が国と地域の平和と安定に進むという認識をしております。

能勢　しかし、これだけ複雑な能力を持った船がやってくるとなると、日本側はどうするかということですよね。とくにNIFC-CAも、今後大臣はアメリカと歩調を合わせるかたちはお考えになるんでしょうか？

中谷　現在でも北朝鮮のミサイル防衛等については、日米間で共同して対処するようにしておりまして、非常に我が国の安全に関わることでありますので、極めて重要な課題でありますし、また巡航ミサイル、この脅威の深刻化もしておりますので、それぞれの総合的な対策の向上というふうに捉えております。したがいまして、このIAMDにしてもNIFC-CAにしてもですね、アメリカで現実に研究されているコンセプトでありますので、幅広く情報収集もしてきておりますし、今後ですね、こういった新しいコンセプトに必要なですね、研究もしてですね、このミサイル防衛をいたしまして、こういった体制に対応していきたいと考えております。

能勢　大臣、NIFC-CAにしても先ほど大臣が指摘されたDWESにしましても、日米のイージス艦なりアセットなりが、お互いネットワークを組んでいた方が防衛上の効率はいい仕組みなんですかね？　これは。

中谷　そうですね。協力をしておく必要もありますし、日本とし

15

ても対処する場合、より多くの情報を入手してですね、米側ともしっかり対処していくという意味においては、今後検討すべき課題だと思っております。

能勢　そのアメリカ側のアセットと日本側のアセットがネットワークを組んでいたほうが防衛上の効率がいいとしますと、大臣は確か参議院の答弁で、「三種類のイージス艦とE-2Dの防御というのはアセット防護（写真15）の対象として考えられる」というような答弁をされていたと思うんですけれども。アセット防護の重要性ですね。これは、「日本の防衛にとってアメリカのアセットを防護することは重要」という意味だったと思っているんですが、これ、アセット防護とそのアセット防護の一部は集団的自衛権行使に関わるという説明もかつてあったと思うんですけれど、そうするとNIFC-CA、CEC、アセット防護、集団的自衛権行使というのはどういう関係になると。

中谷　これは法律に基づいて対処していかなければいけませんので。平和安全法制。これは平時における、米軍のアセット防衛というのもございます。ですから平素から自衛隊と米軍が連携をしまして、このミサイル対処はするんですけれども、米艦船を武力攻撃に至らない侵害から防御するということなんですね。それと新三要件（※44）。これを満たす場合には、個別的自衛権ではできなかった、弾道ミサイルの警戒にあたっている米国の艦船等の防御を実現実施するということは可能なんですね。あくまで新三要件の満たす場合でありまして、そういう意味で平素からの切れ目のない対応を行なうことで、この同盟国の抑止力と対処力を通じて、ミサイルの対処に当たると。こういう法的な問題と、もうひとつはこれまでやってきておりますミサイル防衛。防衛大綱、中期防（※45）にも書かれていますけれども、弾道ミサイルの対処能力と、巡航ミサイル、これの対処能力を含む防空能力についてそれぞれ総合的に向上を図るということで、IAMDもNIFC-CAも研究をしてまいりましたので、防衛省としては、こういった米側のコンセプトは研究しつつ、防衛法制の対応の内容も含めながら、今後も検討をしていきたいということであります。

岡部　小山さん、アセット防護のアセットというのは財産とか資産というのが元の言葉で、この場合具体的に言うと、軍艦とか飛行機とか、そういう装備とか兵器とかと思

16

っていいです。先ほどのお話にあった、例えばミサイル防衛のアメリカ艦を防護するっていうと、（写真16／イラスト手前の船を指して）これが例のイージスBMDの横須賀にいる巡洋艦シャイローとして。これが日本の周辺で弾道ミサイル警戒にあたっていると。それに向かって巡航ミサイルが飛んでくるのに対して、例えば日本のあたご型イージス艦みたいなのが（イラスト奥にある船を指して）、SM-2ミサイルで、シャイローに向かっている巡航ミサイルを撃墜する。これが具体的なアセット防護のひとつの例でいいのですか？　能勢さん。

能勢　ということで、（中谷大臣）いまのを採点すると何点ですか？

中谷　まあ、いろんな状況がありますので（笑）（※46）。

岡部　ひとつの状況として、ね（笑）。

中谷　その米側の置かれた状況等もありますが、基本的には安全保障法制というのは我が国の国民の命と平和な暮らしを守るということで、そういったミサイルの対応等で日米で協力して実施しておりますので、こういった法律を踏まえて対応することになると思います。

能勢　このミサイル防衛の話、興味がつきないんですけれども、日本の防衛上、島嶼防衛（※47）も当然重要とされてきているわけですよね。大臣、自衛隊と、他の組織、それの協力で、現状お考えのことはありますでしょうか？

中谷　これはいわゆるグレーゾーンということで、まだ防衛出動（※48）に至る前の対処が大事なんですね。これについてはやはり警察とか海上保安庁とか、そういう機関と密接に連携しながら、いろんな事態に対処できるように協力をして、密接に連携をしてやっているということです。

日豪の今後の関係は……

能勢　中谷大臣、ハワイに行かれる前にオーストラリアに行かれましたよね。

中谷　ええ。

能勢　非常に印象的だったんですけれども、オーストラリアに行かれた際に、キャンベラ級揚陸艦（※49／写真17）の甲板の上を歩かれていましたよね。

中谷　はい。

能勢　スキージャンプ甲板（※50）の反り返ったところまで行かれていたと思うのですが、実際いかがでしょうか？　登られて。

中谷　非常に大きな船でしたね。反り返った艦首部分に行きましたけれども、向こう（オーストラリア）側としても、海洋国家ですから、海の防衛という観点で大きな軍艦を保有していると。なかでも、地

17

下まで降りていって、船の後の部分がバターンと扉が開いてですね、上陸するための舟艇とかを運びだすんですけれど（写真18）、メカニズムがよく研究されていて大きな装備が搭載できるということで、大掛かりだと思いました。

岡部　オーストラリア海軍も空軍も、この船からいわゆる固定翼機を運用する考え方はないようですよね。垂直離着陸のできるF-35B（※51）を採用するという話もないですし。でも、この船はスキージャンプがあるんですけれども、それについてオーストラリア側からなにか説明はありましたか？

18

中谷　なぜ必要かについては質問しましたけれども、もともとこういう設計になっていたというようなことで、そのまま採用したということでした。ただ、垂直に、上下するエレベーターですか？非常に巨大なものは我が国のいずも（※52）などと同様になっていますので、私から見ると、垂直に離発着できるヘリコプターとかF-35とか、そういうものはここで使用できるんじゃないかな、という気はいたしました。

能勢　大臣、オーストラリアというと、非常に気にかかりますのは、過日の日豪首脳会談でも取り上げられたそうですが、オーストラリアの新型潜水艦。開発を含めた協力パートナーとして、日本の他にドイツとフランスが名乗りを上げているそうですけれど、これは実際には肝になるのはオーストラリアの雇用情勢と、潜水艦の戦闘指揮システムのAN-BYG-1（※53／写真19）ですか。それがアメリカがどこにリリースするかということになるんですけれども、大臣がご覧になって、日本の勝算はいかがかということと、日本がオーストラリアに提出した提案の特徴を教えていただけないでしょうか。

中谷　まずですね。システムとしまして、日本は日米関係、豪州は米豪関係、強固ですので、同じシステムが使えると。いわゆる戦略的に、日米豪、こういった戦略的なパートナーとしての運用には適しておりますし、また日本のいいところと、米側のソナーとか、探知、これは優秀な部分がありますので、そういうことを組み合わせることができると。それから日本の潜水艦の強みは、4000t級というです。世界最大の通常動力型の潜水艦を建造して運用している唯一の国でありますので、世界トップクラスの技術に基づく、リスクが小さい提案ができる

19

と。オーストラリアは以前別の国の潜水艦を採用していましたけれども、メンテナンスを誤ってしまって、コリンズ級ですが、それで苦労しているということですが、日本はメンテナンスにつきましては、キメのこまかい対応を長期的に協力できますので、長く考えれば日本の（潜水艦）を採用したほうが優位であるという点に置きまして、私は（日本に）強みがあると感じております。

能勢　メンテナンスのことを強調した対応であると。

中谷　そうです。

岡部　万全のアフターサービスという感じですかね。

中谷　そうですね、はい（笑）。

能勢　装備移転（※54）ということになりますと、ちょっと気になりましたのが、かつて大臣が書かれていた『誰も書けなかった防衛省の真実』（幻冬舎）（※55／写真20）。

中谷　防衛長官（を退任した）あと（に出した本）ですね。

能勢　はい。装備移転に関して国際的なルールとか、慣習といいますか、そのなかでオフセット（※56）というものがあるということを、ひょっとしたら日本語で初めて紹介されたのがこの大臣の書かれた本ではなかったかと思うのですが。オフセットに関してはどうお考えなんでしょうか。

中谷　オフセットというのは、装備品を購入する際に、買い手が売り手側に見返りを求める取引のことなんですね。買ってあげるからこんなことしてくれと。その際、相手国から技術移転とか、装備品の現地製造、現地で作らせてくれというのもオフセット提案なんです。日本もアメリカと取引してますけれども、現地生産とか。技術は日本も使う、というのも交渉のひとつですから。そういったオフセットもあれば、例えばオーストラリアでしたら、牛肉をたくさん買ってくれとか。バナナとかりんごとか、果物を買ってくれとか、そういうことをやっている国もあります。そういった意味のことをオフセットと言うんですね。

能勢　大臣、日本は基本的には兵器の輸入超過国ですよね。

中谷　はい。

能勢　そうすると、このオフセットを利用して日本の農水産物を輸出する可能性に関してはいかがでしょう。

中谷　韓国も現実にオフセットを使っておりますし、世界中の国々でこういったバーター的な交渉をしている国もあります。日本の場合はまだ（オフセットで農産物を）輸出したことがないし、これからということでありますが、当然（武器を）輸入する場合も、こういった交渉ができるとなれば、（輸入する武器の）価格を下げたり、反対に（農産物を）出すときも、メリットがあると考えております。

小山　能勢さん（終了）5分前ですよ？

能勢　はい（笑）。

小山　ひとりで興奮しちゃってますけど、大丈夫ですか？（笑）（※57）。

能勢　ああ、すみません、ごめんなさい（笑）。ちょっと落ち着くために、小山さんニュースを。

［岡部追記］
２０１６年４月26日、オーストラリア政府はフランスでＤＣＮＳ社の「ショートフィン・バラクーダ」型案の採用を発表した。日本案が有力と言われていたが、アメリカ製指揮システムＢＧＹ-１がフランス案にも搭載でき、オーストラリア造船業界の参加も大きいことなどが決め手になったようだ。

F-35A組み立て開始

小山　はい。ここでひとつニュースを。15日、航空自衛隊の次期主力戦闘機、F-35Aの日本国内での製造が名古屋で始まりました。

能勢　はい。小山さん、この組立ては、ＦＡＣＯ、Final Assembly and Check Out「機体の最終組み立て・検査」（※58／写真21）という施設で始まったんですが、この名前は覚えていますか？

小山　はい。覚えてます。森本・元防衛大臣が来たときにいろいろお話させてもらった、組み立てるやつですよね、はい（笑）。

能勢　それで、F-35の組み立ての最終ラインが、ＦＡＣＯと言うんですけれども、F-35そのものを採用する国は12カ国くらいになるんですね。

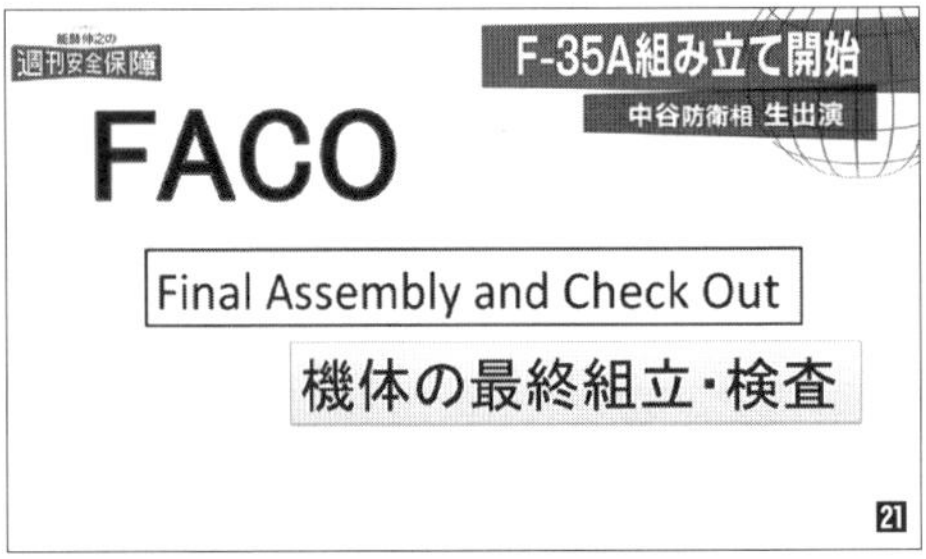

ＦＡＣＯ初公開の画像があるんですが、これですね（写真22）。三菱重工さんのなかに作られた、ＦＡＣＯの……

小山　こちらが初公開されたということですね。

岡部　でも、あくまでイメージ図（笑）。

能勢　で、12カ国が採用するであろうF-35に対して、ＦＡＣＯは、アメリカとイタリアと日本にしかないという状況にあるわけです。で、大臣にお聞きしたいんですけれども、これからどんどん作られるであろうF-35、しかもF-35の修理の施設としてもＦＡＣＯは重要だと言われているわけですけれども、戦略的な意味はどうお考えでしょうか。

中谷　まずひとつは、我が国はF-35Aをこれから保有していきますけれども、日本国内に整備する施設を持つということは大きなメリットがあります。金銭的にも。そういうことと、現実には平成30年から実施するんですけれど、（F-35Aを）42機取得予定がありまして、とりあえずその42機の整備をするのですが、他の（国の）ＢとかＣの整備をいかに実施していくかについては、今後米国と調整をしていくことになりますが、現時点ではまだ具体的な計画はありません。ただ、世界でも（ＦＡＣＯは）本当に少

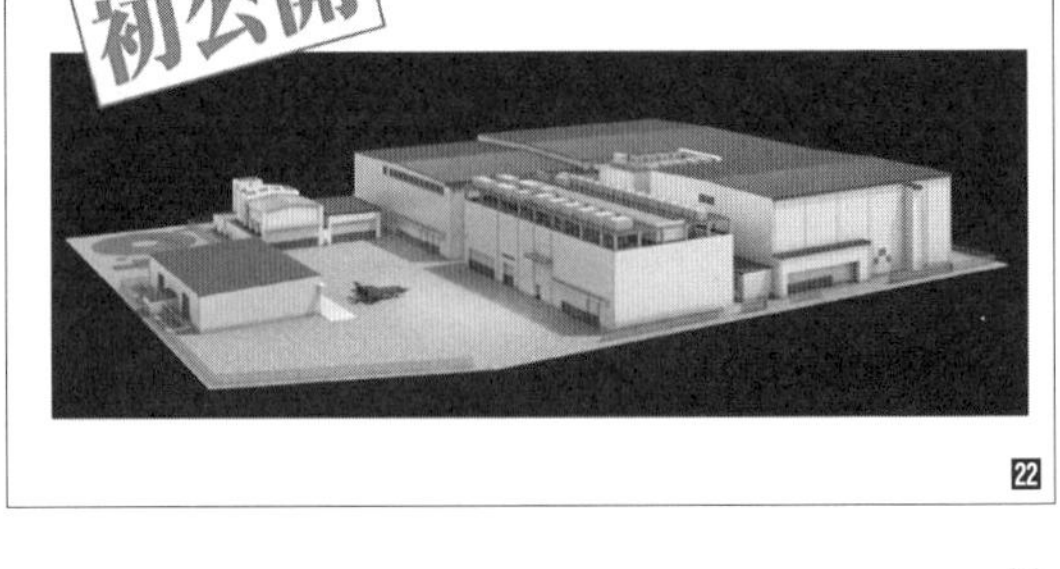

23

24

なくて、昨年（２０１４年）12月に決定されたんですが、アジア太平洋正面では日本とオーストラリアに設置をするということですし、こういった地域に拠点を持てたということは大きな意味があると思います。

能勢　そして中谷さんから、視聴者プレゼント用に色紙がご提供いただけると……（笑）。

小山　えー！　言っていいですか？　私ひとつもらいたいんですけど。ほしい！（笑）。

中谷　今年の漢字のね、「安」。これを差し上げます。

小山　やった！　ありがとうございます！　一個もらっちゃった！（写真23）ごめんなさい！　これもいただいたので、最後にですね、ゲンちゃん、今日はいかがでしたか？（笑）。

中谷　いやもう、小さいときに帰ったような感じで、非常に懐かしく思いました。また呼んでくれると嬉しいので、よろしくお願いいたします（笑）。

小山　勇気を振り絞って、今日はいろいろお話が聞けたので（ゲンちゃんと）呼んじゃいました。今日はいままでいちばんタメになるお話が聞けたなと思いましたので、これからも勉強します。

中谷　それからもうひとつ（色紙を取り出し）、この言葉として、「百尺竿頭に一歩を進む」ってね（写真24）。百尺の釣り竿のさらに先に一歩進もうということで、このように、ＮＩＦＣ-ＣＡも含めて、日本の安全保障もさらに先に一歩進んでいきたいですね。

＊　＊　＊

※この配信から約8ヶ月後、中谷氏は防衛大臣を退任することになる。退任挨拶においても、この回で述べた事項の重要性を強調されていた。

「米国ではＩＡＭＤ統合ミサイル防衛という弾道ミサイル・巡航ミサイル・航空警戒が一緒に連動できるシステムが検討されています。ＣＥＣ、ＤＷＥＳ、ＮＩＦＣ-ＣＡが研究されており、どの装備がいちばん最適か判断しながら運用していくという時代になりました。北朝鮮の弾道ミサイル能力も相当進化をしており、今後日本がいかにミサイル防衛を進めていくか、真剣に検討しなければならないと思います」（「中谷防衛大臣離任挨拶」より抜粋）

出典／写真2：浪江俊明、写真5〜6：航空自衛隊、
写真7〜8：U.S.DEPARTMENT OF DEFENCE MISSILE DEFENCE AGENCY、
写真17：写真／Royal Australian Navy、写真18：U.S.NAVY

COLUMN

週刊安全保障ノススメ　ユルさに潜む毒

小泉 悠（未来工学研究所）

『週刊安全保障』という番組にときどき出演するようになってからしばらく経つが、出るたびに実にアブナイ番組であると思う。

とにかくユルい。

普通、安全保障についての番組といえば、居並ぶ専門家が威儀を正して安全保障政策について語ったり新型兵器について解説を加えたりするものだが、『週刊安全保障』の場合は「うわぁ〜なんですかこれ、見たことないなぁ」などと口走ることが許されてしまう。いや、許されていないのかもしれないが、口走ってもとくに怒られない。アシスタントの小山ひかる嬢による鉄の統率がなければ、軍事オタクのおじさんたちによる茶話会のようでさえある（茶話会なのでときどき会話が途切れて沈黙が訪れたりもする。普通の地上波なら放送事故であろう）。

その小山嬢は小山嬢で、第14代中谷元防衛大臣を前にまったく臆することなく「ゲンちゃん」呼ばわりしてしまう人なので、おじさんたちがクダを巻く居酒屋のテーブルの周りで元気な店員のお姐さんが働いている、というふうに見えないでもない。そういえば能勢さんによると小山嬢を選んだのは「知ったかぶらない」ことと「臆さない」ことが決め手であったそうだが、実際に共演してみるとまさにその通りという感がある。その一方、小山嬢には非常にしっかりしたところがあり、番組全体の進行を把握して仕切っているのは事実上彼女であると言っても過言ではない。

ただし、こうしたユルさは、通常の地上波にはまず乗らないものが許容されているということでもある。北朝鮮軍の新兵器、米軍の洋上プラットフォーム、ロシア軍の大演習、果てはミサイル防衛システムの指揮統制系統に至るまでをややしつこいくらいにじっくりとビジュアルで見せてくれる番組というのはそうあるものではない。しかも毎週である。このあたりのマニアックな素材の選び方、そしてそれがいつの間にか国際政治の大局とつながっているという手腕は、まさに能勢さんの力量によるものであろう。

岡部先生のイラストも毎回楽しい。筆者も学生のころは多少絵を齧ったが、あの緻密なイラストを本番前の数時間でひょいひょいと描いてしまう様がいまだに信じられない。道具はありふれたサインペンだけ。それがあの美しくもユーモラスなイラストに化けるのだから実に不思議であるが、岡部先生の汲めども尽きぬ知識とユーモアと画力とが結合した結果があれらの作品なのだ。

というわけで、『週刊安全保障』というユルい宇宙は、同時にただならぬものを孕んでもいる。我々が何気ない会話のなかでハッとさせられるように、あるいは思わぬ鋭い一言を受けて答えに窮するように、週刊安全保障はおじさんの茶話会と、戦争や国際政治の過酷な現実との間をしれっと行き来する。そこには仄かな毒の匂いがある。

そういえば茶話会と言ったが、冬になったらみんなでこたつに入って番組をやってもいいかもしれない。岡部先生はいかもどてらが似合いそうだし、最後の「にゃーん」用に本物の猫を膝の上に載せておくのもいい。こたつの上にはみかんとおせんべいが欲しいですね。

Yu Koizumi

1982年千葉県生まれ。早稲田大学大学院修了後、民間企業勤務、外務省専門分析員、ロシア科学アカデミー客員研究員を経て現在はシンクタンク研究員。ロシアの軍事・安全保障政策が専門。主著に『軍事大国ロシア』(作品社)がある。

『東京ボーイズコレクション』は日本のメンズファッション・カルチャー発信イベントで本職のモデルが主役だが、東日本大震災復興支援がメインテーマのこの回は主催が防衛省に自衛官参加を要請し実現！

冬用制服

特別儀仗服

戦闘服装

パイロット用戦闘服装

空挺用戦闘服装

化学用戦闘服装

国際任務用戦闘服装

災害支援などで
見かける機会の多い
陸上自衛隊のみなさん！
迷彩＋ヘルメットの
印象が強かったけど、
多彩な制服が
あってビックリ！

岡部いさく氏のイラストは番組では欠かせない存在。初期は小山ひかる嬢に説明するためその場でササっと描いていたのだが(例:コックさん)、あまりの好評ぶりにいまでは手のこんだものをあらかじめ描いてくることに……。スケッチブック10数冊に及ぶ大量の作品から、こちらもヨリヌキにて紹介&本人解説も!

最強巡洋艦 チャンセラーズヴィル

子供のころの雑誌にはよくこういう「特別図解」が本に載ってたもんです。本当は内部も描ければよかったけど。

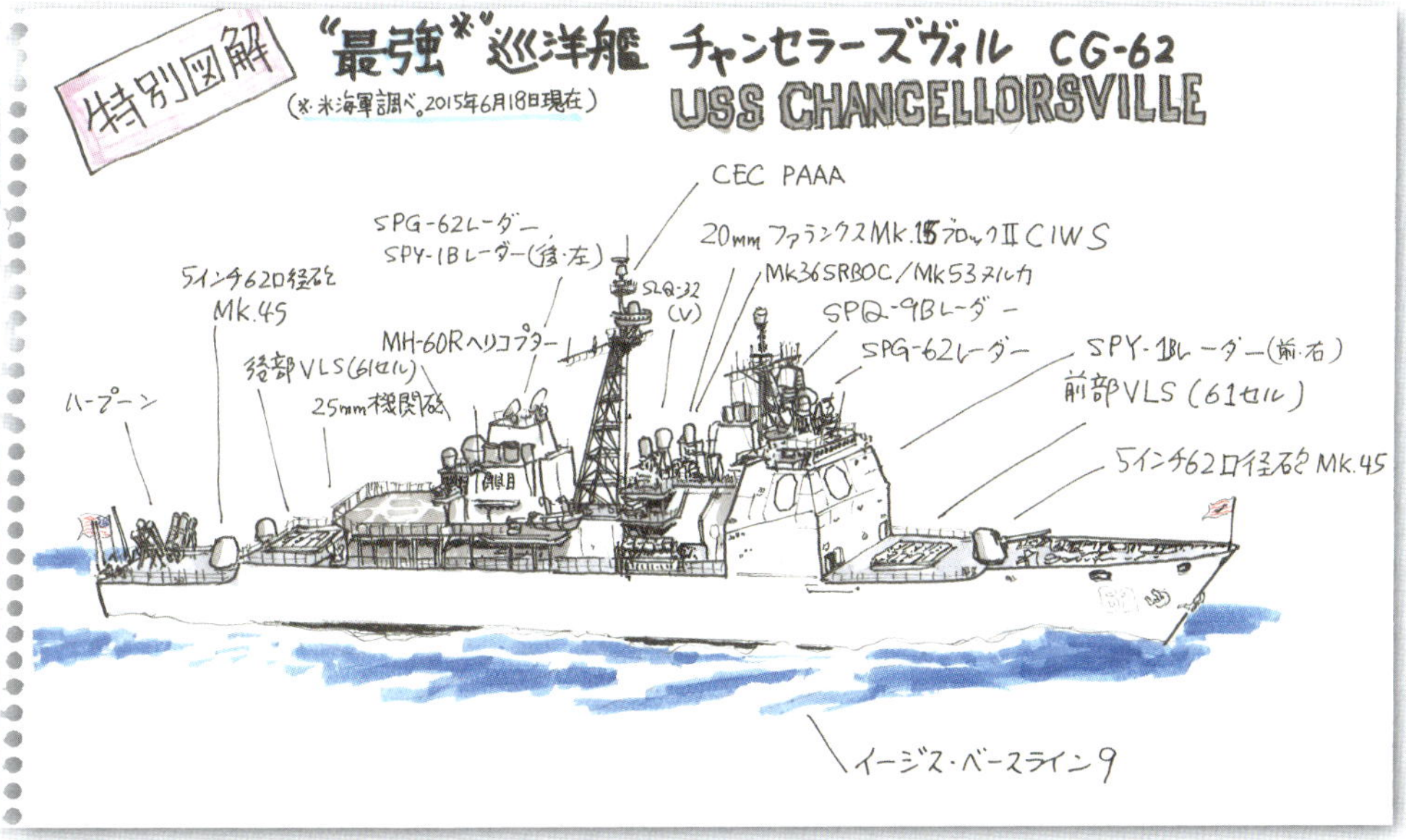

NIFC-CAとは?

NIFC-CAだとSM-6の能力が発揮されるけど、他のSM-2やESSMでもNIFC-CAは適用できるそうです。

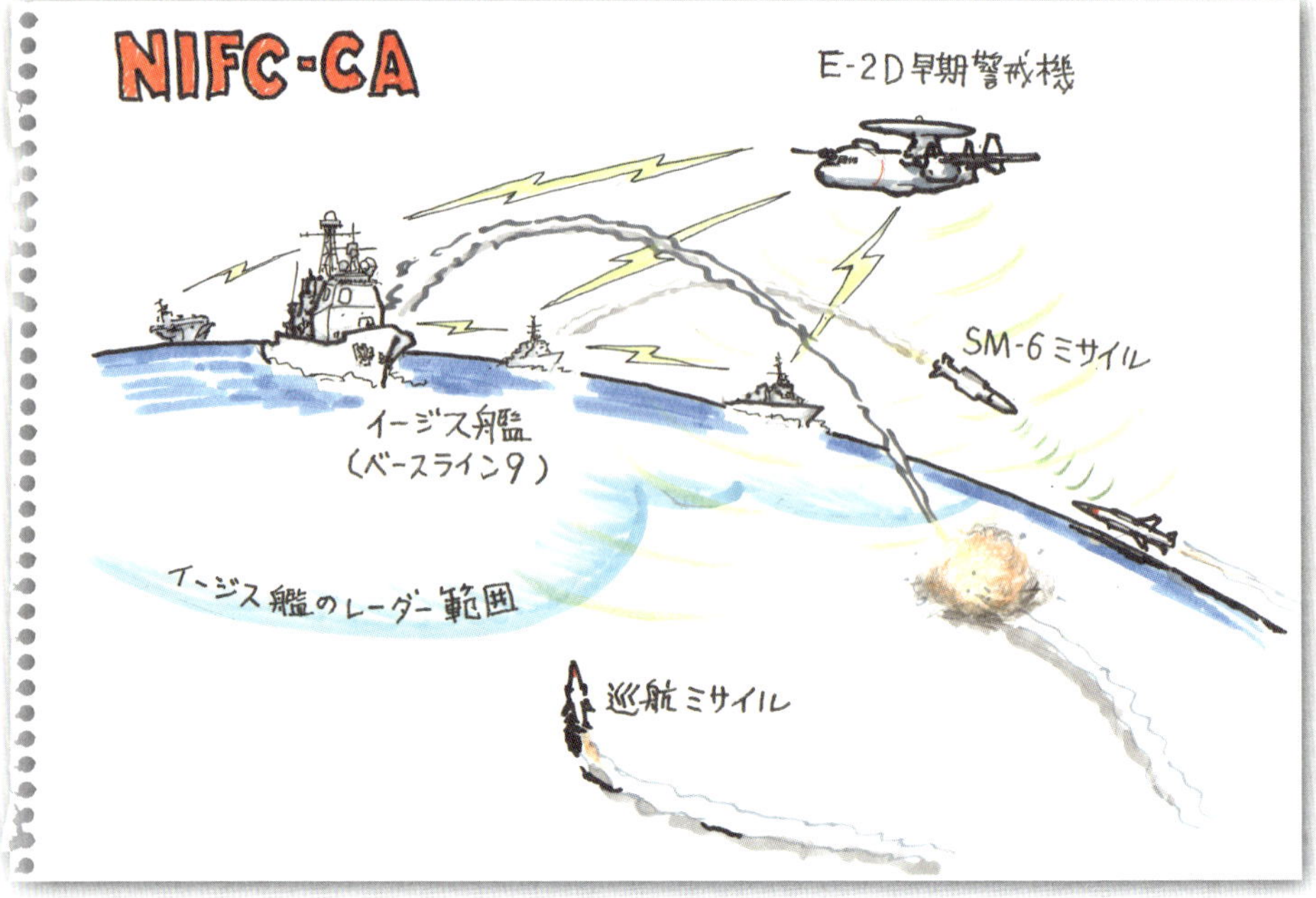

これがモントフォード・ポイントだ!

遠征ドック型移送船モントフォード・ポイントの図解。2015年秋に横浜に寄港したときに独占取材したのでした。

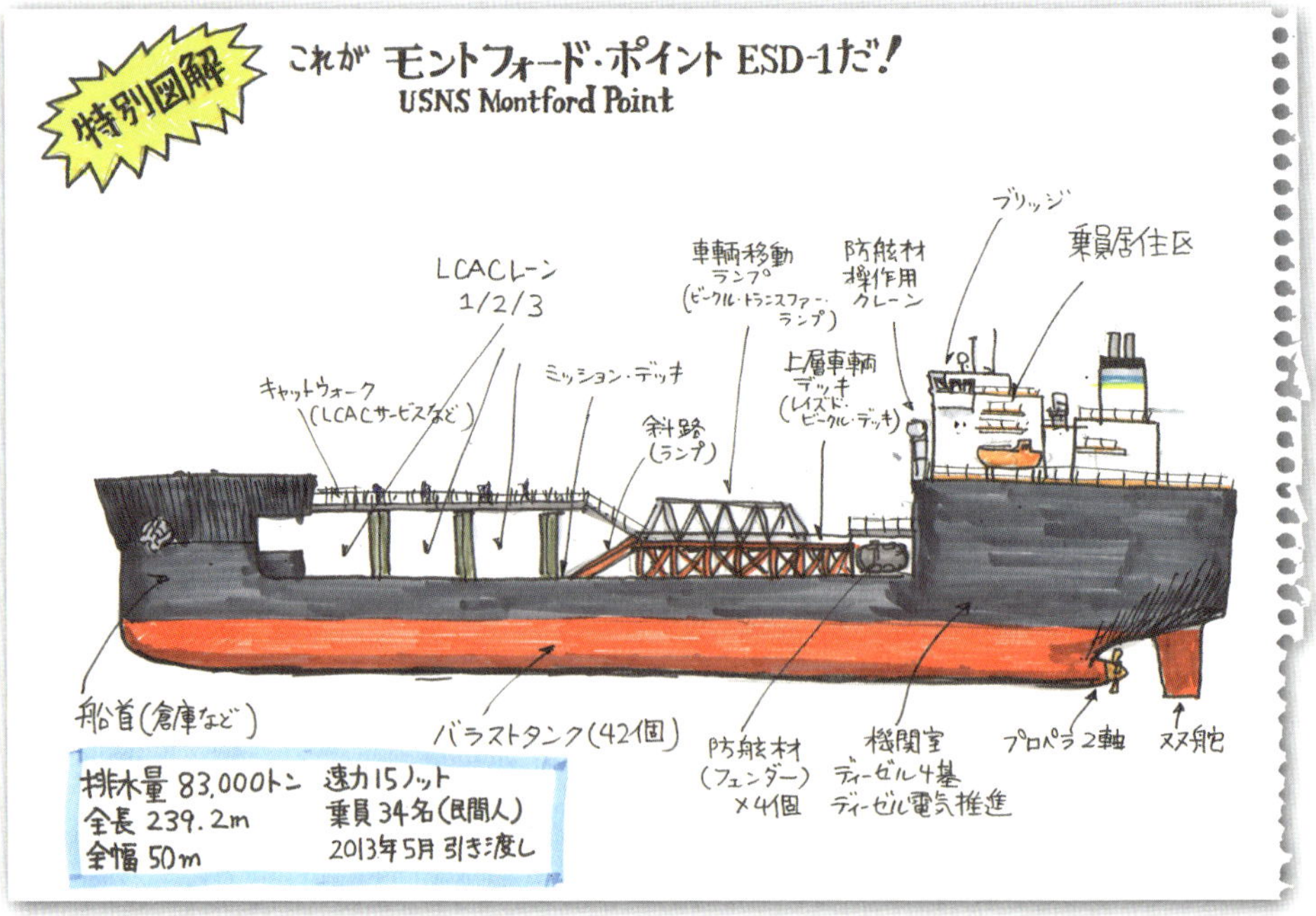

リムパック参加艦一覧

2016年のリムパック演習の参加艦を並べてみました。詰め合わせ図解が子供のころから好きで。縮尺はいいかげん。

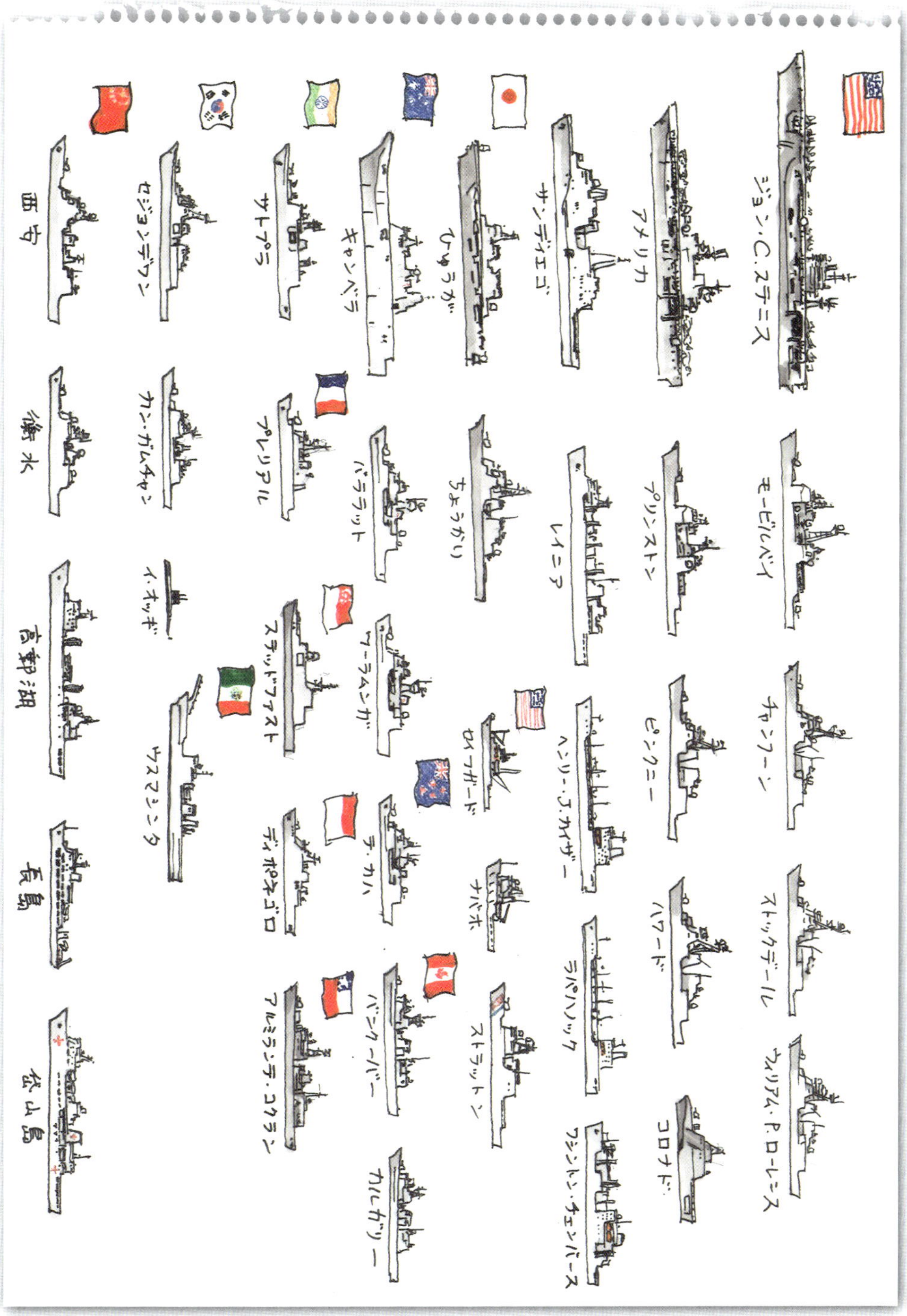

海警2901

中国の海警2901がどんなに大きいか、ほかのフネと並べてみました。これはいちおう縮尺を、全長でザックリ合わせてます。

ドンディアオ級領海侵犯

ゲンミツにはこう通ったかどうかは不明。国際海峡の立て札のカモメはささやかな絵ボケ。

飛行点検隊

空自U-125の事故のときに、飛行点検機の仕事の説明で描いたもの。子供のころに見た図鑑っぽい。

カワサキP-1英国

P-1がイギリスの航空ショーに参加、イギリスに売り込み？ という話もあって、イギリス空軍仕様風に描きました。

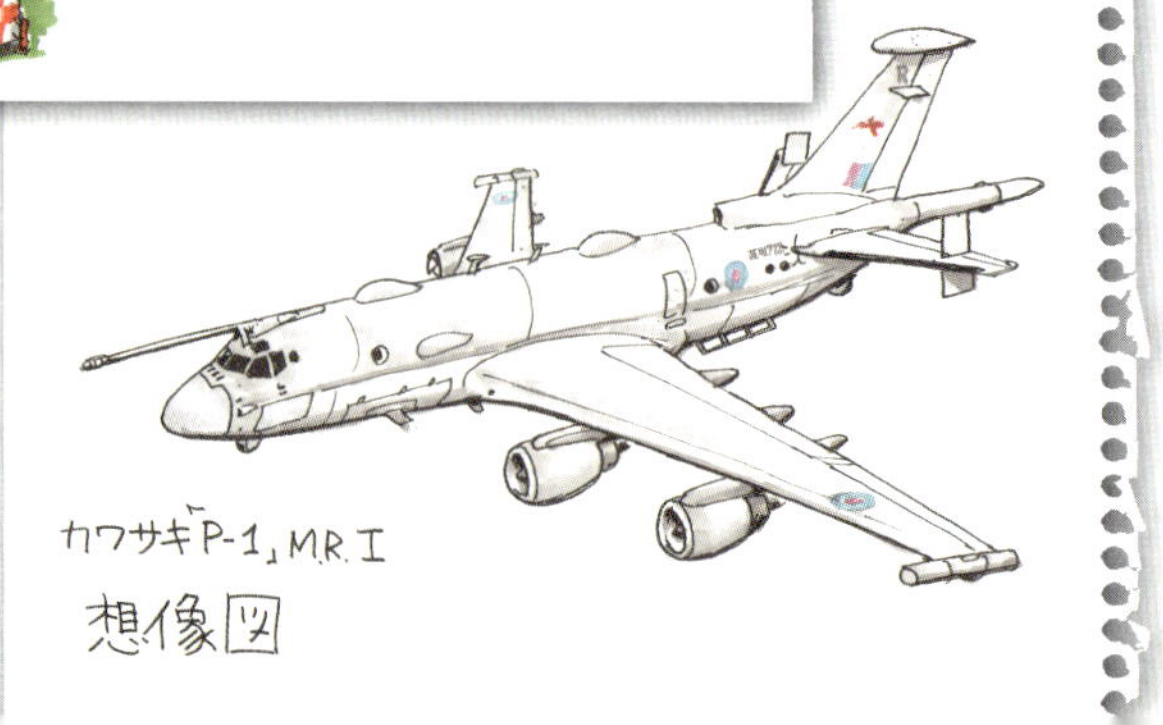

熊本に駆けつけろ!

2016年4月の熊本地震で、アメリカ海兵隊のMV-22Bオスプレイが救援活動に参加して、その能力の説明図です。

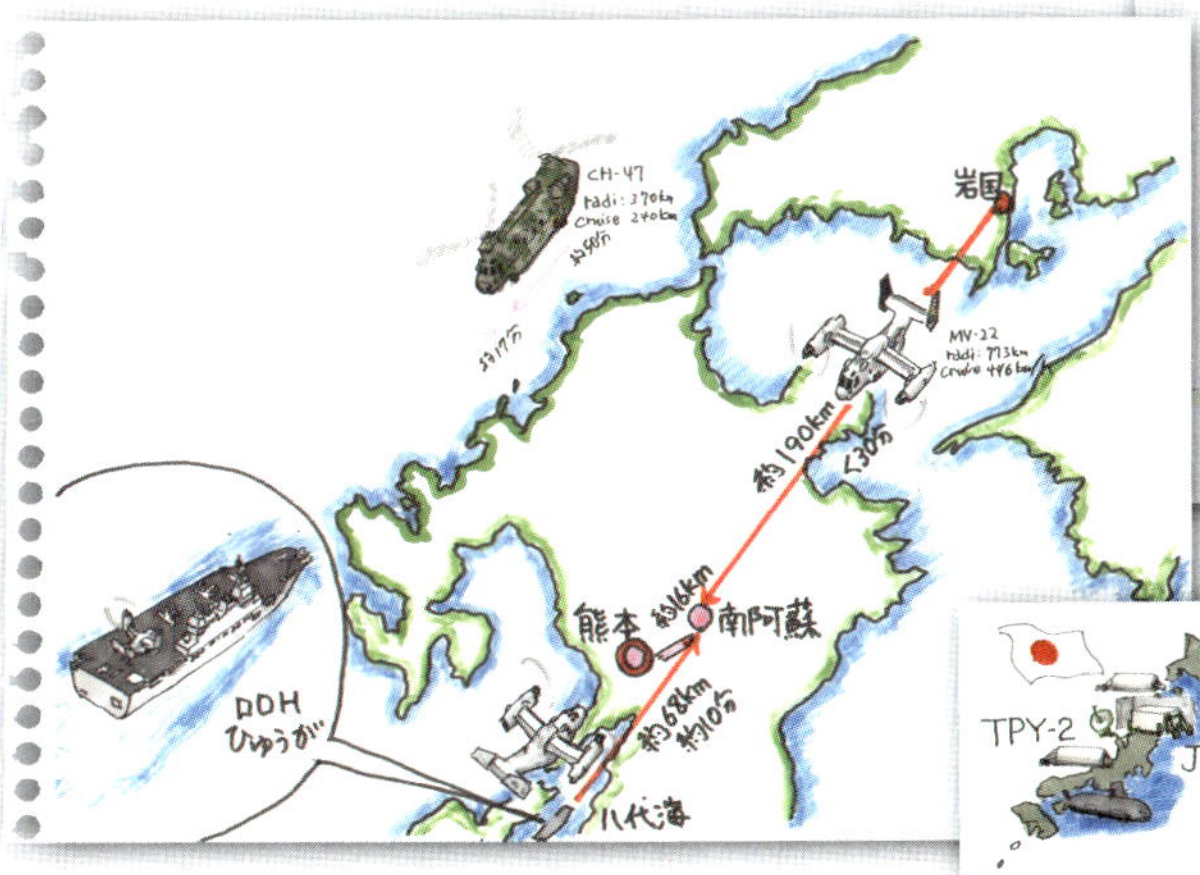

南シナ海

このときはあんまりフネを描かなくてよかったけど、南シナ海がフネだらけになることもしばしばです。

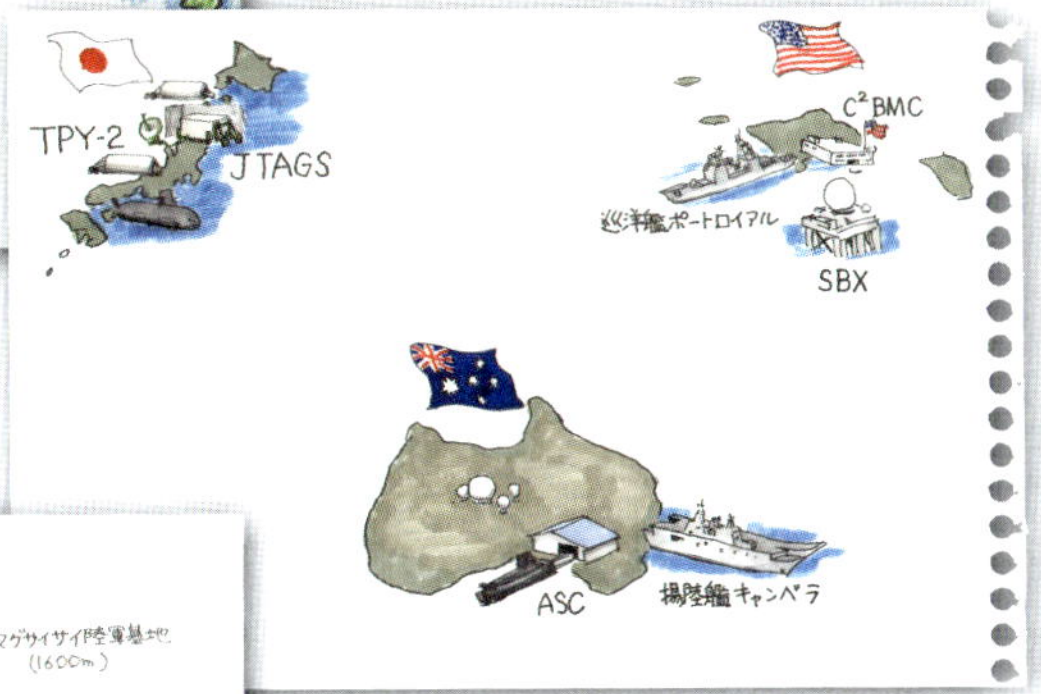

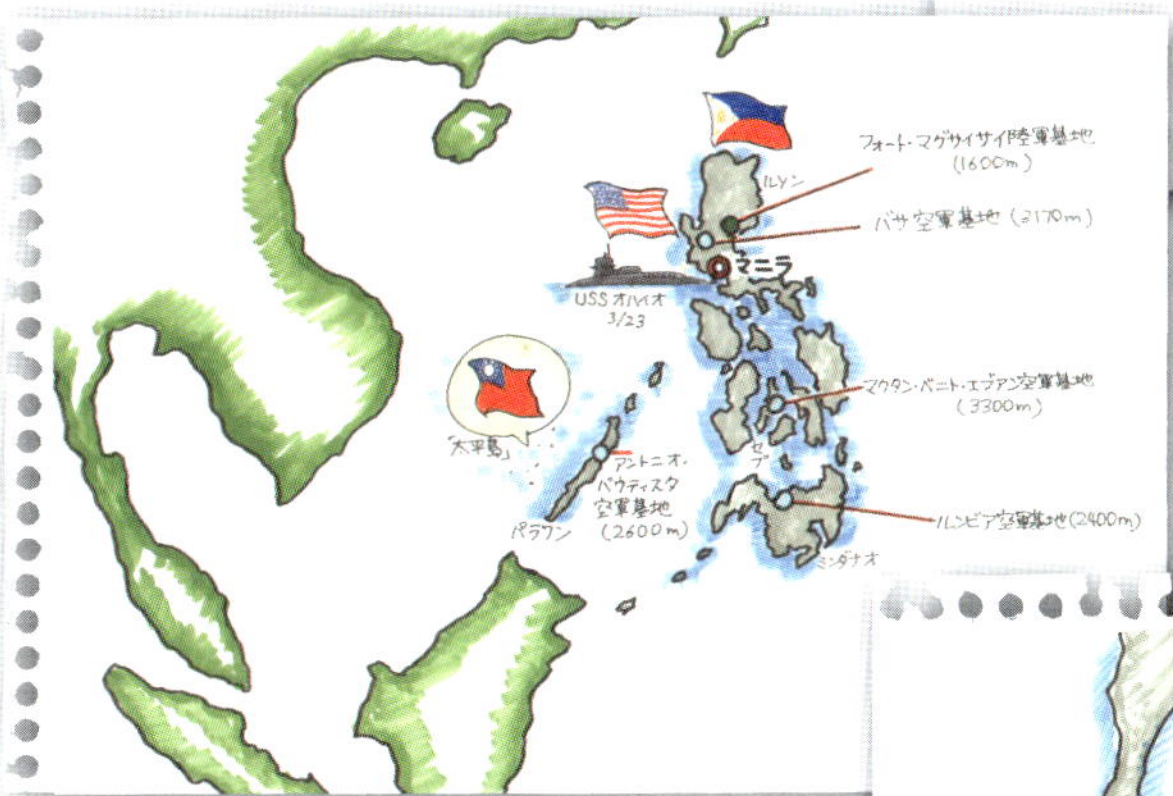

ハワイ～豪州～日本

中谷防衛大臣(当時)の視察先。絵にしてみると、大事なときに大事なモノを視察してるのがわかりますな。

漫画……のようなもの

中国の戦略ミサイル原潜「晋」型のJL-2弾道ミサイル発射を、小沢さとる潜水艦漫画風に。大好きなもので。

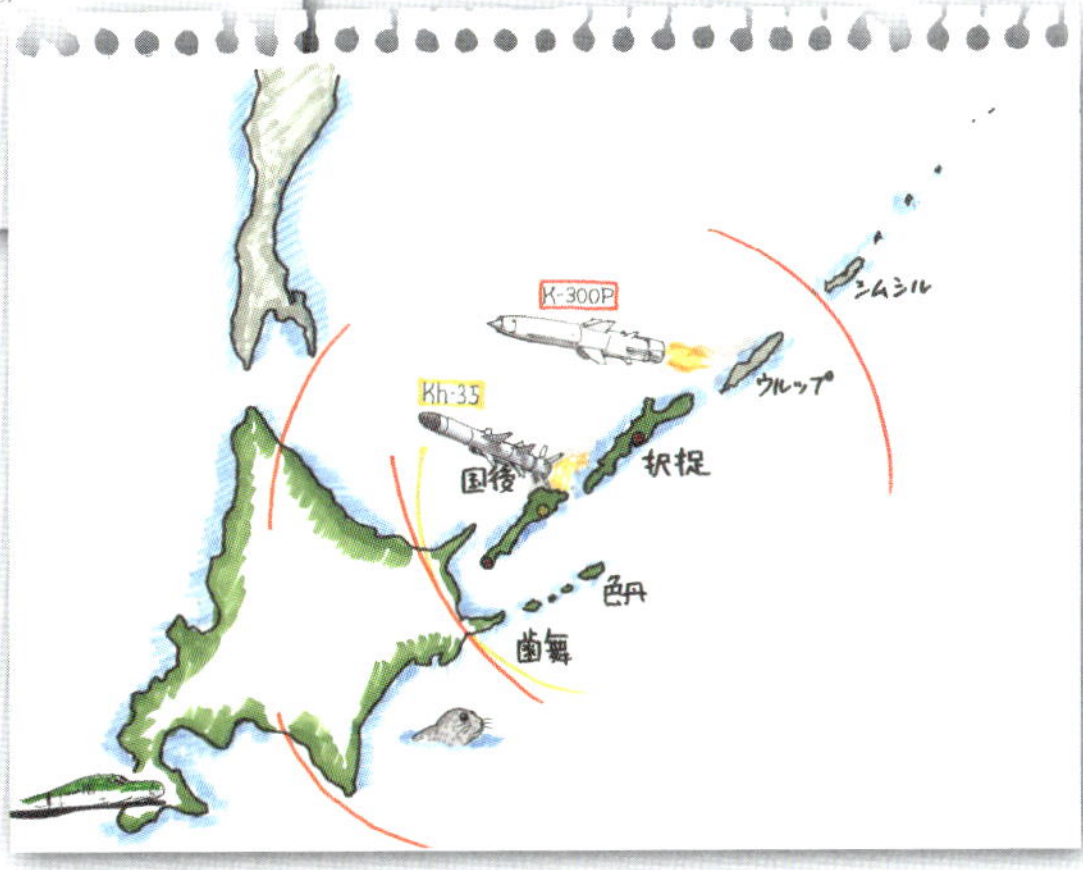

北方領土のロシアのミサイル

距離を示す円弧はかなりザックリ。あ、発射車両も描けばよかったか! 北海道新幹線は絵ボケ。

ムスダン

ムスダン失敗の原因は、推進剤が動揺してミサイルの安定を乱したから？　というのを図解しました。指さしマークを描いちゃった……。

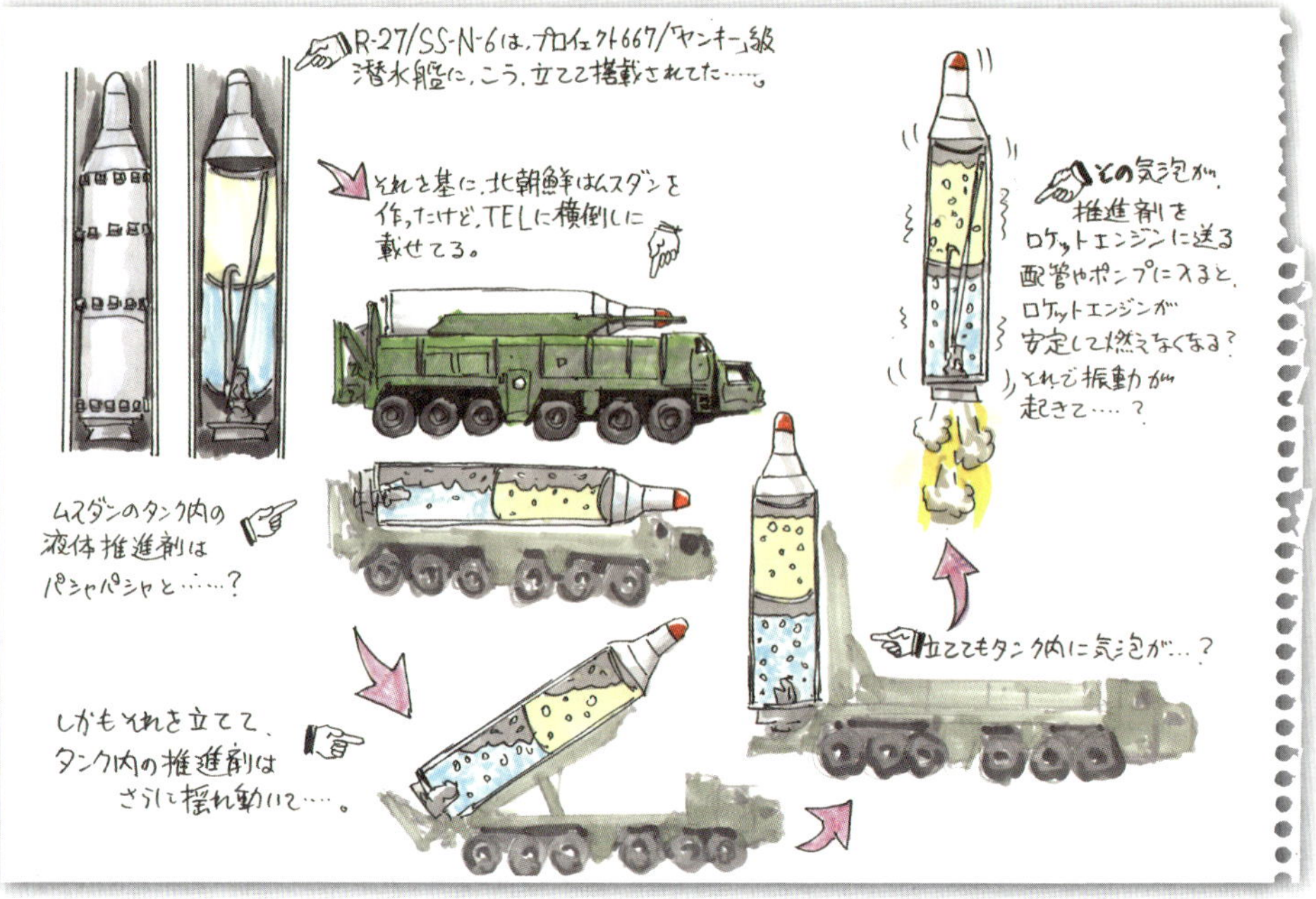

Tu-95とTu-142

ロシア空軍の爆撃機ツポレフTu-95と海軍の哨戒機 Tu-142 はどちらもNATO呼称が「ベア」。

ぶうやん(級?)

ロシア海軍のコルヴェット、カリブル巡航ミサイル搭載の「ブーヤン」級が出てきて、ブーヤンだから「ぶうやん」。

コックさん

「コックサン」と言われたらこれだよね、という絵ボケ。初期はもっと絵ボケが多かったものです。

これもベア

だからロシア空軍のベアと海軍のベア。海軍ベアの帽子にはキリル字で「ホウドウキョク」と書いたのでした。

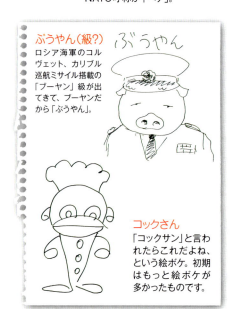

〆めネコ コーナー

エンディングが近いことを知らせるネコイラスト。これらももちろん岡部氏の手によるもの。「〆めネコ」と呼ばれることが多いが、正式名は大人の事情でまだ未定。

1

2

3

4

5

6

7

1.初代2分前ネコ いわゆる「〆めネコ」、「〆めキャット」です。切迫感を持たせようとしたら、こんな非情な顔になりました。 **2.現5分前ネコ** ちょっとわざとらしく可愛く描きました。5分前の「にゃあ」は、「1ネコ」と呼んでます。 **3.ロシアネコ** 小泉悠さんのご出演のときの5分前ネコとして、特別バージョンを。ロシア軍のオーバーを調べて描きました。ヤな目つき。 **4.椅子噛んでる** ロシア軍の短距離弾道ミサイル「イスカンデル」がカリーニングラードに配備、なので「椅子噛んでる」。 **5.真夏5分前** 2016年の夏は暑い日が続いて、こんな炎天下の道にせっかくのアイスキャンデーを落としてしまった切ないネコを。 **6.シメネコ** 有名なF-14トムキャットのシンボルキャラクターの「Any Time, Baby」のポーズで、「時間だぜ、ベイビー」と。 **7.まーた、そーゆーことを** なにかの折りにこういうネコを、と思って描いたのですが、意外に出番がありませんでした。2016年9月24日が初登場。

なんでも
学びたい！
NIFC-CA
のキャンペーン
ガール
になりたい！

アシスタントを務める

小山ひかるです

オンエア当日の
小山です！

放送1時間前。能勢氏と岡部先生と打ち合わせ。まだ和やかムード満点

取材班から「Do you Know NIFC-CA?」Tシャツが贈呈され大喜び!

毎回長くなるスクランブル原稿を何度も練習。岡部氏がつきっきりで指南

本番直前。緊張感マックス!
番組スタッフからの指示に真剣に聞き入る

本番スタート。いつもの明るい笑顔でどんどん質問をぶつけていく

ブレイク中。岡部氏の連載記事掲載の『月刊モデルグラフィックス』をパラ見

番組終了。

誕生日のお祝いで
番組スタッフから
豪華なケーキが
贈られた

皆さん、小山です♪　アシスタントの話を頂いた時は安全保障や世界情勢について深く考えたこともなく、とても不安でした。能勢さんと岡部先生が「わからないことはわからないと言っていいよ」と仰ってくれたので挑戦させて頂きましたが、おふたりの話はほぼ理解できず……。「この子で、大丈夫？」と思われた方も多かったのでは。けれど、次第にわかることも増え、みなさんが私を受け入れて下さっていることも感じられました。

弾道ミサイルと巡航ミサイルの違いも意味もわからなかった私が、今ではNIFC-CAのキャンペーンガール志望です（笑）。今後も小山なりに頑張りますので、安全保障に興味を抱くキッカケになればと。そして、私が担当するスクランブルの原稿が減り、世界が平和になってほしいと願っています。■

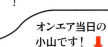

2016年3月26日配信回［前半］

出演　能勢伸之／小山ひかる
GUEST　岡部いさく

主な話題
ホバークラフト等　北朝鮮　大規模上陸演習
韓国上陸想定し軍事演習　北朝鮮・金正恩第1書記が視察
米韓演習　F-15K　バンカーバスター
朝鮮中央通信　「朴槿恵逆賊一味を断固除去」
北朝鮮 新型ロケット砲　金第1書記「大満足」
新型ロケット弾5発発射　北朝鮮
固体ミサイル燃焼実験を視察　金正恩第1書記
固体燃料ロケットエンジン　北朝鮮　試験画像公開

北朝鮮の話題もよく取り上げてます。某御方は常連ゲストと言われるくらい。北朝鮮の写真は少なめですけど、いろいろな事情を察してくださいね

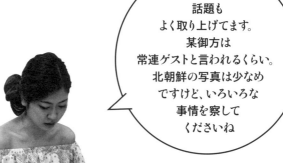

ホバークラフト等
北朝鮮　大規模上陸演習

能勢　今回は北朝鮮の動きからです。

小山　はい。北朝鮮は20日に、大規模な上陸演習を行なったと、労働新聞などが報じました。

韓国上陸想定し軍事演習
北朝鮮・金正恩第1書記が視察

ナレーション　韓国上陸などを想定した、北朝鮮の大規模な軍事演習を金正恩第1書記（当時）が視察です。

1

朝鮮中央テレビは20日、朝鮮人民軍が韓国への上陸と敵の上陸からの防御を想定した大規模な軍事演習を実施したと伝えました。公開された写真には帽子を被った金正恩第1書記が軍の幹部らと共に演習を視察する様子や、高速揚陸艇などを使って戦車や兵士が上陸しようとする敵に向かって砲撃する訓練の様子が写っています。金正恩第1書記は「実用的訓練を強化し艦船の装備を改善しなければならない」などと指示しました。

現在、過去最大規模で実施している米韓合同軍事演習では北朝鮮への上陸を想定した訓練を公開していて、北朝鮮の訓練は米韓に対抗する狙いがあると見られます。

小山　そしてですね、労働新聞などが発表した画像があるんですね。

岡部　労働新聞の一面ですね（写真1）。どうですか、このコート（イラストA）。

小山　トレンチっぽい感じですね。

岡部　そうっすね。ダブルだし。

小山　ファーがついている感じ。私もこのあいだ買ったんです、トレンチコート。同じようなベージュで。

岡部　でもね、トレンチだったら本当は袖がラグランになってるはずなんですね。ウエストベルトもないしね（※1）。

小山　トレンチっぽい感じなんですね。

岡部　ベルトが回らないから。

小山　ああ、そうですね。後ろにはもしかしたらベルトが。

能勢　まあまあまあ（笑）。あ、これはKRT（※2）で

Ⓐ

すね。

岡部　上陸海軍の砲撃、あるいは埋まってる機雷かなんかを処理してるというコンバン級ホバークラフト（※3）。で、ホバークラフトっていってもアメリカ海軍みたいにドアが開いて車両が出てくるわけじゃなくて、脇のドアから兵隊が走って出なきゃいけない。さっきの兵隊さんはね、あれ持ってたんだよね、スコップ持ってた。

能勢　ああ、そうなんだ。なるほど。

岡部　だから、まずホバークラフトで上陸して塹壕（※4）掘るとか、これから上陸してくる戦車やなんかのために海岸を整地するとか。そういうあれなんじゃないかな（スコップは）。これはロケット弾を撃ってるところかな。

能勢　あれがいますね。

岡部　MiG-21っぽいからF-7かな？（※5）

能勢　で、その下にいるのが。

岡部　これね。ハンタイ級とかいう戦車揚陸艦？（※6／イラストB）あんまりアメリカとか中国の……、アメリカにはもうないか。中国とかのに比べるとひとまわりかふたまわり小さいくらいの。全部で6隻。脇のドアを開いて兵隊が出なきゃいけないけど、ひとつのドアからひとりずつしか出られない。だからいっぺんにわーっと行くわけにいかないから、兵隊さんが全部上陸するまで時間がかかってしまうね。このやり方だとね。

能勢　ホバークラフトは軍用だと最近は車両を運ぶのがメインだと思ったら、ちょっと違うみたいですね。

岡部　そうですね、うん。で、せっかくホバークラフトなんだからもっと深いところまでいけばいいのに、波打ち際からちょいと上がったところで、兵隊降ろしちゃってる。

小山　あれでしょ？　うん。

岡部　ホバークラフトがなぜ浮かぶかというとね。

小山　水と空気の摩擦みたいな感じじゃなかったっけ。浮くんじゃないですよね。ああ、浮いてるのか。

岡部　浮いてるの。空気を閉じ込めるところがゴムでできてる、スカートといいましてね。このなかに空気をわーっと吹き込むと、水の上に浮かぶわけです。そうすると水の摩擦がないし波も立たないので、速く走れる。そういうわけなんですね。で、しかもあんまり坂道でなければある程度は陸地まで登っていくことができる。はい。で、それが上陸して前進していくわけなんですけれど、(兵士が）旗を立てているのはデモンストレーション用というところでしょう。お、（金正恩第1書記の前に）灰皿だ。

小山　メガネだ（笑）（※7）

岡部　（兵士たちは）いろんな部隊の旗を持っているようです。1、2、3、4、5……いま7隻映った？　で、ハンタイ級揚陸艦はいっぺんに映ってるのが3隻か4隻かそのくらい。おもしろいのが、舳先、船の先端部分がそのまんま上に跳ね上がるのね。普通のこういう船型の舳先になってる揚陸艦なんかだと、左右に。

能勢　左右に開きますよね。

岡部　これはどうなんだろう。

能勢　浜辺にあるのはM-1985（※8）ですかね。水陸両用戦車ですかね。

岡部　船の舳先部分がぱっくり上に開く。だから、開いたところに波を被らないようにするとか、そういう工夫がどうなっているのかな。

能勢　で、これがM-1985だろうと。

岡部　こっちが戦車っぽいですね。

能勢　戦車と装甲兵員輸送車ですね。VTTの323かな？（※9）断定はできないですけど。

岡部　で、内陸部に侵攻するんですけれど……もうすでに道ができているじゃないか（笑）。準備のできた上陸作戦ですね。これが兵員輸送車。

能勢　VTTの323？　というのとM-1985かな。

岡部　固定式の、固定式というか、牽引式の大砲で撃ってる。上陸部隊じゃなくて、上陸から陸地を守る側かな？　派手に爆炎が立ってるわけですよ。

小山　すごい。

岡部　ガンガン撃ってますね。

能勢　多連装ロケット砲（※10）を撃ってますね。

岡部　ロケット弾を高台に置いて下を撃ってるわけですね。

能勢　戦車もしっかりと偽装（※11）をして。T-62系列の戦車（※12）かもしれませんね。正確にはわからないですが。

岡部　はい。で、（能勢さん）満面の笑みです（※13）。

能勢　というわけで。

岡部　さっき灰皿が映ったけど、彼がタバコ吸ってる写真はなかったですね。

小山　確かに。（服は）ちょっと茶色でまとめてるんですね。

岡部　そうですね。茶色でまとめて胸元からダークブルーが見えるみたいな。それなりにこうなんか、アンサンブルに気を遣ってるのかしら（※14）。

小山　ガチのメガネなんですか？

岡部　伊達じゃなくて。

小山　（じっと見てから）うん、伊達ではないですよね。そういえば、ホバークラフトって、人を乗せて運ぶやつでしたっけ。

能勢　民間用では人を運ぶものが多いんですけれど、西側の軍用ではたいてい、車両を運ぶの。

岡部　（'15年10月10日配信時に取り上げた）LCAC（写真2、3）。

小山　ですよね。LCAC。

岡部　そうそう。あれがそう。中国もね、あのLCACに似てるのを作ってるし（※15）。おもしろいのは、ロシアは超巨大な……

能勢　最初から戦車がボーンと入っていましたよね。

岡部　例のズブル級とかいう、ああいう大型のホバークラフト（※16）なんかを（ロシアは）使っておりますな。

能勢　で、おそらくM-1985水陸両用戦車（※17）。たぶんPT-76と似てる設計かと思うんですけれど、砲塔の上のハッチの構造がだいぶ違うんです。そのあたりを睨んで設計したのかなという構造ですね。

岡部　ついている丸太はあれかしら、補助装甲（※18）？

能勢　でしょうね。不整地（※19）のところを走るのに使うのかなと。

岡部　あるいは成形炸薬避け（※20）の？

能勢　どうでしょう。そうかもしれませんけど、普通考えられるのはまず不整地に引っ掛ける。

岡部　溝やなんかがあったときに橋をかけたり埋めたり。

能勢　というより、不整地にぼとーんと落として引っ掛けるという。

岡部　はい。

能勢　（未来工学研究所の）小泉悠先生からツイート来てますか？

小山　「すでに道ができてるじゃないか」って。

能勢　まあそれはね、先生がちゃんとこちらに来ていただければもっと話が早かった（笑）。

小山　そんなこと言わないの。娘氏も一緒に見てるんですからね（※21）。娘氏、私を「お姉さんかわいい！」って言ってくれたらしくて、よかった！　微笑みが生まれました（笑）。

能勢　はい（笑）。じゃあ、次行きましょうか。

米韓演習 F-15K バンカーバスター

小山　21日に行なわれた、米韓演習の映像です（写真4）。

岡部　F-15K（※22／写真5）。いろんな編隊を取り混ぜてF-16（※23）もいるし。お、GBU-28（※24）ですね。いわゆるバンカーバスター（※25／写真6）。

能勢　本家本元ですね。

岡部　ちゃんと（的に）ピタリと命中するぞと。これC-130（※

26）。
能勢　韓国のですね。
岡部　最近C‐130の得意技はフレア（※27／写真7）。韓国のポハンでの市街地戦闘訓練ですね。アメリカ陸軍かな。海兵隊？　市街地訓練用の施設があるんですね。おっと、これはオスプレイ（※28）じゃないですか。
能勢　そうそう。
岡部　海兵隊が韓国のポハンから沖縄に向かって、長距離襲撃演習（※29）をやった。で、いったん（山口県の）岩国（基地）に着陸して、それから沖縄に飛んでったっていう、そういう訓練をやったわけです。それでね、ポハンから岩国までが約350㎞。それで、岩国から沖縄までが940㎞。その距離を行き来して、沖縄のキャンプ・ハンセン（※30）のなかにある着陸地点に降りて、攻めこんで行くわけです。（実施しているのは）市街地訓練施設なんだけど、敵の司令部施設みたいなものに見立ててるんですね。敵兵役が書類を持っているでしょう？（その書類に）アラビア文字が書いてあったんだけど（笑）（※31）。敵の司令部にいる人間を捕まえて、書類を奪ってっていう（訓練）。第3海兵遠征軍（※32）。今回の演習は韓国から沖縄（に移動）だったんですけど、考えてみれば逆も飛べるわけですよね。
能勢　そうですね。
岡部　そうすると、沖縄の海兵隊はいろいろなところの有事に際して、オスプレイを使った長距離侵攻で司令部施設なんかを襲撃する能力がある、ということがわかりました。
能勢　はい。
岡部　で、演習のスライド、これがね、3月13日に行なわれた化学兵器、生物化学兵器（※33）の制圧。シーバーンの部隊ですね（写真8）。アメリカ第2歩兵師団の化学戦大隊（※34）が行なったわけです。怪しい施設を制圧して、なかの化学兵器とか生物兵器を抑える。それを確保するという演習をやった。これは米韓合同の部隊が行なったらしいですね。だから、ガスマスクをして手袋をして。
小山　ちゃんと（ズボンに上着の裾を）インしてね（※35）。
岡部　インして隙間を塞いで。ここらへん（マンホール）に試薬かなんかを。
小山　試薬？
岡部　これはなんだろうって、薬を垂らして反応見るやつね。なんかの計測装置がついてる。怪しいマンホールを覗いているわけです（写真9）。18日間に渡り28種類のい

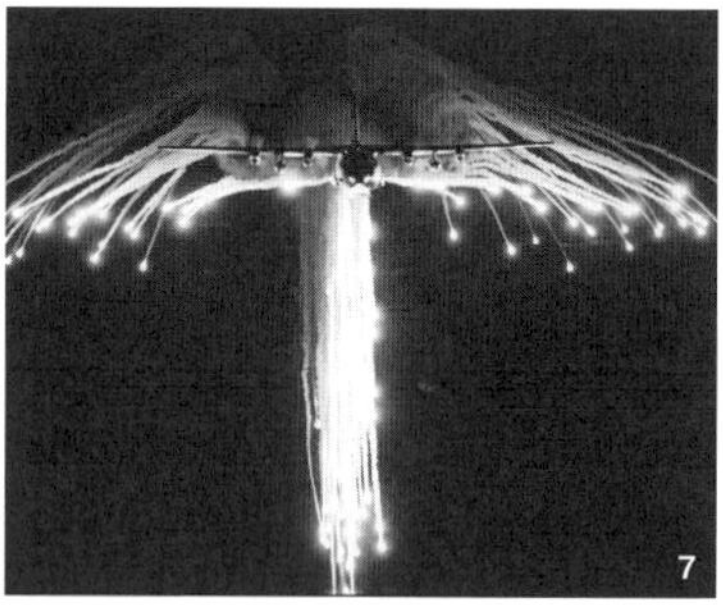
7

8

9

10

ろんな訓練をやってますね。施設のなかに入ると、いろんな設備があってそことか、これから毒ガスを詰めるぞという状態の空っぽの爆弾とかをいちいち検査して回るとか、そういうことをやっています（写真10）。

能勢　さきほどのF-15Kですね。韓国が持っている、F-15シリーズの戦闘攻撃機ですね。

岡部　さっき落としてたのがバンカーバスター爆弾ってやつです（写真11）。

能勢　韓国も持ってたんですね（※36）。

岡部　持ってたんですね。

小山　なんかぴゅーって落ちるやつ？

岡部　細長いから地面に突き刺さるんですよ。それで、例えばトンネルの天井とかを突き破って中で爆発する。バンカーっていうのはコンクリートで作った厚い……

小山　バンカーってゴルフでバンカーって言いますよね（※37）。

岡部　あれもバンカーって言うんだけどね（笑）。

小山　違うか（笑）。

岡部　バンカーってのはコンクリートで囲った掩蔽壕《えんぺいごう》っていう。大事な兵器とか司令部をしまっておく……

能勢　強固な建造物。

小山　そこにも刺さっちゃうんですか？

岡部　それをバストする、ぶっ飛ばすのでバンカーバスターって言うんです。

能勢　1991年の湾岸戦争のときに最初に登場したやつですよね。

岡部　急遽登場したやつです。2009年に北朝鮮の核実験のあと韓国に売ることが決まったそうです（※38）。

能勢　で、この爆弾はあまりにも大きくて長いので、積める飛行機の機種が決まってるんですね。今は（F-15E）ストライクイーグルとか（F-15K）スラムイーグルとか、そういうものにしか積めないんだそうですね。

岡部　そうですね。

朝鮮中央通信
朴槿恵逆賊一味を断固除去

能勢　それでですね、この米韓演習に対する北朝鮮側の反応とい

11

12

うのが出ています。（2016年）3月23日付の朝鮮中央通信の日本語版に、記事がありました。「祖国平和統一委員会、我々の警告は空言でないことを見せてやる」と題する記事なんです。

これを読みますと（写真12）、「米帝にそのかされた南朝鮮の軍交戦狂らが、空対地誘導弾（※39）を装着した16機の戦闘爆撃機を導入して、あえて我々の最高首脳部の執務室を破壊するための、極悪非道な精密打撃訓練というものを強行した。これは我々の最高の尊厳に対する歯ぎしりする挑発であり、いささかも許せない、天神ともに激怒する対決妄動であると糾弾した。我々の革命武力と全人民の一挙一動は、朴槿恵逆賊一味をこの地、この空の下から断固除去するための正義の報復戦に指向されるであろう。我々の報復戦は、聖なる領袖決死擁護戦であり、慈悲を知らない敵撃滅戦である。我々の戦略軍の実戦配備された超精密打撃手段の第一の打撃対象が青瓦台を含む南朝鮮地域内のすべての敵の巣窟であることについては既に、宣布した状態である。無敵を誇る我々の砲兵集団の威力ある大口径ロケット砲も、朴槿恵が巣食っている青瓦台をあっという間に焦土化させる臨戦状態にある。我々は、空言を吐かない。それは、無分別に狂奔する米帝と朴槿恵逆賊一味の悲惨な終焉がそのまま証明するであろう」というふうに書いていました。

岡部　ご苦労様でした（笑）。

小山　我々って何回言ったんでしょう。めっちゃ言ってましたね（笑）。でも、朴槿恵逆賊一味が本当に好きってツイッターで言っています。麦わ●の一味みたいな（笑）。そして？

能勢　米韓側も北朝鮮側もたっぷりいろんな種類の演習や訓練を実施したそうなので、それをまとめてみました（写真13）。

岡部　時系列でまとめてみました。

能勢　まず15日に、アメリカから派遣された生物科学放射線核といった大量破壊兵器の捜索破壊を専門とする、通称シーバーンの部隊が韓国側のカウンターパート（※40）の部隊と、米韓側が生物科学放射線、核の捜索破壊訓練、さっき写真で見ていただいたような訓練を18日間に渡り、28種類行なったとのことでした。そして、20日、北朝鮮側がホバークラフトを使った上陸訓練と防御訓練を行なったと。そして21日、米韓側がさまざまな航空機を導入して、長距離襲撃訓練を実施。その日のうちに北朝鮮は口径300㎜の新型ロケット砲の発射試験を実施。で、

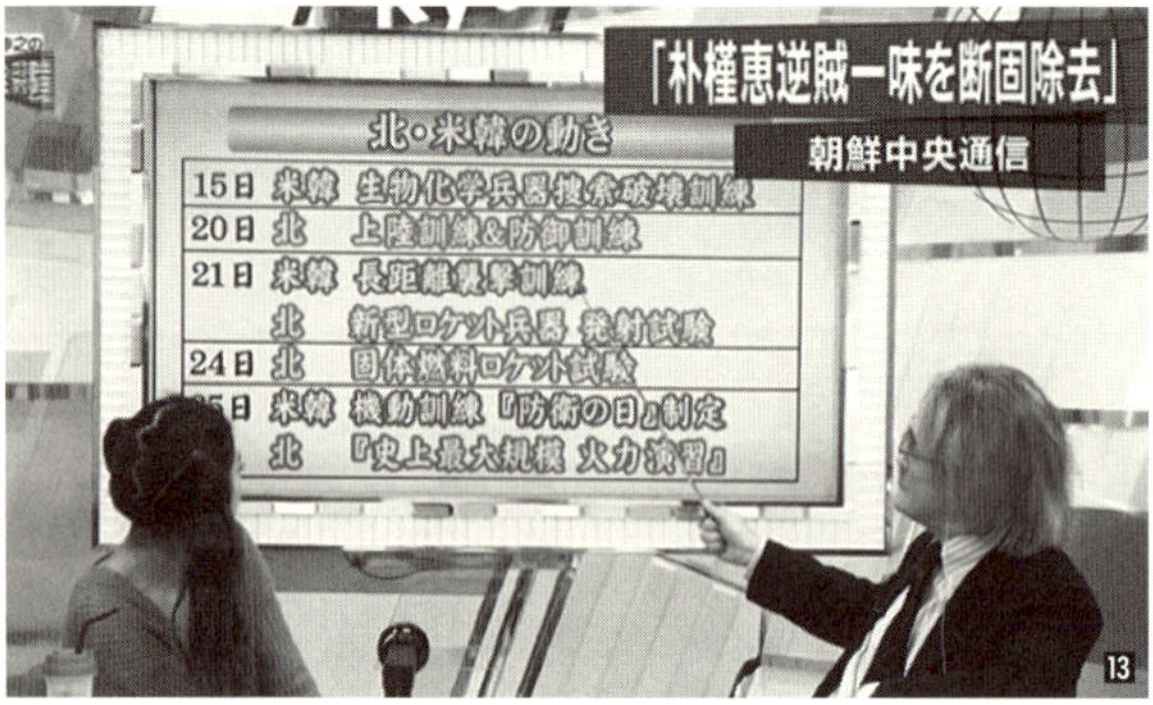

13

23日にはシーバーン部隊と韓国軍が、核兵器の捜索、ビルごとの洗浄という訓練を行なったそうです。24日には北朝鮮が固体燃料ロケットエンジンの試験を実施したことを発表。25日には米韓がイージス艦を含めた洋上機動訓練を実施。で、その日のうちに、北朝鮮は史上最大規模の火力演習を実施した、ということになっています。

岡部　ああやればこうやるっていう。

小山　イタチごっこですね。ところでこの大口径ロケット砲？「朴槿恵が巣食っている青瓦台をあっという間に焦土化させる臨戦状態にある」と北朝鮮は言っているんですけど、21日に日本海に向けて飛翔体5発を発射します。そして韓国軍の発表では200km飛んだと言われているんですよね。

能勢　じゃあそのニュースを。

北朝鮮　新型ロケット砲
金第1書記「大満足」

ナレーション　金正恩第1書記が「大満足」と報じました。

北朝鮮の労働新聞は22日、金正恩第1書記が新型の大口径多連装ロケット砲の最終試験を視察する様子を写真付きで報じました。記事は実戦配備を控えたこのロケット砲が韓国のおもな攻撃対象を射程圏内に収めるとしていて、金第1書記はその性能について「針の穴を通すように非常に正確で大満足した」と伝えています。視察した日付は明かにされていませんが、北朝鮮は21日午後、短距離の飛翔体5発を発射していて、記事はこの際のものと見られます。

新型ロケット弾5発発射
北朝鮮

能勢　はい。そういったことがあったわけですけれどね。

岡部　（金正恩第1書記の）コートは（さっきの訓練のときと）同じコートかな？　いかにも前線司令部みたいなとこ。これが発射した、先週お見せしたのと同じロケット弾ですね（※41）。やっぱり上（先端）に誘導（用の）、ちょぼがついてます。このロケット弾が飛んで行って、ここが目標点だよーというところに落ちていって、そしてドッカーンとなるわけですね。何発撃ったのかしらね。

能勢　これが21日の発射と同じだとすると、韓国側は5発発射と言ってたんですけどね。（ロケットの）下のほうの翼は巻き込み式ですかね（※42）。で、上のほうにぽつぽつと（棒状のものが）出てますよね（イラストC）。

岡部　そうですね。

能勢　これがアンテナなのか、気になるところですね（※43）。

岡部　アンテナあるいは操縦翼（※44）？

小山　小泉悠さんがツイートしてくれたんですけど、「能勢さんとかいう朝鮮中央放送のアナウンサー、なかなか日

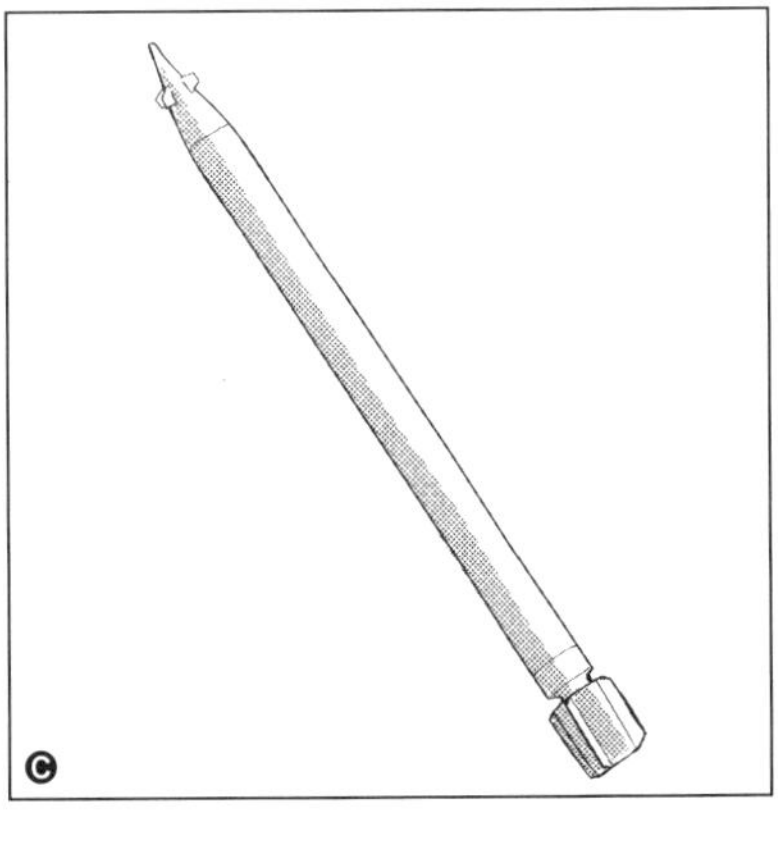

本語上手ですね」って（笑）（※45）。よかったですね（笑）（編注／北朝鮮の名物アナウンサー顔負けの読み上げが好評を博し、この手の原稿は能勢氏が担当することが増え、ツイッターでは、「能勢川クリ●テル」という異名もつけられる。また、原稿を読んでいるあいだ無意味とも思えるアップも増え、岡部氏が笑いをこらえきれないでいる様子が写ることも。ツイッター上では一部の「能勢ラー」を名乗るシンパが驚喜するさまも見られる）

能勢　いや、あの、来週（の小泉悠さんのゲスト出演）を楽しみにしております（笑）。

小山　つねられちゃう、悠さんに（笑）。すいません、次行きましょうか。

能勢　で、以前パレードに出てきたときのものですが、筒のところの外側に螺旋状（の筋）があるんですね（イラストD）。これはどうも北朝鮮３００㎜の特徴かなと（※46）。小泉悠さんが撮影して送ってくださった画像によると、ロシアのスメルチという多連装ロケット砲（※47／写真14）。これも筒のところが螺旋状になっているんですね。ですので、多連装ロケット砲だとすると、発射筒の外形がロシアのスメルチに似ているのかなあというところなんですね。で、同じような外観の発射筒にはですね。中国がスメルチの技術を導入して開発した多連装ロケット砲が複数の種類ある（※48）んですけれど、そういったものもどうなのかなというところになるんですが、小山さん、多連装ロケット砲って覚えてる？

小山　あれでしょう？　8発とか発射できるやつですよね？

能勢　はい。（覚えていてくれて）よかったです。

岡部　正確にはもっといろんな種類があるんだけど。

小山　けっこう（この番組には）出てきてますよね。

岡部　そうです。

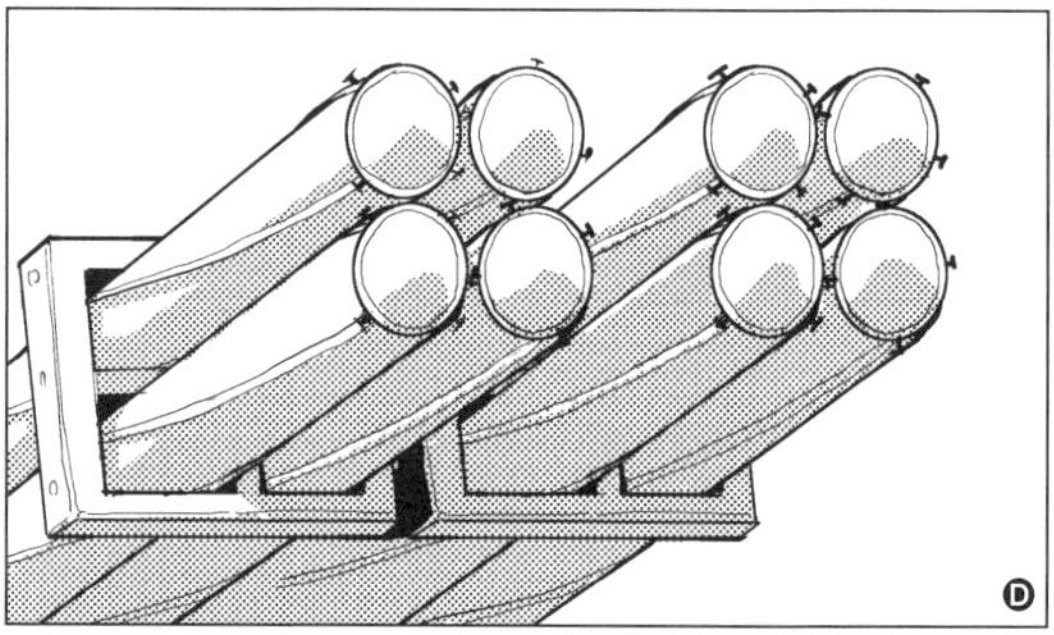
D

14

小山　多連装で出す仕組みがこの筋にあるんですか？

能勢　いや、多連装はですね、筒がいくつもあることを多連装と。その螺旋の仕組みについては、来週来ていただけるはずの小泉悠さんにお伺いしたいなと思っています。

小山　岡部さん、北朝鮮のロケット砲っていうのは他の国は関わってるんですか？

岡部　これがスメルチに似てるなっていうのはあるし、スメルチに似たロケット弾がさっき能勢さんの説明にもあったとおり、中国にもある。だから、北朝鮮がどこのものを直接のお手本にしているのか、ちょっとよくわかんないですね。北朝鮮のパレードや演習なんかに出てきたロケット積んでる車のほう、一種のトラックなんだけど、これが中国のM557Aとかいう6輪トラック（※49）に似てるんですね。そのトラックも中国のスメルチ系のA－100（※50）っていうんでしたっけ？　やっぱり同じ直径300㎜のロケット弾にも使われてるんだけど、そのA－100っていうのが射程がだいたい120㎞。

能勢　最大のもので、ですね。

岡部　そうですよね。それ系のものであとBRE－3（※51）とかいうので射程130㎞。だからこのあいだ北朝鮮が日本海に向けて発射した飛翔体、ロケット弾っていうのが200㎞でしたっけ。そうするとちょっと射程が合わないですよね。でも、中国のA－200（※52）、あれがだいたい200㎞っていうんですけれども、それだと射程が合う。ただし中国のA－200っていうのはロケット弾のくせに二段式なんですってね。

小山　二段式、ドンドンって分かれるやつ？

能勢　途中でね、一段目を切り離してってやつ。

岡部　そのA－200が誘導式だっていう話があって、アメリカのGPSとか、中国の北斗っていう衛星航法システム（※53）があって、それからロシアのグロナス（※54）。あれも使えるとか、そういう触れ込みになっています。

能勢　中国の（衛星航法システムは）北斗と民間用のGPSになっています。それで、二段式かどうかが非常に引っかかるわけなんですけれども、弾着直前の画像を見たときに、二段式には見えないかなという気がしたんですね。

岡部　そうですね。

能勢　それで、衛星のナビゲーションを使ってるとすると、それはいったいなんなんだと。

岡部　北朝鮮があのロケットにどういう衛星ナビを使っているんだろうなと。

能勢　ということが引っかかるんですが、昨日発表になった防衛省防衛研究所の「東アジア戦略概観」（※55）。

小山　昨日ですか！

能勢　昨日。こういう本があるんですね。それによると「北朝鮮が電波妨害兵器（※56）を保有している。2010年から2012年にかけて、北朝鮮は南北境界線で繰り返しGPSへのジャミングを実施した」と（写真15）。

小山　ジャミング？

能勢　電波妨害ね。で、「2012年の事例では、付近を航行していた航空機1016機と船舶254隻のGPS利用に障害が発生している」というようなことが書かれているんです。ということは、北朝鮮は民間のGPSを妨害する能力があり、実際に妨害しているということになると、自分（の国の兵器の衛星航法システム）を自分で妨害するかなと。そうするとGPS（を

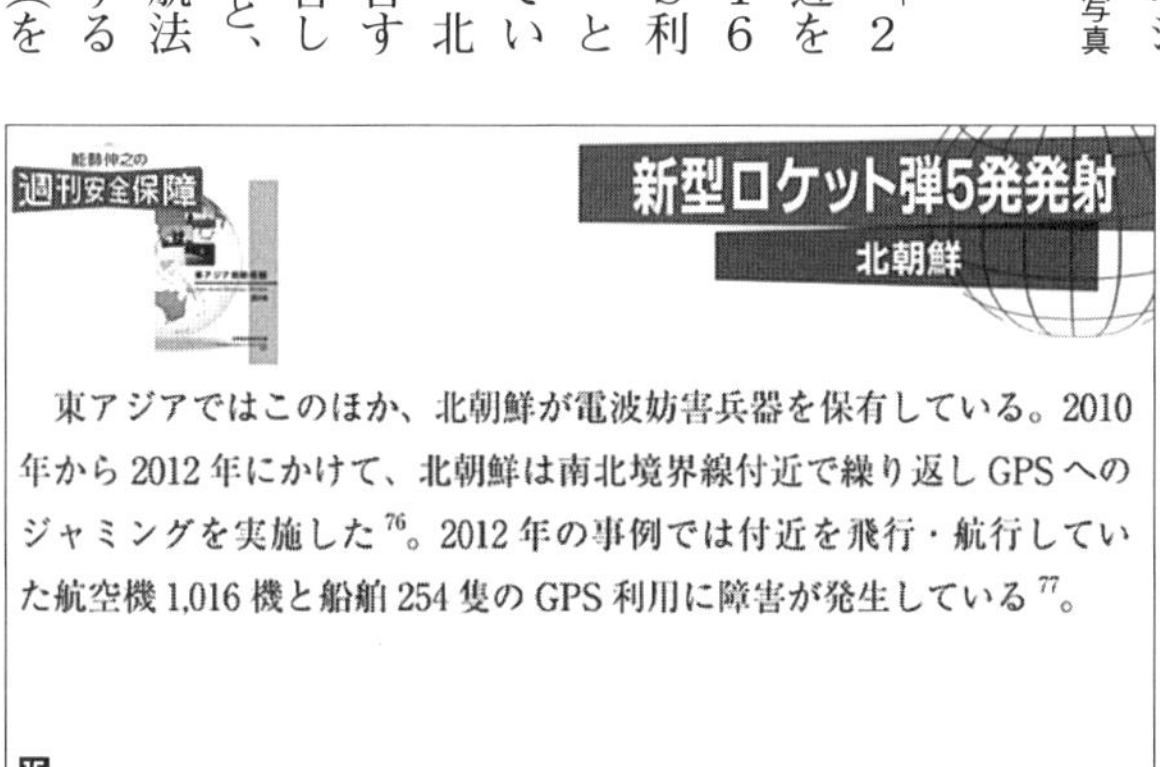

東アジアではこのほか、北朝鮮が電波妨害兵器を保有している。2010年から2012年にかけて、北朝鮮は南北境界線付近で繰り返しGPSへのジャミングを実施した[76]。2012年の事例では付近を飛行・航行していた航空機1,016機と船舶254隻のGPS利用に障害が発生している[77]。

15

使っている）というのは考えにくいかもしれないですね。

岡部　候補を絞っていくと、ロシアのグロナスか、中国の北斗あたりかな？　みたいな。

能勢　ということですね。

小山　「この誘導式のロケット砲とミサイルの違いってなんですか？」（※57）って質問が来てますけど。

能勢　とっても難しい質問ですね。

岡部　もはや難しくなりましたね。昔はロケット弾っていうと誘導しないやつって感じで。

能勢　それがアメリカのM270シリーズ（※58）、いわゆるMLRS（※59）の一部が誘導式になり、さらに今度はロシアがこのスメルチで誘導式の弾を導入し、その技術を導入した中国もそれなりに、ということになっていますので。

岡部　そしていまや北朝鮮もかな？　と。

能勢　という状況になっていますよね。ですので、いわゆる日本語におけるミサイルとロケット弾との区別（は難しい）。もともとロシアではミサイルのほうをロケットと呼んでいたそうなので、そのあたりの区別はもともとしてないのかもしれないですけど。という状況であります。

小山　いまは（区別が）難しいということですか。

能勢　はい。

小山　（ツイッターで）「今回の発射は北朝鮮はなにが目的なんですか？」って。

岡部　あれですよね。とりあえず「自分たちにもそういう精密攻撃能力があるよ」ということ（をアピール）。それから射程200kmということは、「北朝鮮から韓国のそれなりの奥地まで届くよ」と。だから、38度線の境界線からソウルまでの距離がだいたい50～60km。ということは優に射程に収まる。しかも精密誘導装置がついているから、さっきの演習の映像みたいに、「韓国の大統領府である青瓦台の建物、そこにもちゃんと落とせるぜ」という。おもしろいのはあれですね。北朝鮮の言い方は朴槿恵大統領の個人攻撃をしようとしているのかなという。それをね、裏返して考えてみると、北朝鮮が自分がやられると嫌なことを韓国にやろうとしていると考えると、金正恩が恐れているのは、自分個人に対する個人攻撃なのかなと（※60）。それはちょっとうがちすぎかな？、みたいな気もするんですが。

能勢　自分たちはそれができるということを見せたいんでしょうね。

小山　みなさんツイートでも「ミサイルとロケット弾の区別は難しいな」って。意外とごちゃごちゃになってるんですね。「ロシア語だとどっちもロケットだし」って。

岡部　ロシア語はどっちもロケット。

能勢　そのあたりは来週来られる方（小泉悠氏）にお聞きするということで（笑）。

小山　そればっかり（笑）。すみませんね、せっかく見てくださっているのに。

固体ミサイル燃焼実験を視察
金正恩第1書記

小山　次行きますね。金正恩第1書記の指導のもと、北朝鮮が固体燃料ロケットの噴射試験を行ないました。

ナレーション　金正恩第1書記が「弾道ミサイルの威力が高まった」と主張しました。
　24日付の北朝鮮の労働新聞は金正恩第1書記が新たに開発されたロケットエンジンの実験の視察をしたと報じました。この実験は大出力固体ロケットエンジンの地上噴出分離試験で、固体燃料を使った弾道ミサイルエンジンの燃焼実験と見られています。記事は、金第1書記が弾道ミサイルについて「威力をさらに高めることができた」と述べたと伝えています。固体燃料は液体燃料と違い、すぐに発射できることから韓国国防省も「分析が必要だが重く受け止める」として警戒を強めています。

固体燃料ロケットエンジン　北朝鮮　試験画像公開

能勢　第1書記、先ほどと同じようなコートなんですけど。
小山　同じ日ですか？
能勢　いや、違う日ですね。で、帽子を被っていらっしゃると。で、第1書記の後ろにあるものが非常に気にかかる。
小山　固体燃料？
岡部　固体燃料ロケットの……。
小山　固体燃料というのは……わからない。
岡部　さっきから小山さんが質問してるので、固体燃料というのはどういうものなのか。
能勢　はい、岡部さん、どうぞ（編注／番組名物、能勢氏の岡部氏への「ムチャぶり」）。
岡部　ここ（イラストE）は噴射口っぽくはないし、ミサイルを発射するときの基底部じゃないのかな？　という気がします（編注／ムチャぶりされたがスルー）。
能勢　直径にも注目していただきたかったんですけれど、1m以上間違いなくあったんですね。
岡部　で、噴射後に噴射口が焼け焦げちゃってる。火が出たから。そこに4枚の板が出ている。それで、この板が4枚で、「ベーン」という板なんですね。だから、ベーンで噴射の向きを変えるベーン方式（※61）ではないのかなという感じです。
能勢　ベーン方式ですと有名なのはスカッド（※62）とかノドン（※63）とかですね。
岡部　でもパーシング2（※64）だったかな？　固定式ロケットでベーン式という例もいくつかある。
能勢　そうですね。ただ、ベーンの形状がちょっとスカッド、ノドン系ですかね。ただ、人の大きさと比べると、明らかに88cmを越えてますよね。いわゆるスカッドBとかCは直径88cmで、ノドンが直径132cmくらいだと言われてるので、ひょっとしたらこれ、わかりませんけれども、ノドンクラスの固体燃料のエンジン、というものを意識しているのかもしれない。

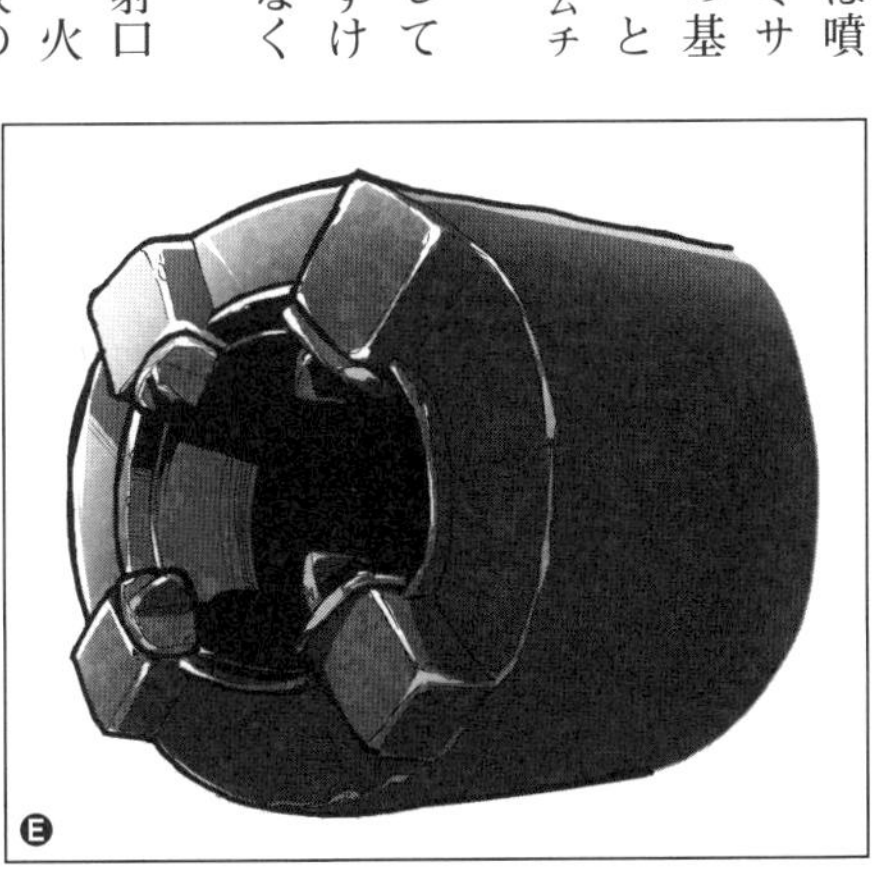
E

岡部　KN-11、潜水艦発射ミサイル（※65）。

能勢　とか。それで、第1書記は喜んでいると。

岡部　で、「燃やしてやりましたよー」というロケットエンジンに肌色の箇所（イラストFの網部分）があるでしょう？　これがロケット全体の燃料なんです。

能勢　いわゆる燃えるものと酸化剤（※66）が一体になって、粘土というか、そんな感じでまぜこぜになっているものですかね。固体だから。

小山　いま固体燃料の説明？

能勢　ええ。

小山　固体燃料の説明ですよ、みなさん！　みんな知ってるか（笑）。

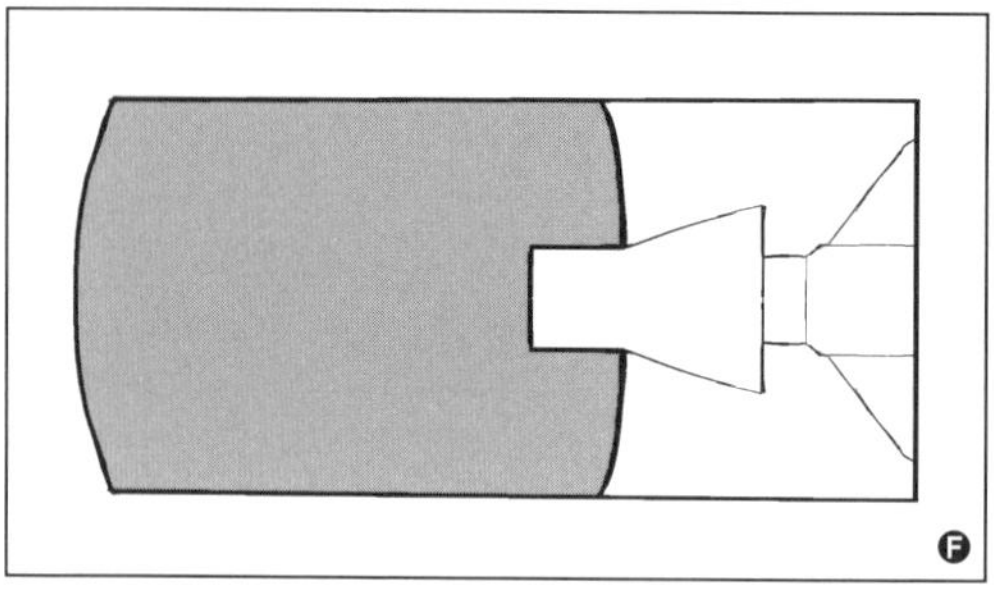

岡部　固体燃料を使うロケットだから、固体ロケット。

能勢　液体燃料だとタンクが少なくともふたつあって、燃料と酸化剤が別々にタンクに入っていて、それをパイプでエンジンに繋いで流し込んで、燃料と酸化剤をバンと混ぜる。そうするとエネルギーが出て燃えるわけです。固体燃料だと、最初から燃料と酸化剤が混ぜてある。

岡部　ただし固体燃料は燃やし方が難しいの。偏って燃えたりしないで、全体的にキレイに燃えてくれないといけないし、とくに発射直後は大きなパワーがほしいじゃない？　燃料がまだたくさんあって重いから。（その後も）ミサイルの重さの変化やスピードに沿って燃え方を変えていかなきゃならないとか、難しい技術が必要なんですよ。

能勢　あとは液体燃料はいざというとき噴射を止めようと思ったらパイプを切っちゃえばいいんですよね。

岡部　あるいは蛇口をグッと閉めちゃえば。

能勢　ということをしてしまえばいいんですが、固体の場合は、基本的には一度着火してしまうと、噴射が止まらない。

岡部　花火は途中で飽きたからやめようって思ってもできないでしょ？　それと同じようなもんなわけですよ。

小山　これ（火種）が落ちるまで待たないといけないですよね。そういうことなんですね（笑）。ということは、液体じゃなくて固体にするのはどういう意味があるんですか？

岡部　そこです。

能勢　そこなんです。それは岡部さんの得意なところで。

岡部　あんまり得意でもないんですけど、まず固体だと（あらかじめ）燃料を詰めておいても大丈夫。火をつければいつでも発射できる。だから、整備や何かに手間がかからないし、すぐに撃てる。

小山　撃とうと思ったら撃てる。

岡部　そう。液体燃料ロケットだと、（発射直前に）燃料を詰めなきゃならなかったり、詰めたまんまだと持ち運び中にチャパチャパしてしまうとか、いろいろな問題があって、そういう点では固体燃料のほうが使いやすいには使いやすい。ただ、それを作るには……

能勢　それでとくに液体推進の場合、酸化剤が問題になっちゃうんですね。

岡部　そうですね。

能勢　酸化剤を一度ロケットのタンクに入れてしまうと、あまりにすごい成分だったりするので、2、3日で（酸化剤もタンクも）腐食が始まっちゃう。

小山　固体？　液体？

能勢　液体の場合ね。そうなってしまうとどうもじゃないですが……ということで、基本的には固体のほうがいいんだろうと。ただ、さっき言ったように、飛ばしてる途中で噴射の力を調整するのも液体のほうが簡単。

小山　飛ばしてる途中でもね。

岡部　燃料や推進剤の出方を調整すればいい話じゃない？　これ（固形）は1回火がついたら燃えっぱなしだから。

小山　液体は飛ばすときに入れるんですよね？　ロケットのなかに。

岡部　そうです。

小山　それで調節できるんですか？

岡部　蛇口にリモコン装置がついていて出方を調節したり、燃料をカットしたり。

能勢　あと、基本的にポンプだったら、ポンプって電気で回転数変えたりできるでしょ？

小山　ああー。

岡部　推進剤をね、エンジンに。

能勢　だからタイマーで電気を流す量を変えるとかすれば、流れこむ速度は変わってくるわけだし。

小山　飛んででも、こっち（地上）でやればできるってこと？

岡部　リモートコントロールもできるし、あるいは時限装置でプログラムしといてやる方法もあるし。だから、北朝鮮が固体燃料ロケットをミサイルとして使えるようにするとなると、基地から走り出てきたミサイルを積んだ車両が、いきなりミサイルをビュンと立ててどかーんと撃ってくると。準備に時間がかからないので、（発射まで）時間がすごい短くなるのではないかと。

能勢　ちょっと気にかかるのが下のところですね。トリムベーンとかがスカッドやノドンと形状が似ているとすると、ひょっとしたらスカッドやノドンの移動式の発射装置、あれが使えるということかもしれない。

岡部　なるほどね。そうなると、いまあるスカッドやノドンの代わりに、新型の固体燃料型短距離中距離ミサイル（※67）を作って、いままでのスカッドやノドン用の車両に、移動式発射台をそのまま使って戦力化できるのではないかと。

能勢　ということかもしれないですね、あくまでこれは想像ではありますが。

岡部　あとは潜水艦ですね。

小山　酸化剤？

能勢　酸化剤って覚えてますか？

小山　……悪いやつ、身体に悪いやつですよね？（笑）。燃料ですよね。

能勢　燃料を燃やすためのね。

岡部　物が燃えるときってものと酸素があるじゃない。酸素がないと、ものは燃えないじゃない。その酸素の代わりになるのが酸化剤なの。

小山　ふーん。例えば？

能勢　赤煙硝酸とかね。

小山　悪いやつですね。

能勢　身体にとっても悪いやつですね。

小山　身体にすごい悪いやつって覚え方をしてます（笑）（※68）。酸素の代わりの身体に悪いやつですね。

能勢　それをとくに、北朝鮮とかが使っているのはそういうの、ということなんですね。

小山　だから固体式に？

岡部　そういうのは時間もかかるし手間もかかるし、固体式は固体燃料使って詰めておけば、あとは飛んで行くだけ。あと、しばらく放っておいてもあんまり腐らない。

小山　液体はすぐ腐食が始まっちゃう。

岡部　ただね、燃料になる物、例えばアルミニウムなんかの粉を安定して燃えるように小さく小さく砕かなければならない。そのための特殊な装置とかが必要になってきて、もちろんこまかくする技術も必要になって。そういう装置や技術を北朝鮮が習得していくのが厄介というか、心配だねえと。

小山　確かに。どこで習得していくんでしょうね。

岡部　それはもちろん、例えばロシア系とか中国とか、そういうところからなんらかのかたちで技術を手に入れているのかもしれないけど、北朝鮮自身もそれなりに研究しているんでしょうよ。

能勢　と思いますね。それから、国連の制裁措置で、ミサイル、ロケットの燃料は制裁対象になったんですが、あれは基本的に液体のものが多かったですね。

岡部　そうですね。ケロシン系の燃料とか。

能勢　固体（ならいいのか）どうかってところはありますね。

小山　はい。それではブレイクに行きたいと思いますが、ブレイク特別版です（P56、P104、P156参照）。『東京ボーイズコレクション』に自衛隊が参加した映像をご覧ください。ブレイクです。

出典／写真3：U.S.Navy、写真5～7、写真11：U.S.Air Force、写真14：小泉悠
イラストA～F：もやし

2016年3月26日配信回［後半］

出演　能勢伸之／小山ひかる
GUEST　岡部いさく

主な話題
東京ボーイズコレクション　陸海空自衛隊員参加
「ソウルを火の海に」　北朝鮮　金正恩第1書記
“最大規模”の火力演習視察　金第1書記
「史上最大の火力打撃演習」　朝鮮中央通信
韓国　脱北団体　風船で「北核実験糾弾」ビラ
韓国MBC放送　米韓分析　ノドン弾頭　再突入成功か
露国防相　千島列島にBastion等　配備
先週領海侵入し海警が……　今週のスクランブル
首相　海保学校卒業式に出席　現職の首相初
南シナ海　太平島を初公開　台湾　領有権アピール
UH-1ヘリに女性パイロット　米海兵隊ビデオ
シリア政府軍　パルミラ奪還へ　対「イスラム国」
シリア移行政権8月までに樹立　米露が合意
2度目の試験航海　“新型”ステルス駆逐艦ズムウォルト
防衛大卒業式で訓示　「諸君は私の誇り」

北朝鮮の写真も少なめですが、シリアのあたりの写真も少なめです。
こちらもいろいろな事情を察してくださいね

東京ボーイズコレクション 陸海空自衛隊員参加

小山　はい、というわけで、ブレイク特別版でした（p50、p88、P132参照）。

能勢　特別版だったんですけど、私たちが知らないランウェイ（※1）をよく知ってる小山さんから見てどうだったでしょうか？

小山　やっぱり自衛隊さんだから、パキパキとした動きですね。なめらかにスーっとターンするのが私たちのあれ（ターン）なんですけど、後ろ足を下げてってビシビシっと回って。すごいなあって。私けっこう好きです。海上自衛隊の白の服が。

岡部　夏用の礼服ですね。

小山　海上自衛隊、白（の制服）がけっこうかわいいなあって。あれ（夏正装に）スカート（合わせたら）可愛くないですか？

とか、勝手にコーディネート考えてました（笑）。最初のほうに出てきた人、カーキのMA-1みたいなの着てた。

岡部　航空自衛隊の（航空服装の）人かな？

小山　カーキはトレンドだし、カワイイですよね。

能勢　MA-1っていう名前がパッと出てくるんだ（笑）。

小山　MA-1、いまけっこう流行ってるんですよ。女子が着ますよ。MA-1知ってます？（笑）。

能勢　まあ一応……（笑）。

岡部　まあね、それは（笑）。（※2）

小山　一周回って、いままた流行してるんですね。

能勢　そうですか。

小山　そうそう、（ツイッターで）「全然ブレイクできない」ってね。すいません（笑）。

能勢　本当に失礼しました。

小山　では行きましょう。金第1書記（当時）は、大型自走砲などを使った火力打撃演習を指導したということです。

「ソウルを火の海に」 北朝鮮　金正恩第1書記

ナレーション　北朝鮮がソウルを火の海にするための攻撃に向けた軍事演習を実施です。25日の労働新聞は、北朝鮮の金正恩第1書記が韓国の大統領府やソウルの統治機関への攻撃を想定した史上最大規模の演習を視察したと伝えました。演習では「ソウルを火の海するための攻撃」として、朝鮮人民軍の砲兵部隊が大統領府などに見立てた標的に、集中砲撃を行ないました。北朝鮮は23日、「朴槿恵大統領を除去するための報復戦に向かう」と発表していて、韓国政府は警戒体制を強化しています。

〝最大規模〟の火力演習視察 金第1書記

能勢　（金第1書記たちが）並んでいた画像なんですけれども、ベーシックのような感じで。

小山　（金第1書記が）珍しく真顔ですね（※3）。

能勢　ずらーっと大型の自走砲（※4）が並んでいる感じなんですね。

岡部　そして？

能勢　そしてずらーっと並んで久々に見たという感じですけど、コクサン170㎜自走砲（※5／写真1）ですね。

岡部　170㎜ですね。

能勢　射程が、普通の（型）で40㎞、RAP弾（※6）だと……

岡部　ロケットアシステッドプロジェクタイル。

能勢　それですと60㎞ですね。

岡部　砲弾にロケットがついていて、発射後にロケットを吹かして射程が伸びるやつ。

能勢　ええ。それで38度線の北側からソウルまで50㎞と言われていますから、RAP弾だと余裕で届いてしまうというわけです。

岡部　朴槿恵をどうたらという根拠になっているんでしょうかね。

能勢　それでこのコクサンという自走砲は、よく知られている車種は2種ありまして、M1978（※7）とM1989（※8）があります。軍事評論家の宇垣大成さん（※9）が、一生懸命いろんな画像を見て数えてくれました。古いコクサンM1978は、9両が今回の演習参加してたのではなかろうかと。新しいM1989は、最大でひょっとしたら27両かなということだったようです。

小山　「コックサンコックサン」って言ってますけど、シェフじゃないですよね？（※10）

岡部　（サラサラっと描いて）これでしょ？（岡部イラストA／P94参照）

小山　そうそう（笑）。さっきからコックサンコックサンいうから、新しいコックサンと古いコックサン、いらないコックサンみたいな（笑）。

能勢　ごめんなさい、コクサンというのは北朝鮮の特殊な自走砲の名前で、アメリカがつけた名前ですね。

小山　ああ！　そうなんですね。自走砲って言ったから、最初コックサンって聞いて（笑）。

岡部　（M1989の写真を見せて）こっちのほうが。

能勢　多分新しいほう。

小山　（M1978の写真を見て）こっちが先代のコックサン。

能勢　はい（笑）。

小山　すみません。

能勢　いえいえ。コクサンがこれだけ揃っている状況を見るとは。古いほうのコクサンの車体はT-54かT-55系列の戦車の車体を使っ

A

ているとと言われてます。

岡部 この装塡車両か弾薬車（※11）って見たことあります？

小山 装塡車両？

岡部 弾を持ってきて大砲に弾を込めるのを手伝う車両。

小山 ふーん。

能勢 古いほうのM1978は、おそらく装塡車両が必要なのかなと思うのですが、M1989は、自分の車体のなかに入れて弾が運べるかもしれないと言われています。実際どうなのかはわからないんだけれど。

岡部 そうですね。これが実際（砲撃）やってるとこ。すごいなあ。

小山 コクサンですか。覚えたかも。戦車じゃない？ 自走砲？

能勢 あくまで自走砲ですね。もちろんコクサン以外の自走砲もいます。多連装ロケット砲（※12）とか。

岡部 多連装ロケット砲もたくさんあるよということですね。

能勢 この演習のとき、アメリカのシンクタンクは、各種野砲自走砲、ロケットのやつと合わせて100両くらいはいたんじゃないか、ということでした。

岡部 これが一斉に撃ってくると。

小山 こわっっ！ ていうか長っ！

能勢 （砲身が）長いでしょう？ だから40㎞は簡単に飛ぶよと。

小山 ってことは、そのへんの自走砲に比べると、結構注意したい？

岡部 とくに韓国にとってはね。それこそ、ソウルに弾が届いちゃうんだもの。38度線の向こう側から撃って。

小山 そうか。（撃っているの）弾ですよね？ ミサイルとかじゃないですよね。

岡部 そうそう。（映像を見ながら）これはコクサンじゃないですね。撃ったら撃ったっ放しね。これこそ。

能勢 ノーコックさんですね。って言いたいだけ（笑）。

小山 これは多連装ロケット砲で、（周囲には）コクサンも混じっている状況です。

能勢 これだけ車両を集めてこれだけ盛大に弾を撃っていって、

岡部 「国連の制裁措置（※13）を受けても堪えてないぞー」というのを見せたいんですかね。

小山 ああ確かに。「そんなこと言われても変わんないぞ」みたいな。

能勢 標的になった島からは次々と黒煙が上がってますね。

小山 確かに（自走砲や多連装ロケット砲は）全然戦車と違いますね。すごーい。うわっ、いっぱい（煙が）出てる。

能勢 で、ご満悦の第1書記。

小山 （写真に写る側近を見て）この人（いつも金第1書記と）一緒にいません？

岡部 そうですね。なんていう人なんだろう。調べればわかるんでしょうけど（※14）。

能勢 軍の幹部には間違いないと思いますね。

岡部 この建物に見覚えない？（イラストB）

小山 中華丼の器に……（笑）（※15）。

能勢 いえいえ（笑）。

小山 天井とかの器にも見えるけど、あっ、（金第1書記が）指示出したところですか？

岡部 あのほら、滑走路があって、いつか航空ショーがあったでしょう。北朝鮮の航空競技会。あれのときの……。

小山　第1書記がいたところ？

岡部　元山《ウォンサン》っていう北朝鮮の東海岸にある飛行場の海側なんだね。どうやらここが、そういう航空競技会があったりこういう大規模演習があったり、金第1書記をお招きしての軍事イベントの会場になっているみたいだね。

能勢　で、これは、北朝鮮のなかではやや南に位置する場所ですから、そこにこれだけ集められる、ということを見せつけた感じがしますね。そこでコクサンの発砲シーンが。

岡部　比較的砲を低くして撃ってましたね。

能勢　そうですね。水平射に近い状態で撃ってますね。

小山　あーほんまや。

能勢　車体の揺れとかすごいでしょう？

岡部　すごいねえ。

小山　人、こんなに（車両の）近くにいて大丈夫なんですね？

岡部　うん、まあね。

能勢　おそらく発射のときには全員が降りているのかなと。

小山　はい、それでは次行きましょうか。この長距離砲兵集中火力打撃演習について、朝鮮中央通信の解説記事が上がっています。

「史上最大の火力打撃演習」朝鮮中央通信

能勢　で、朝鮮中央通信日本語版はですね、3月25日、金正恩最高司令官が、青瓦台とソウル市内の反動統治機関を撃滅、掃討するための長距離砲兵大集中火力打撃演習を指導、という長い題名の記事を発表しました。それをちょっと読んでみますと、これ日本語版の方です。「史上、最大規模で策定された長距離砲兵大集中火力打撃演習は、不作法にも朝鮮革命の最高首脳部と党中央委員会の執務室を狙って「精密打撃訓練」を公開的に行なった朴槿恵逆賊一味の本拠地であるソウル市を火の海にするための前線大連合部隊の長距離砲兵大集中火力打撃を行なって、米帝と傀儡逆賊一味にもっとも悲惨な滅亡を与えようとする白頭山銃剣の威力を再度全世界に誇示することに目的を置いた。大集中火力打撃演習には、前線大連合部隊の各最精鋭砲兵部隊が装備したチュチェ砲をはじめとする百数十門に及ぶ各種口径の長距離砲が投入された。金正恩最高司令官が、野戦監視所に上がって前線大連合部隊の長距離砲兵大集中火力打撃計画に関する報告を聴取し、演習開始の命令を下した。

瞬間、天地を震撼し怒号する砲声と共に、空中に稲妻のように飛んでゆく砲弾が青瓦台とソウル市内の傀儡反動統治機関を想定した目標を集中的に、猛烈に打撃した。金正恩最高司令官は、いったん、攻撃命令が下されれば敵が巣くっている悪の巣窟であるソウル市内の反動統治機関を無慈悲に打撃しながら進軍して、祖国統一の歴史的偉業を成し遂げなければならないと強調した」というものでありました。

岡部　ありがとうございました。

能勢　なお、記事中にあるチュチェ砲（※16）というのはですね、170㎜コクサンのM1989を指すといわれており、新しいほうのバージョンと見られております。

小山　ということは、多連装ロケット砲もコクサンも、ソウルの朴大統領を狙っているということなんですね。

岡部　多連装ロケットもコクサンも「ソウルを楽々射程に収めるぞ」と。さっきもいいましたけど、おもしろいですよ、北朝鮮の言い方は。ここのところ朴大統領への個人攻撃へと集中してますよね、言い方がね。

能勢　「一味」という言い方ですね。

小山　チュチェ砲というのは、いま能勢さんが言った（コクサンの）新しいバージョンのことですか。

能勢　はい。そうらしいですね。

韓国　脱北団体
風船で「北核実験糾弾」ビラ

小山　で、この軍隊の演習や訓練や試験以外にも（大きな出来事は）あるんですか？

能勢　ノドンの発射もありましたし、ちょっと興味深いことに、ここのところ民間団体の動きも若干ありました。

小山　民間団体？

岡部　そうそう。軍とか政府じゃなくてね。

能勢　韓国の民間団体は、北朝鮮に向かって宣伝用の風船を飛ばす、ということを開始したようです。

小山　チラシみたいな感じ？

能勢　そうなんですね。韓国の連合通信によりますと、脱北者団体『自由北韓運動連合』（※17）は、（2016年3月）21日、韓国海軍哨戒艦天安撃沈事件（※18）から6年となる3月26日に、南北軍事境界線に接する非武装地帯近くから、今後三ヶ月間北の核実験を糾弾し、核廃棄を求めるビラ一千万枚を飛ばすことに決めたそうです。26日にはこのビラ五十万枚を風船20個につけて撒布するとしていました。で、この団体は昨年もビラの撒布を予告していたんですが、地元警察に阻止されたらしいです。しかし今年に入って、北朝鮮軍が1月頃から韓国の首都圏地域に大量の批難ビラを飛ばしたほか、韓国軍も2004年以来初めて、3月に北朝鮮に向けてビラを飛ばす方針になったため、ビラが飛ばされたということです。

岡部　ということは、つまり、前回と違って韓国当局もこのビラ撒き作戦を止めに入ったりはしなかったというわけですね。

能勢　かもしれないですね。

小山　前回ってあれでしたっけ、北朝鮮がビラをやったんでしたっけ。

岡部　そうでした、そうでした。

小山　朴槿恵さんの絵を描いてましたよね。今回は韓国が。

岡部　そうです。

能勢　韓国側の民間団体がね。で、ただし3月になると、韓国軍もやるらしいです。（風船が）細長いでしょう？　細長いと上昇が速いんですかね。

岡部　あるいは風船として作りやすいのかもしれない。字も書けるし。

米シンクタンク特定　弾頭再突入模擬試験の場所

能勢　では次の話題。アメリカのシンクタンク、サーティエイトノース（※19）が、以前紹介した北朝鮮の大気圏再突入模擬試験の場所を特定したそうです。

岡部　平壌の近くで？

能勢　北朝鮮の中心部で、どうもここから（発射したらしい）（地図C）。

岡部　となると、いままでロケットの発射があった西海岸の東倉里《トンチャンリ》（※20）でもなければ、東海岸の有名な舞水端里《ムスダンリ》（※21）でもないし。

小山　なんでですか？

岡部　たぶんここらへん（平壌周辺）に基礎的な研究機関があるんでしょうね。

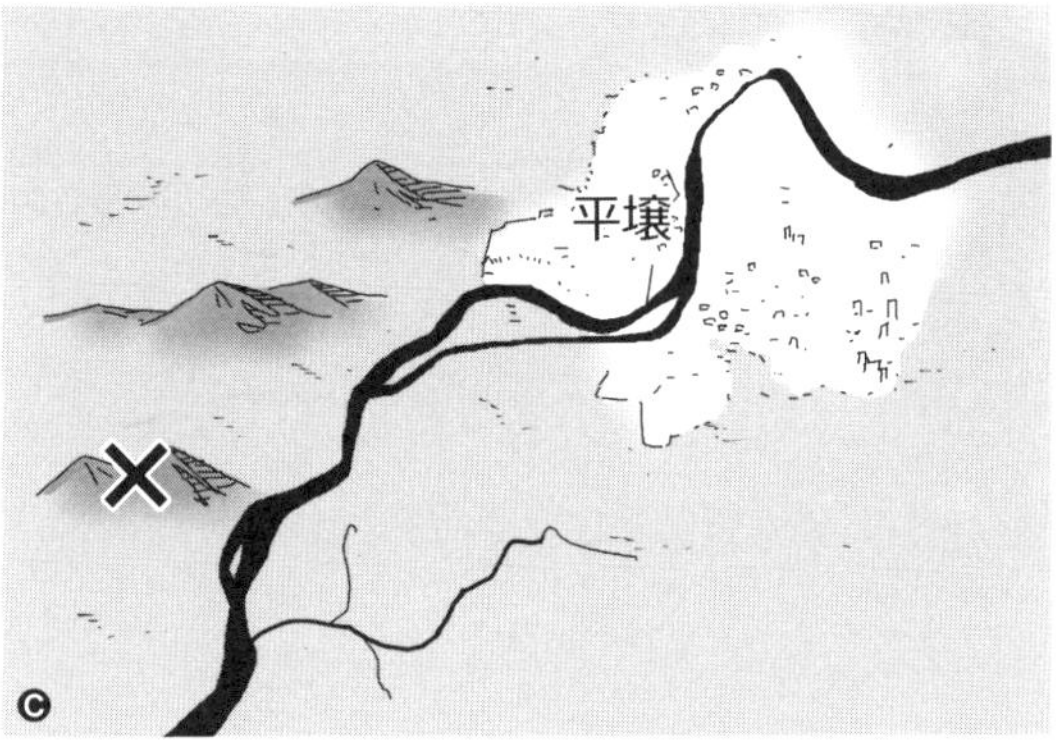

能勢　（画像を指しながら）ここがサーティエイトノースによるとミサイルの工場らしいと（地図C）。

岡部　大きな建物が並んでますね。

能勢　ですので、屋外の試験場施設があるのかなと。

小山　なんでここことわかるんですか？（※22）

能勢　なんででしょうね、本当に。

能勢　サーティエイトノースもいろいろなところから情報を仕入れながらやっているのだと思いますが、くわしいことはわからないです。

韓国MBC放送　米韓分析　ノドン弾頭　再突入成功か

能勢　次の項目に行きましょうか。先週ノドンらしいものの発射があったことをお伝えしましたが、韓国のMBC放送は3月24日、先週北朝鮮が発射したノドンとみられる弾道ミサイル2発の内の1発について、高い熱に耐えて大気圏再突入に成功した弾頭を、あらかじめ設定した高度で爆発させたと、アメリカ軍と韓国軍が分析したと放送しました。この記事によると、ノドンの弾頭は高度400km以上に達したということだそうです。小山さん、大気圏再突入覚えてる？

小山　わかります。こう（放物線を描いて上昇しながら大気圏を出て（同じように）戻ってくることですよね。大気圏から出て戻ってくることを再突入って言うんですよね。

能勢　そうです、そうです。

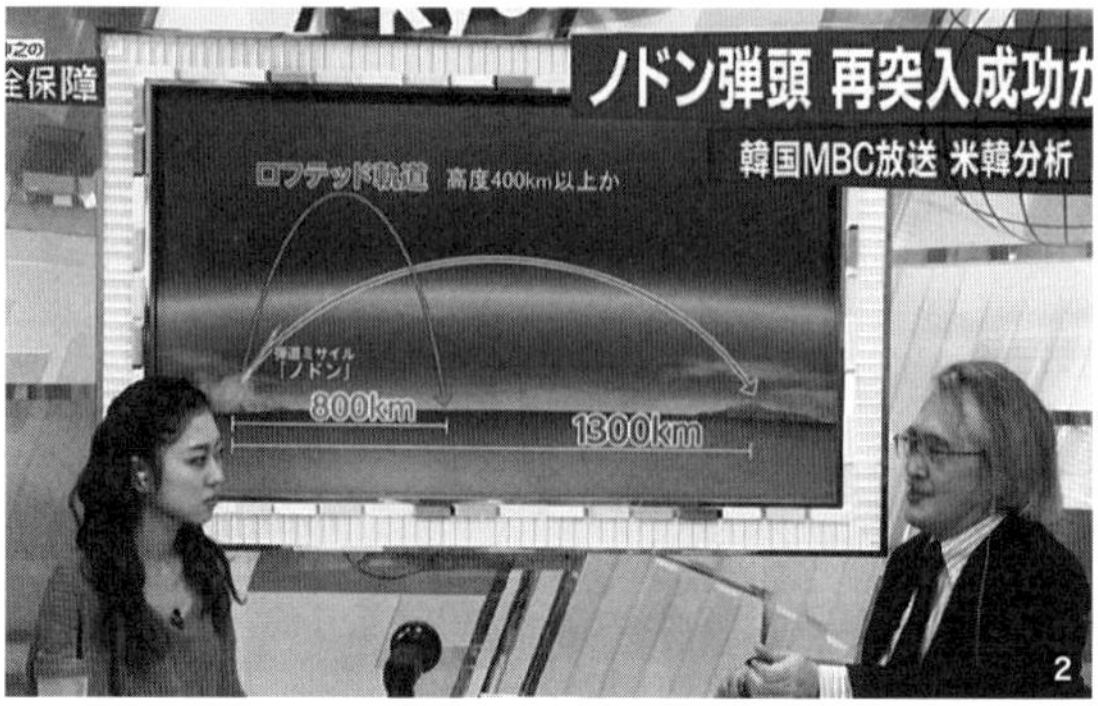

岡部 これが４００km（写真2）。

小山 高さ４００kmということは、大気圏再突入……。

能勢 はい。ですので、これが４００km以上ということになると、おそらくロフテッド軌道（※23）ほぼ間違いないですね。韓国側の言い方ですと、高角発射（※24）になるんですけれど。それで、実際に大気圏再突入の試験をやって、再突入した上で、決めていた高度で爆発させたと。

小山 （落ちて来る）途中で爆発させたんですか？

岡部 そう。で、嫌なことを言うとね、核弾頭ってたいてい空中爆発させるんだよ。

能勢 兵器として使用する場合はね。

小山 ふむ。

岡部 そのほうが爆発の威力が広く広がるから。

小山 兵器として使わない場合はなんなんですか？

能勢 爆発試験とかね。

岡部 地面に落っこちて、地面に当たってドカーンじゃなくて、空中でドカーンとやったほうが、広い範囲に爆発が及ぶ。だから、そのノドンのこのあいだの発射で、弾頭をあらかじめ決めておいた高度で爆発させたっていうのは、実際に核弾頭をそれ（実戦）で使える技術かどうかわからないけれど、そういう空中爆発の技術を北朝鮮がやってのけたということかな？

能勢 大気圏再突入と、決められた高度での爆発ということですね。

小山 ちょっとイヤですね。

能勢 この記事が正しいとしたら、ちょっと引っかかる記事ですね。

露国防相 千島列島にＢａｓｔｉｏｎ等 配備

能勢 で、その次、今度は日本にとって気にかかるニュースがありました。ＡＥＰ通信などによりますと、ロシアのショイグ国防相が千島列島（※25）に強力な地対艦ミサイルＫ-３００Ｐバスティオン（※26）とバルＫｈ-35（※27）、そして無人機エレロン-３（※28）を配備すると発表したそうです。岡部さんこのあたりの説明をお願いしたいのですが（岡部イラストD／P93参照）。

岡部 まあ千島列島、クリル諸島と言うんですかね、ロシアの言い方にしてみると。日本の北方四島からずーっと北に繋がる列島に、バスティオンＫ-３００Ｐ、あるいはバルＫｈ-35ミサイルを配備する。Ｋｈ-35っていうのは射程がだいたい１３０kmかな？

そしてＫ-３００Ｐバスティオンのほうが射程が３００kmくらい。で、これはどこに配備するかわかんないんですけどね、例えばＫｈ-35を国後島の真ん中くらいに置くと、周辺の海域は射程に収まってしまうわけですよ。それからＫ-３００Ｐを択捉島の真ん中くらいに置くと、さっきのところはもちろん、北海道の一

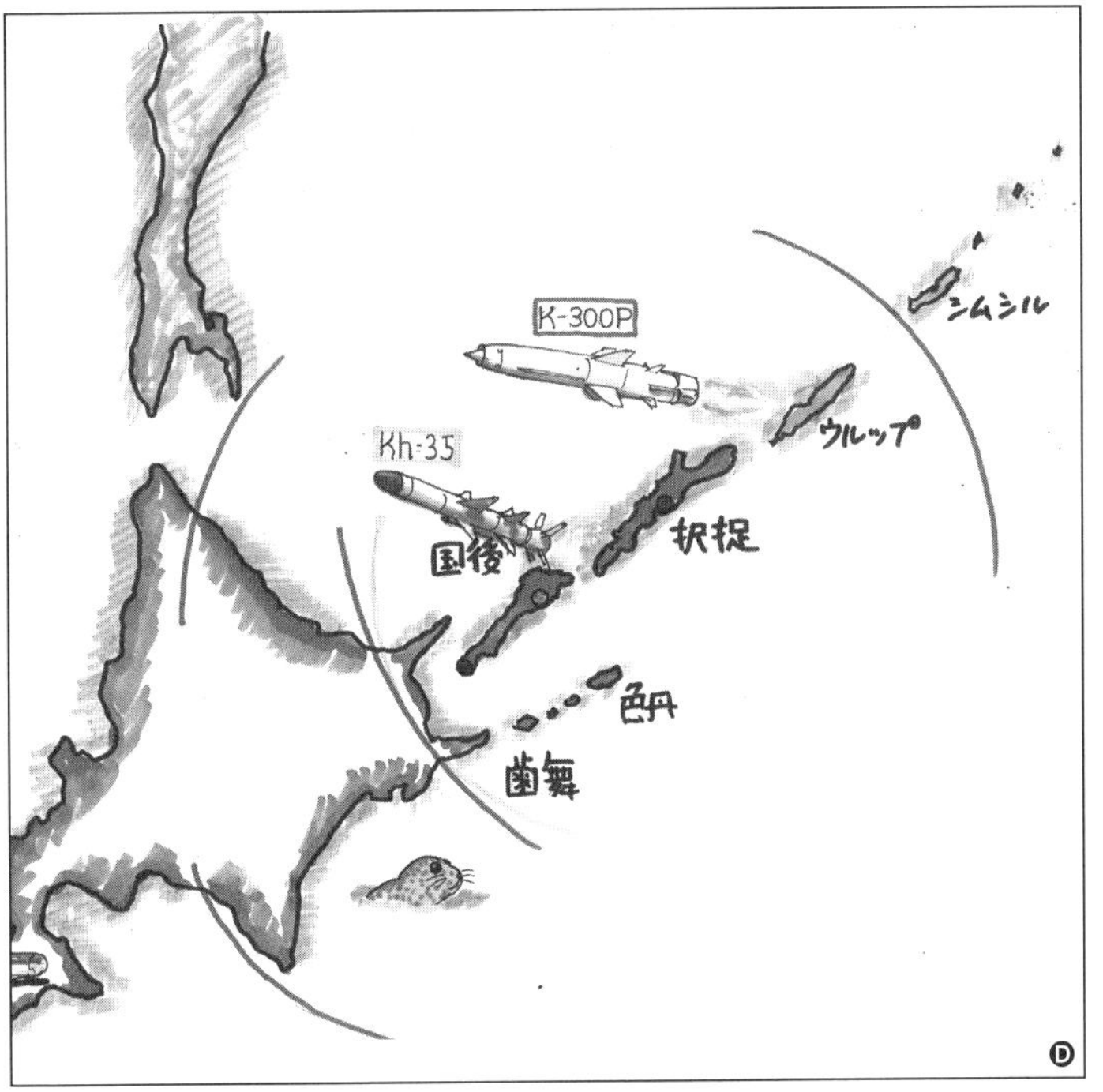

部まで射程に収まる。つまり、北方四島から北海道近辺の海峡はすべてミサイルの射程に収まってしまう。もちろんK-300Pを国後島のいちばん日本寄りのほうに置くと、襟裳岬のほうのあたりまで射程に入ってしまいます。かなりの海域を制圧することができて、サハリンのほうにこの種のミサイルが配備された日には、オホーツク海の入口をロシア側は地対艦ミサイルで全部射程に収めることができる（※29）。だから、日本にとってはまずいことになると。このあたりの海を海上自衛隊の艦艇が自由に行動するのは難しくなる状況もありうるかもしれませんね。

能勢　ちょっと気にかかるお話ですね。

岡部　それもね、来週あの人にうかがってください。（※30）

能勢　あの人に。

小山　（小泉悠氏に）来ていただきましょうね。

先週領海侵入した侵入海警が……今週のスクランブル

小山　それでは今週のスクランブルのコーナーです。第11管区海上保安本部によりますと、3月18日午前に魚釣島の北西から日本の接続水域に入り、その後久場島の周辺を通り、翌日の19日午前に魚釣島北西から領海に侵入した、中国海警局の海警2012（写真3）、海警2401（写真4）、海警31239（写真5）の3隻ですが、その後19日午前に魚釣島南南西から領海を退去しましたが、南小島、久場島、大正島、魚釣島のそばを通り、22日午後6時57分頃から午後7時5分にかけて、魚釣島の北北西から接続水域を出ました。長いですね、週をまたいでの（侵入でした）。

岡部　そうですね。たっぷり5日間に渡って、尖閣のまわりを動きまわってくれたわけですね。実際この（海警の）メンバーって、任務の分担があるのかしら（笑）（※31）。はっきり武装を持ってるのはこの31239と2401がおなじみだよね。

能勢　代わる代わる出てくるんですよね。元中国海軍フリゲートが。

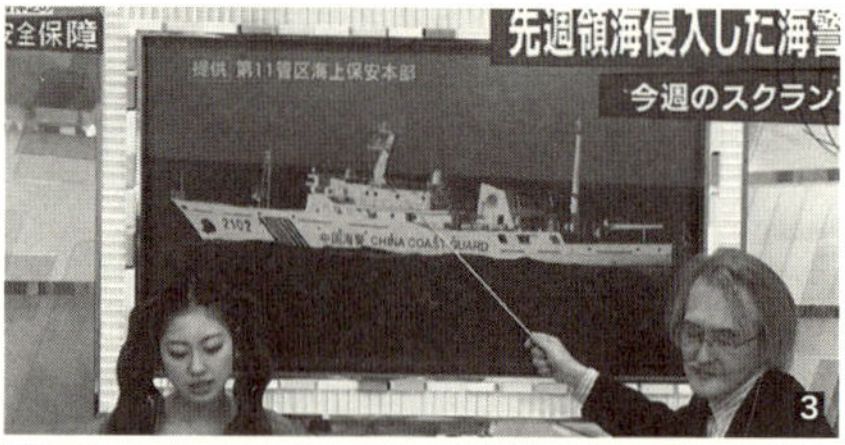

岡部　そうすると、ここのところのスクランブルコーナーで気になってるんですけれど、統幕発表（※32）でね、艦艇とか飛行機はあんまり動きがないんだよね。

小山　確かに。（出動するのは）11管区海上保安本部ばっかりですね（※33）。

能勢　そうなんですね。

岡部　嵐の前の静けさかしら。

能勢　気にかかるといえば気にかかると思います。

首相　海保学校卒業式に出席
現職の首相初

小山　はい。では次行きましょう。安倍総理が海上保安学校（※34）の卒業式に、現職総理大臣として初めて出席しました（写真6）。

ナレーション　現職の総理大臣としては初めてです。

安倍総理大臣は、京都府舞鶴市で行なわれた海上保安学校の卒業式に出席し、新たに海上保安官となる卒業生を激励しました（写真6）。

安倍総理「荒波も恐れず、極度の緊張感に耐え、現場での任務を立派に果たす彼ら（海上保安官）は日本国民の誇りであります」

さらに安倍総理は「海上保安庁の役割は重要性をいっそう増していく」「困難な道を強い使命感を持って選んだ諸君に心から敬意を表したい」などと述べました。沖縄尖閣諸島などの警備にあたる海上保安官の士気を高めたい考えで、現職の総理が出席するのはこれが初めてです。

小山　（学校があるのは京都の）舞鶴だったんですね。

岡部　そうですね。

能勢　ただ、十一管区とかその他の管区、こういう（出動の続く）状況がずっと続いてます。この番組が始まったときから（笑）。

岡部　（スクランブルのコーナーがなかった回は）1回しかなかったんだっけ？（笑）（※35）。

能勢　そうですね、はい。

岡部　でもそんなわけで、海上保安庁の任務はどんどん重いものに

なってきましたよね。

小山　はい。

能勢　次ですが、南シナ海にあって台湾が実効支配しているとされている太平島が海外メディアに初公開された、ということです。

南シナ海　太平島を初公開
台湾　領有権アピール

ナレーション　台湾が領有権をアピールです。

台湾当局は23日、中国やフィリピンなどが領有権を主張し、台湾が実効支配している南シナ海の太平島を一部、外国メディアに初めて公開しました。20人あまりの記者団は当局の同行のもと、軍用機で島に入り、滑走路や港の建設現場や、農場で野菜を栽培する様子などを3時間にわたって案内されました。

馬英九総統は、今年（2016年）1月に島を訪れていて、今回の公開で改めて海外に向け、領有権をアピールする狙いです。

こうした動きに中国側は「南沙諸島は古来から中国の領土で（※36）、中国と台湾は共に守る責任がある」と述べ、静観する構えです。

能勢　ということで、岡部さん、次は今週の南シナ海情勢です。よろしくお願いします。

岡部　レギュラーコーナーになりつつある今週の南シナ海なんですが、先ほど話題になった太平島は、南沙諸島のこのあたりです（岡部イラストEの中央付近、フキダシで囲んであるところ／P93参照）。フィリピンのパラワン島からすぐ近く。だからここらへんは（フィリピンや中国など）いろいろな国の領海問題が絡んでるわけですな。その最

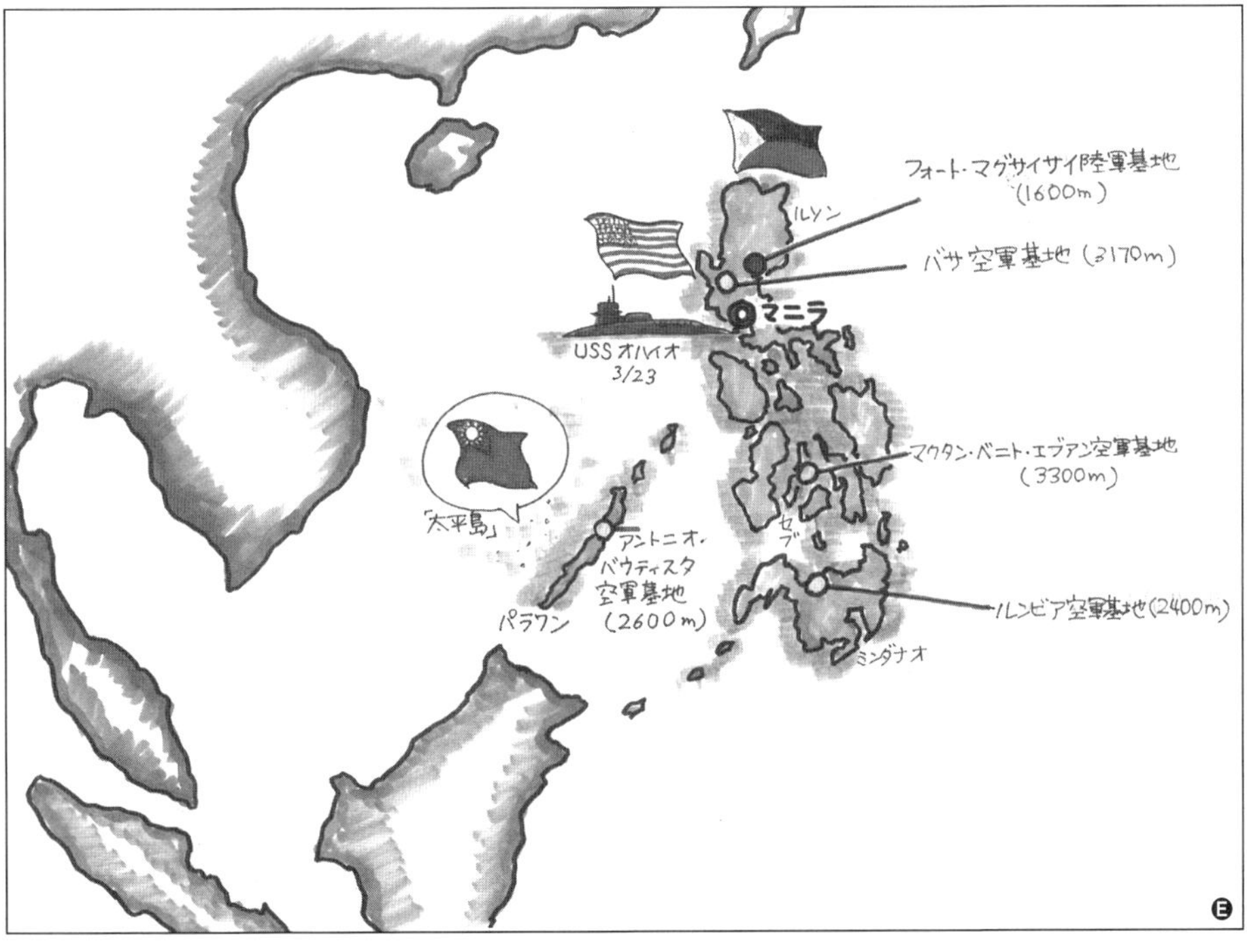

中、3月23日にアメリカ海軍の巡航ミサイル搭載原潜オハイオ（※37）が、フィリピンのスービックに入港しました。これね、オハイオがインド～アジア～太平洋方面の作戦航海（※38）の締めくくりとしてスービックに入りました、というふうにアメリカ海軍は発表していて、つまりいままで誰も知ることなかったけれど、いろいろなところを動き回っていたんですね。インド洋のほうまで行ったのか。でも、少なくとも南シナ海にはいたわけですよ。

小山　オハイオが?

岡部　オハイオが。128発かそのくらいの（ミサイルを積んでいる）。

能勢　小山さんにまだ説明していなかったかもしれませんが、（オハイオは）巡航ミサイル・トマホーク（※39）を、最大154発積めるとんでもない潜水艦なんですね。

岡部　あとは特殊部隊を乗せたり。

能勢　今回特殊部隊を乗せてたとすると、トマホークを積める数が減るんですが、その場合は120何発という状況になります。

小山　ふーん。

岡部　それでそのアメリカとフィリピンがこのあいだ話し合いまして、アメリカはフィリピンの5ヶ所の基地（※40）を使えるようにローテーション展開、常駐してそこにべったりいては困るけれど、交代交代で部隊送るのはいいよという基地が5ヶ所使えるようになりました。フォートマグサイサイ陸軍基地とね、バサ空軍基地、マクタン島空軍基地、ルンビア空軍基地、そしてアントニオバウティスタ空軍基地。アントニオバウティスタ空軍基地なんてパラワン島にあるから、問題のスプラトリー諸島までは300～400km、そのくらいの距離しかない。戦闘機が飛んでいけば30分で行けてしまうところ。そういうところにアメリカ軍は部隊、飛行機とか陸軍とか配備することができるようになりました。

能勢　展開できて、アメリカ軍が使っていいよということになったんですね。

岡部　当然中国が猛烈に抗議しているようですけれども。というのが南シナ海情勢、今週の注目点です。

小山　こんなちっちゃいの!?

岡部　ちっちゃくないんだよこれ（笑）。人と較べて……

小山　ほんまやー！　気づかへんかった！（モニターに写った写真はイラストFのように、上部に人がいたのでそれを見つけて）。

岡部　世界最大の潜水艦のひとつ（※41）だからね（笑）。

小山　この写真で見ると、確かに人ちっちゃ（笑）。

能勢　以前岡部さんと、このなかを取材に行ったことがありまして、簡単にマラソンができそうな大きさでした（笑）。

小山　マジですか。

岡部　ここ（潜水艦の側面下部）に変なのがついてるでしょう?

このなかに特殊潜航艇（※42）、つまりちっちゃな潜水艦みたいなのが入ってて、この潜水艇はシール・デリバリービークル（写真7）、つまりアメリカ海軍の特殊部隊SEALS（※43）がこっそり海岸に忍び寄ったりするのに使う潜航艇なの。それを最大2隻積むことができるという。

小山　これ、（海面から）下もすごい大きいんですか？

岡部　そうそう。下も。

7

能勢　船体の後ろに、22個ハッチがあって。大きなハッチが。

岡部　本当は蓋がずらーっと並んでる。そのなかに筒が入っててね、その筒の1本1本のなかに最大7発トマホークが入る。

能勢　だから最大154発積める。

岡部　それが南シナ海をこっそり動いていたらしいわけですよ。

小山　アメリカもオコなんですね。

岡部　怒ってる顔は見せないけれど、じっくりやることはやっているという状況です。小山さん、どうですかオハイオ？　かわいいですか？

小山　中身聞いたら可愛くないですよね……でも、ひかるクジラっぽいのはかわいい部類なので、かわいいにはかわいいですけど、能力的にはすごいなって。1回全部下まで見てみたいですね。ひかるも今度乗るとき連れてってください。

岡部　これがなかなか難しいんだよ。原潜の取材ってのは本当に難しいの（※44）（笑）。

小山　はい（笑）。

UH-1ヘリに女性パイロット 米海兵隊ビデオ

小山　それでは次行きましょう。日本にいるアメリカ海兵隊第3海兵遠征軍が、日本語字幕付きのビデオを公開しました（写真8、9、10）。女性パイロットが乗る、UH-1ヒューイヘリコプター（※45）です。

【VTRより】

スパークリング大尉「私はマリアン・スパークリング大尉。ヒューイヘリコプターのパイロットです。ヒューイは海兵隊が提供するもっとも汎用性の高い航空機のひとつです。ヒュ

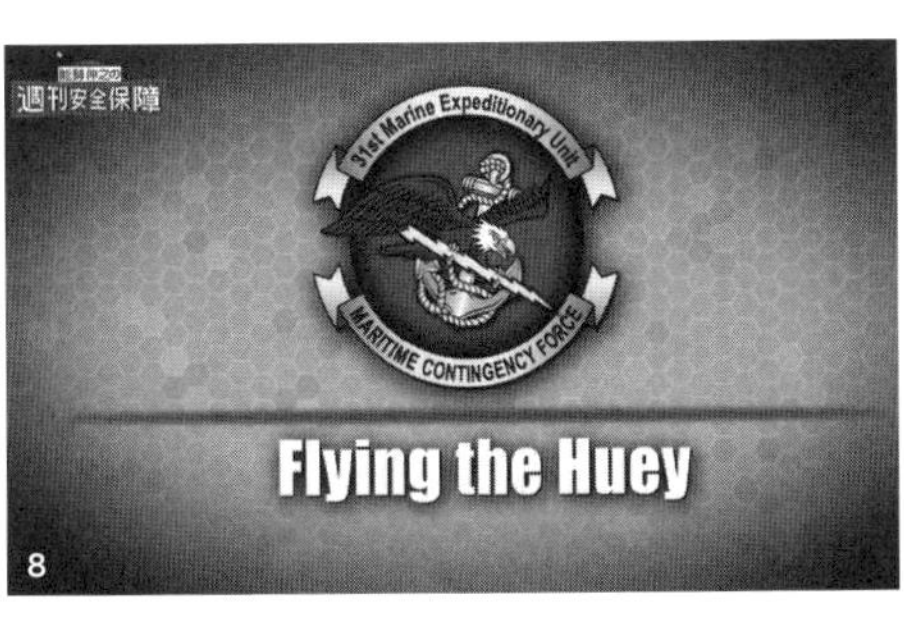

8

能勢伸之の
週刊安全保障
UH-1ヘリに女性パイロット
米海兵隊ビデオ
ヒューイは海兵隊が提供する最も汎用性の
高い航空機のひとつです。
9

能勢伸之の
週刊安全保障
UH-1ヘリに女性パイロット
米海兵隊ビデオ
ヒューイには多種多様な武器を装着する
ことが可能です。
10

ーイはユーティリティプレイヤーとしてさまざまなミッションに使用することができ、郵便配達から目的を達成するための隊員移送、自軍のための近接航空支援を提供したりできます。

ヒューイには多種多様な武器を装着することが可能です。70㎜のロケット弾（※46）、7・62ミニガン（※47）や50口径マシンガン（※48）などを装着することができます。

ヒューイには最新のレーダーシステム（岡部注／字幕スーパーでは「レーダー」となっていたが、海兵隊の、UH-1N／Yはレーダーを装備していない。機首下面の球状のターレットに電子光学／赤外線カメラを装備していて、UH-1Nは「スター・サファイア」UH-1Yは「ブライト・スター」というシステムを装備）が装備されていて、地上をカラーで識別できます。

私に日々パイロットとしての職務に意欲をかきたててくれるのは、すべての任務が隊員たちへの直接支援だからです。目的地域ではいろいろなことが起こっていて、地上部隊の兵士がそこらじゅうにいたり、部隊を支援するほかの航空機が近くを飛んでいたり、それがヒューイで飛ぶときの楽しみでもあります。

私は指揮する機会を望んでいたし、海兵隊は上下関係がしっかりしています。毎日多くの交流があり、海兵隊のすばらしいところは互いを支え合うことで、それが楽しいんです」

能勢　はい、というわけなんですが。

小山　すごいですね。ヘリコプターの能力すごいなって思いました。（写真11）

岡部　ええ。でもこのヒューイ、UH-1っていうのは元設計は1950年代の、ものすごい古いヘリコプター。それをアメリカ

能勢伸之の
週刊安全保障
UH-1ヘリに女性パイロット
米海兵隊ビデオ
Marianne Sparklin
Pilot
11

海兵隊はまだバリバリ使っているという。

能勢　もちろんいろいろなところは変わっているわけですけどね。

小山　バージョンアップ。

能勢　はい。

（編注／ほかの番組であれば女性パイロットであることやスパークリング大尉自身に注目するだろうが、そこには目もくれず、全員がヒューイにばかり興味関心が向いている。この番組らしいともいえる）

シリア政府軍　パルミラ奪還へ対「イスラム国」

小山　次はシリア情勢ですね。ロシア軍の一部がシリアから撤退し始めているということなんですが、ロシア軍の動きについては、来週こそあの方（小泉悠氏）に来ていただいてお話していただきたいと思います。

能勢　で、ＩＳ（イスラム国）（※49）が破壊した遺跡の町パルミラに対し、シリア政府軍の奪還作戦が行なわれているそうです。

ナレーション　過激派組織「イスラム国」に支配されたシリア中部のパルミラにシリア政府軍が進軍したと国営メディアが伝えました。

シリア国営通信によりますと、24日、シリア中部のパルミラの西側に政府軍が進軍したということです。

しかし、シリア人権監視団によりますと、政府軍と「イスラム国」は交戦中で、まだ進軍できていないとしています。

パルミラは、世界遺産の「パルミラ遺跡（※50）」がある都市で、去年5月に「イスラム国」に掌握されて以来、遺跡最大のベル神殿など、多くの遺跡が破壊されました。

能勢　最新情報によるとね、一部にはもうすでに政府軍が進軍しているということです。小山さん、パルミラ遺跡って……。

小山　ぱるめら？　ちょっとはじめましてですね……。

能勢　ですね。私たちもよくは知らないんですけれど。

小山　世界遺産ですか？

能勢　そうなんですよ。

岡部　旧ローマ帝国が広かったときにシリアのほうの勢力圏内にあって、ローマ文明の遺跡があったわけだよね。昔のまだ健在だったころのパルミラ遺跡がどうなってしまったかというと、こうです。

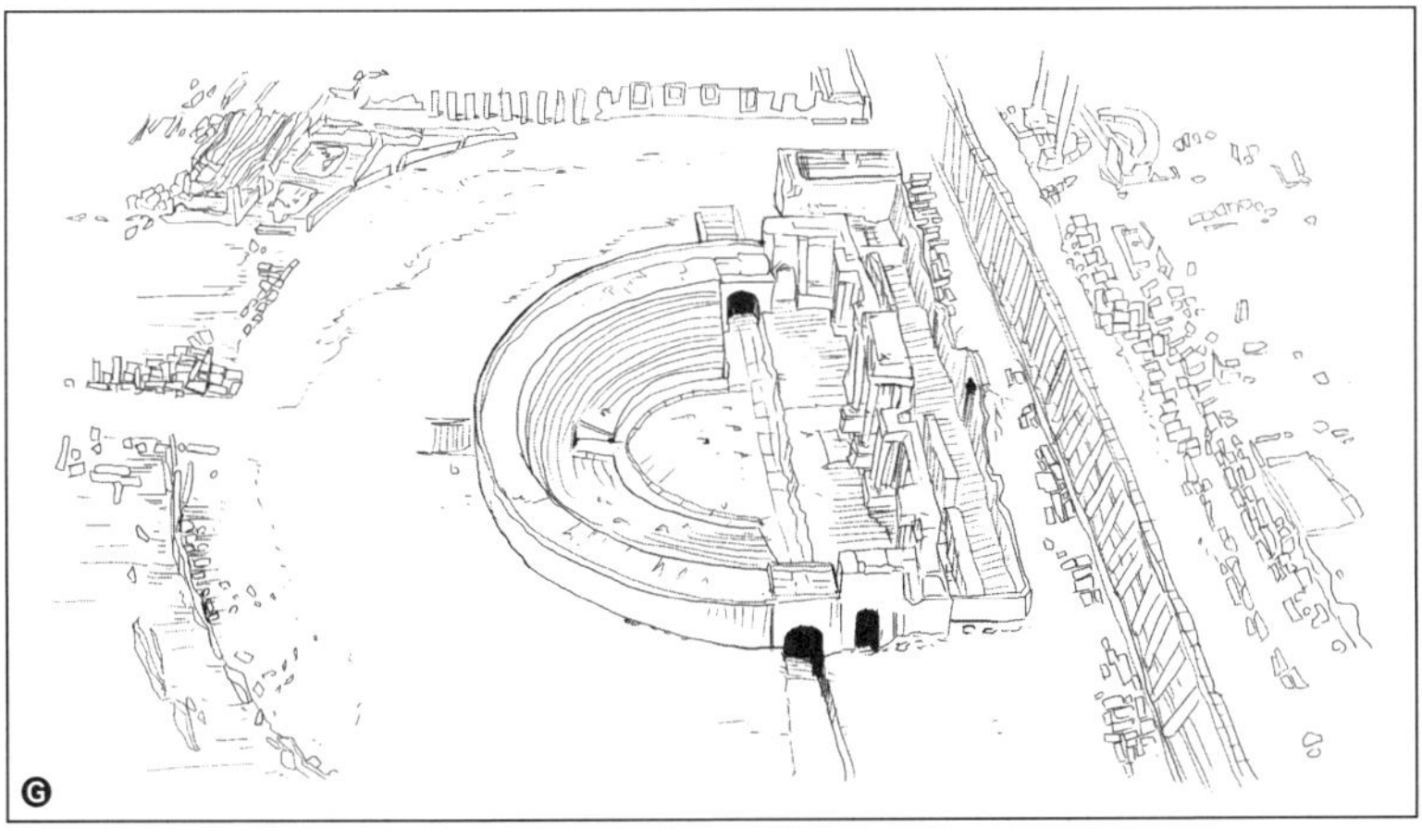

真ん中に神殿の跡があるでしょう。ほとんど更地になってしまったんですね（イラストG）。

小山　うわ！

岡部　柱の列がずらーっとあったのに……、それはなんとか残ってるか。中心にあった神殿が更地になってしまった。この破壊になんの意味があるのでしょう。

小山　なんでこんなことやってるんですか？

能勢　このＩＳの人たちの考え方では、古代の宗教に基づくものは許せないらしいんですね。偶像崇拝的なものになるということです。

小山　ぐ、ぐうぞうすう……？

岡部　つまり神様とか仏様とかそういうものをかたちにして拝んじゃいけないよ、姿なんて考えること自体おこがましいんだよと。

能勢　ということらしいんですね。で、その次にこのパルミラに関してこんな映像も入ってきています。ロシア24が撮影したもので、どうも無人機かヘリを使って撮影したような映像なんですけれど、これはシリア政府軍が奪還作戦をやっているというところを上から撮影したようです

岡部　ガゼル系（※51／写真12）かな？（遺跡にいる兵士たちを見て）これはシリア政府軍？

能勢　そのようですね。

岡部　なかなか装備も整ってますね（※52）。

能勢　服装も整ってますし。

岡部　服装も整ってるし、迫撃砲の数もちゃんとしてるし。これはフランス製のガゼルとかいうやつ。破壊されたやつは、ピックアップトラックに鉄板を貼ったお手製の装甲車みたいなやつ。映像は無人機で？

能勢　無人機っぽいですね。

小山　ドローンか。

岡部　パルミラの周辺っていろいろな遺跡がたくさんあって。

能勢　これは古代劇場ですね。

岡部　古代劇場ですね。あのかたちは。パルミラの遺跡っていうのは世界遺産にもなってて、シリアにとっては貴重な観光資源だったと思うんですね。

能勢　それをＩＳが破壊して、わざわざ見せつけるようなこともやっていたわけですからね。

岡部　奪還作戦では、遺跡に（これ以上）被害が及んだりしなかったのかしら。

能勢　どうでしょうか。ただ放っといたらどんどん破壊されてしまうという状況だと考えれば、奪還作戦がどう見えるかということ

12

とですね。

岡部　（遺跡に）弾痕のように見える跡があって。

小山　（風景が）全部茶色なのは、カメラのレンズが茶色だから？

岡部　ここはあたり一帯が砂漠の土地だから。

能勢　という状況でした。

シリア移行政権8月までに樹立 米露が合意

能勢　で、シリアの件についてです。ロシアのプーチン大統領とアメリカのケリー国務長官がモスクワで会談し、（2016年）8月までにシリアに移行政権を樹立ということで合意（※53）したそうです。

ナレーション　シリア和平を巡り、移行政権を8月までに樹立することで米露が合意しました。

ロシアのプーチン大統領とアメリカのケリー国務長官は24日、モスクワで4時間にわたってシリア情勢などについて協議し、政権側と反政府勢力との対話が重要との認識で一致しました。

また、8月までに移行政権を樹立し、新しい憲法の草案を策定する方針で合意しました。アメリカとロシアの対立ばかりが際立つなか、ケリー長官のロシア訪問は、難航が予想されるジュネーブでのシリア和平交渉（※54）への地ならしの狙いがあると見られます。

能勢　まあこういう状況ですね。

小山　これでよくなるんですか？　世界は平和に（※55）。

岡部　たぶんロシアとアメリカは、シリアの新政権を巡ってすごく揉めるだろうなという印象はあったんですけど、妙にすんなりしているので逆にすごく気になります。どうせこれから先、具体的な話になるといろいろ揉めるのかもしれませんけどね。

能勢　ただ、シリア政府と反政府側の話が重要ってことになると、それは見ようによってはいまのシリア政府の存在を意識せざるを得なかった、ということになるかもしれないですね。

岡部　そうですね、うん。

小山　まあ、あの方（小泉悠氏）にね、来週また聞きたいと思います。

岡部　ここでロシアが何を考えているのか。

2度目の試験航海 〝新型〟ステルス駆逐艦ズムウォルト

能勢　その次に、日本に絡むかもしれない話です。日本でも長崎県佐世保に寄港するための施設が作られるのではないかと話題になっている、アメリカ海軍の最新大型ステルス駆逐艦ズムウォルト（※56／写真13）ですが、昨年（2015年）12月に続き、今週2回目の洋上試験に出たということであります。ズムウォルトは（2016年）10月に就役し、サンディエゴが母港になるという見通しになっているそうです。これが就役してくると、かなり意味が。

岡部　そうですね。はい、これがズムウォルトです。造船所でまだね、作った会社（※57）が試験してる段階で、それが終わってから（今度は）海軍で試験をやって、就役するという流れなんですけれども。これフネなのよ？　大事なことなのでもう一度言うけど、軍艦なのよ（※58）。

小山　とんがってて、いらないものが全然ないやつですね。

岡部　そういうわけです。大砲の砲身もしまってあるのね。で、このフネの縁にね、ずらーっとトマホーク巡航ミサイルなどの発射装置が並んでいる。地上の目標を攻撃する能力が非常に高い駆逐艦。これが太平洋に配備されて、日本の佐世保なんかを足がかりにして、アジア太平洋インド洋方面に行動するとなると、巡航ミサイルなんかを使った打撃力が、西太平洋地域にどーんとあることになるわけで。そういう意味では、このフネの動向に注目ですな（※59）。

小山　はい。そうですね。

防衛大卒業式で訓示「諸君は私の誇り」

能勢　では、最後の話題になると思うのですが、防衛大学校（※60）の卒業式が行なわれまして、今年は任官拒否（※61）が昨年に比べ倍近い47人に登ったそうです。

ナレーション　安倍総理大臣が防衛大学校の卒業式で訓示しました。安倍総理「諸君は、この困難な任務に就く道へと自らの意志で進んでくれました。諸君は私の誇りであり、日本の誇りであります」。

さらに安倍総理は29日に施行される安全保障関連法による任務の拡大を踏まえ、「あらゆる場面を想定して周到に準備しなければならない」と訓示しました。

一方、防衛大学校の今年度の卒業生419人中、任官を辞退したのは47人で、去年の25人と比べほぼ倍増しました。雇用情勢が改善し、民間企業への就職希望者が増えたことなどが背景にあると見られています。

能勢　帽子を投げるのは防衛大学校の名物になっていますね。

岡部　アメリカの士官学校でもあれやるんですよね。帽子投げ。

小山　ああー。アメリカの高校生も投げてますね。

岡部　ああ、そう。

小山　ゲンちゃんが映ってる！（写真14の向かって左端）

岡部　中谷元防衛大臣（当時）ね（笑）。

能勢　今年は、安倍総理は「帽子投げが行なわれるまで残り

たい」と自ら言って残っていたということなんです。

岡部　首相が出席しないこともありますよね。そういうことはない？

能勢　どうなんでしょう。そのときの情勢もあるかもしれませんね。

小山　でも、47人って、どんどん増えていくんですか？

岡部　任官拒否がね。

能勢　任官しない人、任官辞退というか。そのときどきの経済状況によったりもするんですよね。

小山　どうなるんですか？　拒否したら。

能勢　民間企業に行っちゃう方がほとんどだと思うんです。

小山　民間企業？

岡部　つまり普通の会社。

小山　自衛隊とか関係なくということですか。

能勢　そうですね。

小山　じゃあなんで（防衛大学校に）行ったんですかね。

岡部　いろいろな事情があって、最初は自衛隊員になりたいと思ったんだろうけど……

小山　ちょっと違ったなとか。

能勢　給料のいいお話が来ちゃったなとか。

小山　ああ、よそから。まあいろいろありますよね。能勢さんは違う道に行こうとか思うことはなかったんですか？

能勢　フジテレビに入る前？

小山　辞退した会社はなかったんですか？

能勢　就職のときにいくつかは当然ありましたけどね（笑）。

岡部　静岡の企業とか？（編注／静岡には能勢氏が趣味と（実益を兼ねると主張）するプラモデルメーカーが多く存在する）

能勢　静岡の企業にはいかなかったですけどね（笑）。

小山　名古屋は？

能勢　いやーそっちにもいかなかった（笑）（※62）。（編注／名古屋にも中堅プラモデルメーカーはあるが、プラモデルに関する知識がほとんどない小山ひかる嬢はそこを指したわけではないだろう。しかし能勢氏は模型メーカーのこととして答えたと思われる）

小山　今週ちょっとあれですね、あの方（小泉悠氏）を推しすぎちゃいましたね。すみません、すごいプレッシャーで、期待値を上げてしまっているんですけれど、来週来ていただけたら、最近（ロシア情勢を）詳しく（お伝え）できていないので、詳しくしていけたらなという感じですけれど。で、もう（この髪型にすることは）ないかもしれないツインテールが、みなさんの期待にお応えできたかはわかんないですけれど、私なりのツインテール（写真15）で参加させていただきました。

では来週もまた見てください。岡部さんもありがとうございました。はい。ではバイバイ〜！

出典／写真1〜7：U.S.Navy、写真12：U.S.D.o.D、写真13：U.S.Navy
イラストB、C、F、G：もやし

Breaktime**S**pecial ③

海上自衛隊の
夏礼服や演奏服装、
真っ白で詰め襟の
制服が好きです！
わたしなら
スカートを合わせて
可愛くまとめて
みたい！

夏·冬礼装（海士）

海賊対処活動用作業服装

陸上戦闘服装2型

夏用演奏服装

冬·夏演奏服装

冬礼装（幹部·海曹）

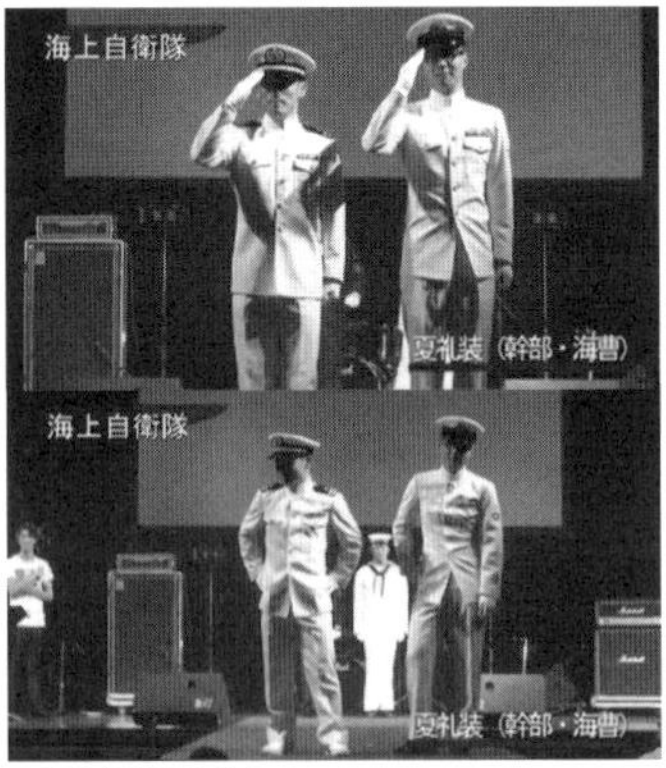

夏礼装（幹部·海曹）

小山嬢がお気に召したのが海上自衛隊の詰め襟の純白の制服。海の男の純白の制服は昔の大和撫子だけでなく、イマドキのオシャレギャルのハートも射止めるものらしい……（笑）！

2016年6月18日配信回［前半］

出演　能勢伸之／小山ひかる
GUEST　岡部いさく

主な話題
今週のスクランブル　ドンディアオ級と海警の動きは……
「中国が行動エスカレートさせている」　中国軍艦の領海侵入など相次ぐ
中国外務省「許可必要ない」　中国軍艦が領海侵入
6月8日〜17日活動　中国海洋調査船「科学」
今週のスクランブル　海警3隻が領海侵入
今週のスクランブル　中国艦隊、東へ
台湾「海研一號」　接続水域
今週のスクランブル　露スラバ級巡洋艦
今週のスクランブル　露キロ級潜水艦
南シナ海問題めぐり対立　中・ASEAN外相特別会合
今週の南シナ海　空母打撃群×2
現地に調査チーム派遣　“北”のミサイル破片が漂着か

この回はスクランブル満載！

日本周辺は大変な状況なんだって日に日に実感するようになりました。対応している方々にはほんとうに頭が下がります。

小山　今日は扶桑社発行の、防衛省編集協力『MAMOR』8月号（※1／写真1）を紹介したいと思います。注目は3箇所です。まずP16、私、小山ひかるが陸上自衛隊広報センター『りっくんランド』を取材した様子がカラー見開きで2ページ載ってます。ありがとうございます。ツイッターには（取材に行ったことを）載せていたんですが、いろんなところをほんとにこまかく撮影させてもらったんですよ。こんなに見やすくわかりやすく、いい感じに映ってるとは思いませんでした。

岡部　楽しそうでしたよね。迷彩服着て（※2）。

小山　すごい楽しかったのが、写真にもちゃんと出てると思って、それがよかったです。みなさんぜひ、楽しかった様子を見てください。そして次は、岡部さん。なんとP40に載っています。

岡部　じゃじゃーん。

小山　あの壇蜜さんとですね、対談カラー2ページです。どうでしたか？

岡部　壇蜜さんってすっごく頭のいい人で、話をすごく上手く聞いてくれる人でした。とても喋りやすかった。

能勢　テーマはなんだったんですか？

岡部　テーマはね、兵器と人工知能みたいな話から、いつの間にか『機動戦士ガンダム』の話になってしまって、いろいろ大変でした。

小山　そして、P24に、私たち3人の白黒写真の横にですね、『週刊安全保障』の番組案内があります。番組のアドレス、その横に「日本中どこからでも、海外からでもご覧いただける無料のインターネット番組、番組時間内にひかるさんを説得できるのか、ハラハラ・ドキドキの二時間です」という能勢さんのコメントがあります。

能勢　はい。あの、いまの説明でおわかりいただいたとおり、岡部さんと小山さんがカラー2ページ、私はモノクロで3行でございました。

小山　それはね、仕方がないですよね（笑）（※3）。みんなが載ってる貴重な号になると思うので、みなさんぜひお買い上げよろしくお願いします！

小山　ツイッターでも「買わなければ！」ってすごい来てる。すごい嬉しいですね。ありがとうございます。はい、そして次は（2016年）6月20日発売の月刊誌『Wedge』7月号です（Wedge刊）。

岡部　はい、こちら。

能勢　アメリカ大統領選に絡んで、私が、「日本からアメリカ軍が撤退したら、アメリカの本土防衛はどうなるのか？」という記事をP33に書いています。ちょっと短いんですけれど、ミサイル防衛と絡んだお話とか、アメリカ大統領の候補のおひとりが、「日本からアメリカ軍が撤退したらどうなるんだ」というようなことを議論してらっしゃるので、それに関わってという感じですかね。

今週のスクランブル
ドンディアオ級と海警の動きは……

小山　それでは今日の最初の話題です。

能勢　前回に続いてちょっと早いスクランブルのコーナーです。

小山　あ、「スクランブルのコーナーです」ってひかるが言わないのが珍しい（笑）。

岡部　ね、珍しい（笑）。

能勢　で、今週も、沖縄周辺、尖閣周辺が大変でした。中国軍艦の領海侵犯、それから接続水域（※4）入り、中国の海洋調査船、海警、さらに台湾の調査船が姿を見せました。

小山　こちらで話を整理していきたいと思います。6月15日、中国海軍情報収集艦「ドンディアオ（855）」（※5）が南西諸島の鹿児島県・永良部島周辺の日本の領海に侵入、さらに、16日には、北大東島の接続水域にも入りました。15日3時32分 口永良部島の西8海里から南東に向けて20ノットで領海内で航行する姿を海上自衛隊のP-3C哨戒機が確認しました。ドンディアオ級はマラバール日米印共同演習に参加しているインド海軍のコルベット「キルチ」と補給艦「シャクティ」の後を追いかけ、トカラ海峡に入ったとみられています。5時1分 領海からの出域を確認。南東に向かい17ノットで航行中。10時に無害通行であるとは言えないとして、日本政府が公表。なお、このドンディアオ級が、6月16日15時5分頃、沖縄県・北大東島の北の我が国の接続水域に入域するのを海上自衛隊の護衛艦「ひゅうが」が、確認しました。ドンディアオ級は、およそ1時間後の16時頃に接続水域を出たということです。

能勢　で、これについての。

小山　はい、日本政府の反応です。

「中国が行動エスカレートさせている」
中国軍艦の領海侵入など相次ぐ

ナレーション　中国が行動をエスカレートさせているとして、日本政府は懸念を示しました。岸田外務大臣は17日、中国の軍艦による日本の領海侵入や、接続水域での航行があい次いでいることについて懸念を示し、16日夜に、中国側に懸念を伝えたことを明らかにしました（写真2）。同時に、いたずらに事態をエスカレートさせないように、冷静な対応を継続しつつ、我が国の領土、領空、領海を断固として守りぬくと強調しました。

小山　このドンディアオ級情報収集艦（写真3）っていうのはどういうやつだったのかをもう一度教えてもらっていいですか？

岡部　ええ。ご存じのとおり、情報収集艦ですからね、ドームがあるでしょう？　このなかにアンテナが入ってるんですよ。それで、ほかの船のレーダーとかから出る電波、通信電波、そういうのをたくさん集めて、それを分析しようという。情報をとるんですな。これがあの、どうやら

3

インド海軍のフネ（※6）を追っかけていたということらしいですな。

小山　日本とかアメリカ（の船）ではなくて、インドのフネを追いかけていたのは、なんか意味があるんですか？

岡部　そこなんですよね。マラバール演習（※7）で、日本のフネ、インドのフネ、それからアメリカのフネがたくさん九州の佐世保から沖縄の南のほうの海に出て行きました（写真4）。ほかに先週お見せしたとおり、アメリカ第3艦隊（※8）の駆逐艦も行きましたよね。だからここらへんは、たぶん船がたくさんいたんですよ。で、中国海軍としてはマラバール演習がとても気になる。日本やインドやアメリカがどういう通信を行なうのか、どんなレーダーでどんな電波を出すのか、例えばデータリンクの電波もとれたらいいなっていうのも考えていたかもしれませんね。

能勢　やはり日本、アメリカ、インド、とくにインドとアメリカ、インドと日本が共同作戦行動をとれるかどうかって、基本はこのデータリンクですよね。

岡部　ええ。マラバール演習にたくさん軍艦が出てた。で、情報をとりに行きたいんだけれども、たぶん、九州の南のほうには（演習に向かう）艦がたくさんいたわけですよ。しかも夜でしょう？　レーダーで見てるわけですからどれがどの艦だかわからない（※9）。なおかつマラバール演習はだいたいの海域の検討はつくにせよ、正確にそこに行けるかわからない。そこで、中国海軍としてはレーダーに映りやすい、しかもあまりスピードの速くないインド海軍の補給艦シャクティ（※10）をレーダーで見て追っかけていけば、マラバール演習の海域に着けるんではないか？、と思ったんじゃないのかしら。

能勢　なるほど。

岡部　それでシャクティを追っかけて行ったと。で、絵にしてみたわけですけれども（岡部イラストA／P93参照）、まあ、順番はキルチ（※11）かシャクティが先かはわからないんですけど、追っかけて行ったわけですね、ドンディアオ級が。で、行き先はマラバール演習ですと。これを逃しちゃいけないっていうので、日本の領海を突っ切って行っちゃったんでしょうな。領海だろうがなんだろうがかまってられない、とにかく見失っちゃいけないって、無理して突っ切って行っちゃった。というのはね、じつはドンディアオ級ってスピードが20ノットしか出ないんですよ。時速約37kmくらい。シャクティもね、最大速力が20ノットなの。だから、ドンディアオ級はがんばらないと、ヘタすると置いてかれちゃうの。ま

4

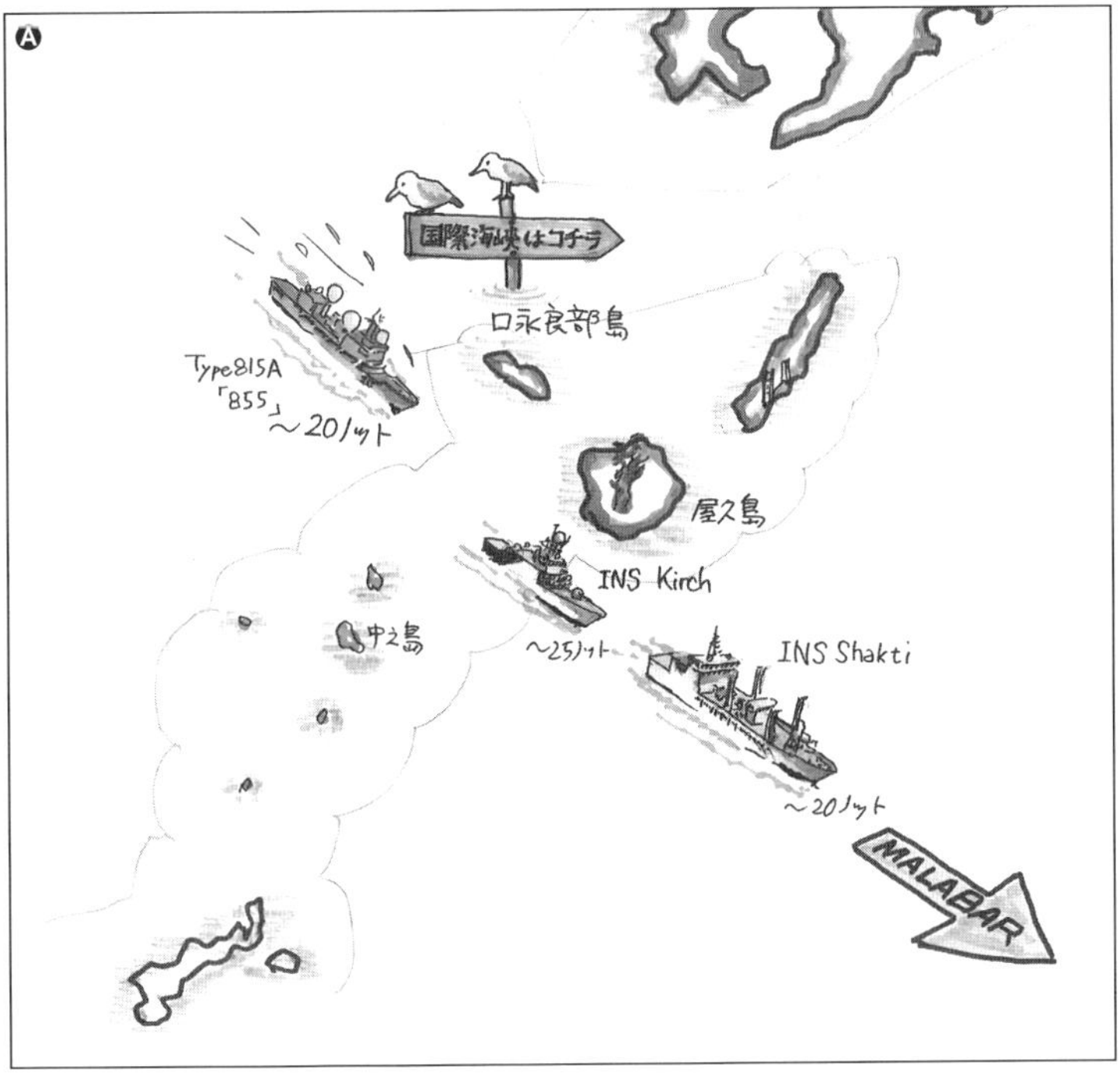

してや日本の領海突っ切らないでこっち側の国際海峡（※12）の大隅海峡をとおってたんじゃ見失ってしまう。それで無理やりとおっちゃったんじゃないかしら。

能勢 ああー。

岡部 考えてみると、中国海軍って、飛行機を飛ばして洋上偵察機（※13）でほかのマラバール演習のフネを探すとか、あるいはいったん見失っても、マラバール演習でほかの電波を出すじゃないですか。そういうのを捉えてマラバール演習の海域を突き止めるっていうことをやらないで、とにかく見失わないようにくっついてったのが不思議ですよね。レーダーで見失わないようにってことは、水平線の向こうに行かせないようにってことでしょ。ていうことは、中国海軍にとって電波情報として興味があるのは水平線の見通し線で使う電波にとくに興味があったのかしら。例えばリンク16（※14）とか。

能勢 なるほど。データリンクですね。

岡部 そういうことを考えると、なんとかシャクティに食らいつこうとしていたドンディアオ級の苦労が偲ばれますよね。まあ、だからといって領海を突っ切っていいもんじゃないんですけど。というわけです。

小山 それでは、中国はどうしてマラバールを気にするのかという。

岡部 それは東シナ海でも太平洋でも日米が同盟国でしょ？ インドはインド洋で、アメリカと非常に仲が良くなってるでしょ？ で、あいだを挟むのが南シナ海でしょう。

能勢 さきほどマラバール演習の話が出ましたけれども、マラバール演習の映像がだいぶ集まっています。

岡部 そうなんです。

小山 そちらを見ていきましょう。

能勢 これがそうですね。これアメリカ海軍が。

岡部 アメリカ海軍が撮影した映像ですね。ロサンゼルス級の。これは空母ステニス（※15）から発進するホーネット（※16／写真5）

5

6

ですね。で、ステニス、日本のひゅうが（※17／写真6向かって右）、ほかにインドのシヴァリク級フリゲート（※18）もいました。空母の飛行甲板上にはヘリコプターがいるね。

小山　でも、海ってすごい広いですね。こんなにも大きい空母がこの小ささ。

岡部　そのとおりなの。だから海では水平線の向こうに行って（船影を）見失ってしまうと、探すのが難しい。その意味でもドンディアオは20ノットしか出ないのに必死に食いついてるってわかるんだけど（笑）。けっこう海上自衛隊のフネもたくさん出てますね。

小山　そう考えると海のなかにいる生物すごくないですか（※19）。

岡部　そうだねえ。クジラとかねえ。

小山　そう、イルカとか（自分の位置など）わかるんですよ、だいたい。

能勢　でもあれですね、海上自衛隊は確か参加するフネが。

岡部　海上自衛隊の発表だとひゅうがの名前しか出てなかったですよね。でも、明らかにほかにもいましたし（※20）。

能勢　映像はアメリカ軍が発表しているものなんですけれど（写真7）、見事ですよね。

小山　すごいきれい。

岡部　ふだん一緒に行動するわけでもないインド海軍も含めて、これだけキレイに隊形が組めるっていうのは、各国海軍の腕前がいいんです。

能勢　そうするとやっぱり、どうやって隊形を整えているのか、どうやって通信

7

を確保しているのか、どうやってデータを交換しているか、それはどこかの国にとっては大変気にかかる情報だったと。

岡部　というわけです。しかもこうやってインド海軍が日本近海まで出てくるってことは、インド海軍も平気で南シナ海通るわけでしょ？　そのインド海軍がアメリカ海軍と仲良くなってる、さらに日本とも仲良くなってる、これは中国としては気になります。

能勢　しかも一緒に行動できるとなると。

岡部　そういうわけです。

中国外務省「許可必要ない」 中国軍艦が領海侵入

小山　それで中国政府の対応ですね。

ナレーション　航行に問題はないと主張しました。

中国海軍の情報収集艦が（2016年6月）15日、鹿児島県口永良部島の西にある日本の領海を航行したことについて、中国海軍は航行に問題はないと主張しました。陸報道局長はこう述べた上で、日本がメディアを通して騒ぎ立てているとして、背後の意図を疑わざるをえないと指摘しました。一方中国国防省もホームページ上で、国連海洋法条約（※21）が規定する航行の自由の原則に符号すると主張しました。

能勢　中国側がどう反応したかについてまとめたいと思います（写真8、9）。中国外交部は、中国の軍艦が日本の領海に侵入していないと。で、日本のメディアは日本の政府にこのような態度を示す前に国際法をよく勉強するように提案すべき、とも言ったそうで。

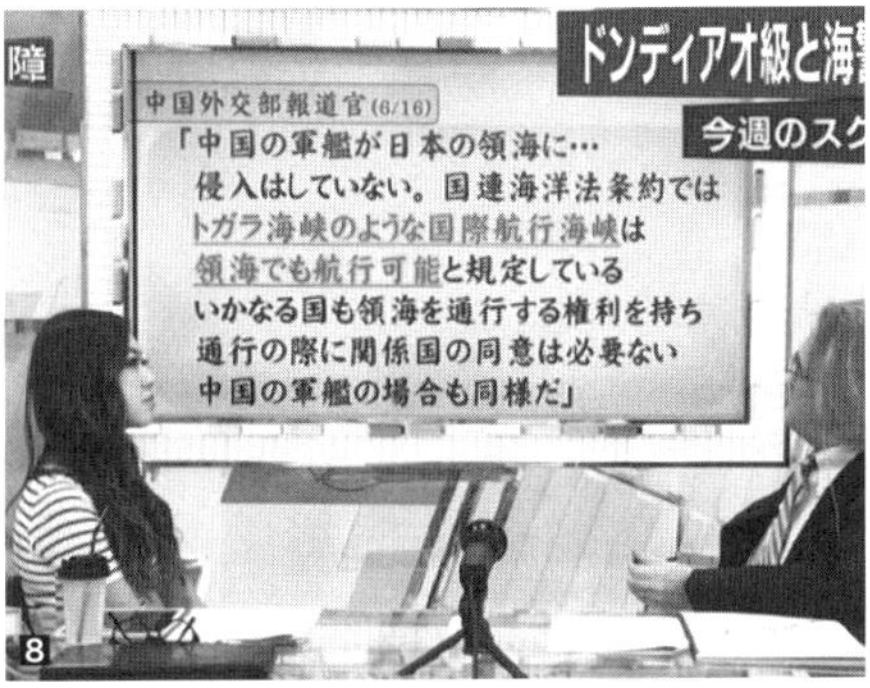

8

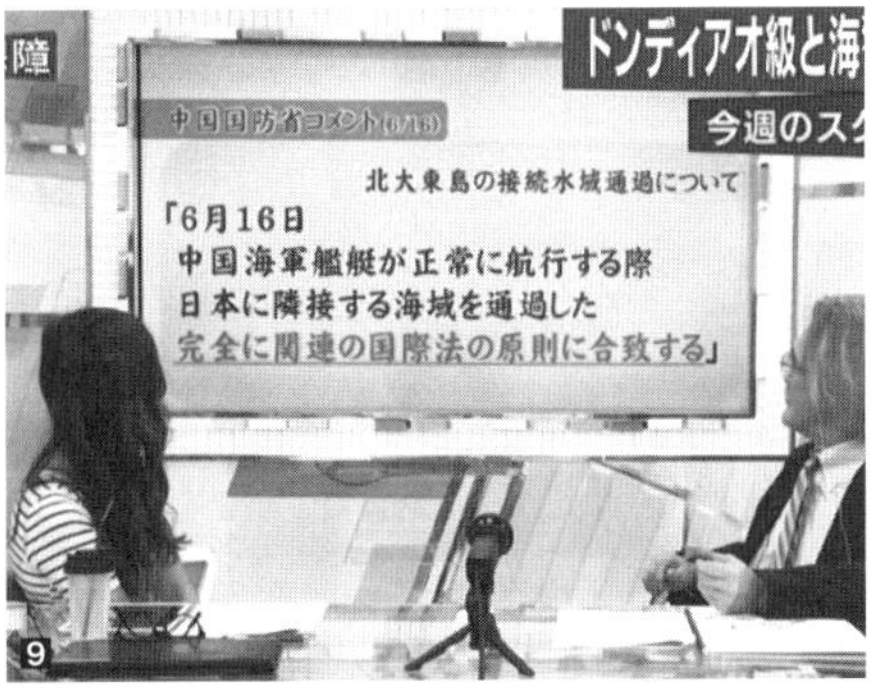

9

あと国際海洋法条約ではトカラ海峡のような国際航行海峡（※22）は領海でも航行可能と規定していると。いかなる国も領海を通行する権利を持ち、通行の際に関係国の同意は必要ない。中国の軍艦の場合も同様だと。これが外交部です。で国防省は、6月15日中国海軍艦艇が正常に航行する際、日本に隣接する海域を通過した。完全に国際法の原則に合致すると。こう言ったわけですね。これに対して中谷防衛大臣（当時）の会見、6月17日です。我が国は従来からこの海峡、トカラ海峡を国際海域とは認めていないわけで（※23）、中国側が独自に主張しているだけだと。中国に対しても外交ルートを通じて、このような我が国の立場の申し入れをしたということです（写真10）。

岡部　国際海峡という言葉が出てきましたよ。

小山　国際海峡っていうのは？

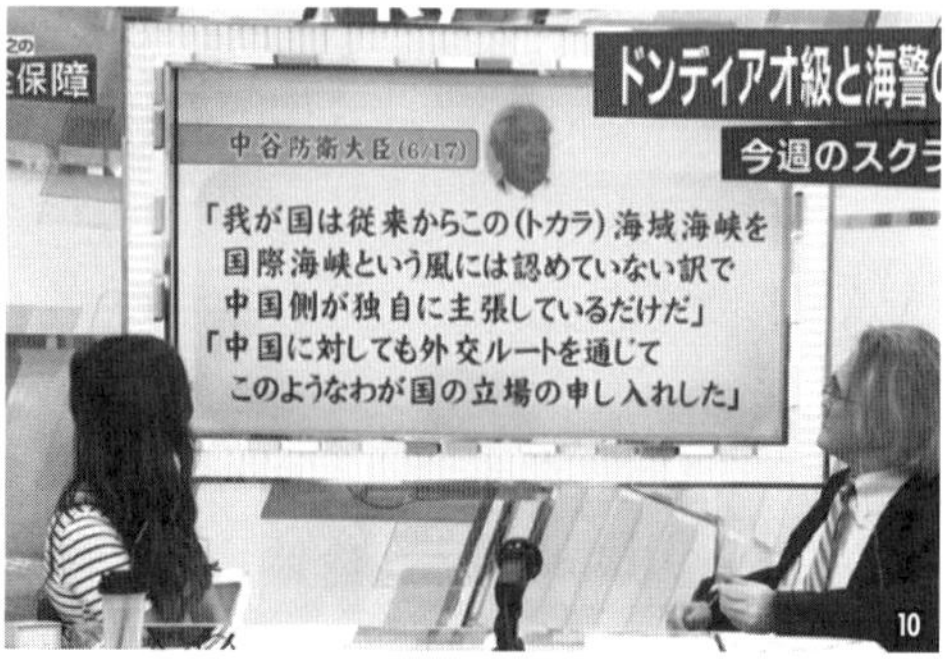

10

岡部　国際海峡っていうのは、例えば日本の青森県と北海道のあいだの津軽海峡みたいなところで、（北海道も青森県も）日本の領土で、そのあいだの海峡だけれども、これはいちおう公海、公の海と同じにして、他の国の船が自由に通ってもいいことにするよと。そういうふうにしているのが国際海峡。

能勢　日本の場合は、ですね（※24）。

岡部　で、海上保安庁の資料で確認したんだけど（写真11／編注　海上保安庁Ｗｅｂサイトをぜひ参照されたし）、大隅海峡、九州と種子島のあいだは国際海峡だから通ってもいいよ、だけど屋久島と種子島と反対側の島のあいだのトカラ海峡は違うの。ここは、日本は国際海峡って言ったことはない（写真12）。通っちゃいけないわけじゃないんだけど、それなりの礼儀を尽くさないといけないわけですね。

能勢　日本からすると、ここは国際条約上で言う通過通行制度（※25）を導入している対象ではないということですね。

小山　これはわかってたんですか？「知らなかったです」で終わらせられる話ではないんですよね、普通に考えたら。もし認めたとしても。

能勢　普通に考えたら、はい。でも、やっちゃったもんっていう。

小山　でも、単純な意見なんですけど、海とかあるからこれで領海とかなんちゃらみたいに、お互いが言ってる場所があるから上手くやるわけじゃないですか。

岡部　そうです。国際ルールがあるからね。

小山　じゃないとくちゃくちゃになりません？　信号がなければ道路なんて意味ないじゃないですか。そういう感じで、個々にちゃんとしないといけないんじゃないかって思います。ただそれだけですよね。それさえ守ってればいいって話なんじゃないんですか？

能勢　そうなんだけど、さっきのインド海軍の船を追っかけなきゃいけなかったという、中国海軍の、たぶん艦長さんや乗ってた人たちは、そのことに一生懸命だったかもしれないですね。

11

12

小山　遅刻しそうだったから信号無視しましたっていうのと一緒じゃないですか？

岡部　ひとんちの庭を走って横切ったっていう話だよね。

小山　「(遅刻しそう)だからいいでしょう？」って、捕まらないわけじゃないですよね？

能勢　うーん……(笑)。

岡部　でもね、領海でもね、外国の軍艦でも他の国の領海を通ることはできる。無害通航権(※26)って言ってね。「悪いことはしませんよ、すぐその場を出ますよ」という場合は無害通航権があるんですよ。

小山　それは最初に言っておけばってやつじゃないの？

岡部　日本の場合は言わなくてもいいんだよね。

能勢　そこのとこは微妙なとこかもしれませんが。わたくしもちょっと詳しくないので。で、通行制度が導入されていないこともありますし、それから情報収集艦が通るということは、これが無害通航なのかどうなのかっていう。

岡部　そこです。ただし、情報収集艦は収集する側だから、自分は別に特別な電波を出すわけじゃないでしょう？　ただ電波を集めてるだけで。だから、「別に情報は収集してなかったもーん」って言われても、「いや収集してたじゃないか」って証拠を突きつけることはできないんだけど、なにしろ情報収集艦だから、そりゃあ情報収集するわなって話で。そうすると「無害通航権、悪いことしません、ただ通ります」っていうのは当てはまらないいんじゃないの？　ということがいえるわけ。

小山　普通の漁船が通るのとは話が違いますしね。

能勢　あとほかの軍艦ね、駆逐艦とか、とくに情報収集機能がないとすれば、大砲の弾を撃つとか、そういうことがなければ問題ないのかもしれないですけど。

小山　急に能勢さんが岡部さんの家のドアをバーンとあけて、「ピンポン押してよー」って感じじゃないですか(※27)。「何もしないからいいでしょ？」みたいな。

岡部　で、裏口から出て行くのね(笑)。

能勢　うーん、まあ……(笑)。

小山　人間関係ですよ、これはもはや(笑)。はい、すいません(笑)。

6月8日～17日活動
中国海洋調査船「科学」

能勢　はい、それでですね、中国の政府の船の動きというのはこれだけではありませんでした。

小山　中国の政府の船の動きはこれだけではありません。海上保安庁第11管区海上保安本部によりますと、(2016年)6月8日、沖縄県・与那国島の北北西およそ51kmの日本の排他的経済水域において、日本と同意せず、調査活動を行なっていた中国の海洋調査船「科学」(※28／写真13)は、海上保安庁の中止要求にも関わらず、その後、与那国島、石垣島、宮古島、大正

島、久米島、沖縄本島の接続水域や排他的経済水域で、何かを海に投入する等、調査活動を行ない、北上。13日午後3時21分ごろには、鹿児島県・奄美大島近海の排他的経済水域内で、調査活動を行なって南下。14日午後から15日午後には、沖縄本島の北西、その後、15日午後、夕方、16日午前には久米島周辺、16日午後には、宮古島、17日午前には石垣島、与那国島周辺の日本の排他的経済水域で、何かを海中に投げ込むなど、調査活動を行ない、17日午前11時30分ごろ、与那国島の北北西およそ74㎞の地理的中間線を西に通過したということです（写真14）。

岡部　なんか妙な時期にねえ、奄美大島のほうにまで北上してますよね。

能勢　ええ。

岡部　つまりトカラ海峡よりちょっと南？（ドンディアオ級より）ちょっと早いタイミングなのかな？

能勢　ですね。ただ、この海洋調査船というのが、いったい何を調べることができるのかっていうのが気になるところですね。

岡部　どのみち海洋調査をして、海中の濃度とか塩分を調べておくと、潜水艦を動かすにも、あるいは潜水艦を探すにも基本的なデータになるわけで。まあ、それと関連がないということは言い切れないですな。

能勢　あと、こういう船が動いていると、日本側の海上保安庁なりが、それを……

岡部　そっちも注目しなきゃなんないし。

能勢　そうすると11管区のみなさんは、船の数はどうだったんでしょう。

小山　みんな出てるから？

岡部　うん。海洋調査船にまで動かれると、ただでさえ毎週尖閣のまわりで忙しいのに、さらに忙しくなってしまうんですな。

能勢　ということでこの海洋調査船の北上のタイミングと、先のドンディアオ級の動きに関連があるのか、気になるわけですよね。

岡部　そうですね。うーん、どうなんでしょうか。おそらくこっちの船（科学）も奄美大島の北のほうまで行って、レーダー使って「こっちのほうにマラバールの船が来てないか」みたいなことを探ろうとしたのかなあ（※29）。それとも、うーん。

今週のスクランブル 海警3隻が領海侵入

能勢　謎が続きますが。で、さらに、領海侵犯したのは海洋調査船だけではありませんでした。

小山　はい。海上保安庁第11管区海上保安本部によりますと、（２０１６年）5月31日午前、久場島北西から接続水域に入った海警２１５１、海警２３３７、海警３１２４１の3隻は、二手に分かれたり、合流したりしながら、南小島、大正島、久場島、魚釣島、大正島、久場島の接続水域を通り、6月8日午前、3隻は魚釣島

傍らで、2時間にわたり日本の領海に侵入。その後、久場島南東の接続水域を航行し、久場島、魚釣島の接続水域を航行していましたが、13日午前2時1分頃から18分ごろにかけて、久場島北西から接続水域を出ました。次に6月15日午前11時3分から15分にかけて、魚釣島の西から日本の接続水域に入った海警２１５１、海警２３３７、海警３１２４１の3隻は、午後2時3分ごろから12分ごろにかけて、南小島の南西または南南西から日本の領海に侵入し、3時40分ごろから46分のあいだに3隻は、南小島の東から領海を出て、久場島南東の接続水域を航行。午後7時47分ごろ、3隻のうち、海警２１６６が、久場島北北西から接続水域を出ましたが、海警２４０１と３１２３９は、その後も、久場島、魚釣島、久場島、18日午後3時現在も南小島の接続水域内を航行しています。

岡部　ふーむ。あいかわらず。

能勢　すごい状況ですね（写真15）。ドンディアオ級の領海侵入が15日の午前3時半で、海警は午後2時すぎに領海侵入があって。同日に4隻も領海侵入があったというわけですね。その関係が気になるところではあります。で、こういった状況に対してどう対処しているのか、すべきなのかっていうところは、岡部さん、どうなんでしょう？

岡部　もちろん日本の領海の問題ですから、日本の海上保安庁がいちばん最初に対処しないといけないんだけれど、ここのところのアメリカ海軍の動きとしておもしろいのが、先週お伝えしたとおり、第3艦隊、ハワイから東側のほうにいる第3艦隊にいる駆逐艦が3隻でグループを作って第7艦隊のところに来て、これは今日見つけた写真なんですけれども（写真16）、第3艦隊チームの駆逐艦のスプルーアンス（※30）、これは南シナ海で撮影した写真で、上をF-15戦闘機（※31）が2機飛んでる。このF-15戦闘機、写真見るとC型みたいだけど、写真の説明にはストライクイーグルって書いてあってよくわからないんだけど、これがその南シナ海にいると。このF-15はどこから来たのかしら。

能勢　Cですと、沖縄の嘉手納（基地）から。

岡部　あるいはグアムからこっちに飛んできたのか、フィリピンのクラーク（基地）か

らか。でもフィリピンのクラークに（F-15が）行った話は聞かないので、嘉手納からなのか。とにかくそういうわけで、アメリカ軍もこっちのほうにプレゼンスを誇示していますと。こっち（写真向かって右が）スプルーアンスとこっち（向かって左）がディケーター（※32）かな？　同じ第3艦隊チームのあれですね。上にちゃんとF-15が飛んでいる。で、しかも場所が南シナ海ということは、駆逐艦が行ってその上を空軍がカバーしているという絵ですね、これは。だからアメリカ軍の南シナ海における軍事力の見せ方も、さらに一段階上がったのかなって、そんな感じです。

今週のスクランブル
中国艦隊、東へ

能勢　中国海軍は17日にも日本周辺に姿を見せています。

小山　はい。中国海軍は、（2016年6月）17日にも日本周辺に姿を見せています。

防衛省・統合幕僚監部によりますと、6月16日午後2時ごろから午後4時ごろにかけて、海上自衛隊呉基地・第12護衛隊所属護衛艦「あぶくま」（※33）と那覇基地の第5航空群所属P-3C哨戒機が、宮古島の北東およそ110㎞の海域を東シナ海から太平洋に向け、南東に進む中国海軍のルーヤンⅡ級ミサイル駆逐艦（※34）1隻、ジャンカイⅡ級フリゲート（※35）1隻、ダーラオ級潜水艦救難艦（※36）1隻、フチ級補給艦（※37）1隻及びアンウェイ級病院船（※38）1隻を確認したということです。（写真17）。

小山　岡部さんこれはどういうことですか？　病院船って初めて

岡部　そうですね。アメリカが今度ハワイの近海で、いろんな（国の）海軍がみんな集まってやるリムパック演習（※39）があるんです。これはロシアも日本もオーストラリアも、いろんな国の海軍の船が集まってやる、そこに中国も招待されてますし、それに派遣される船らしい。リムパック演習って、町内会の親睦運動会みたいなものなんだけど、それに行く船。で、この病院船っておもしろいでしょ？　病院船ってくらいだから船のなかが病院になってるんです。で、戦闘があって大勢のけが人が出たときに、これが病院となってけが人の手当をするんだけれど、じつはアメリカにも病院船があって、アメリカの病院船は毎年南太平洋とか東南アジアのいろんな国を回って、医療支援をしてるのね。予防接種とか、医療設備のないところで病気の人を治したりとか。パシフィックパートナーシップ（※40）って言ってるんだけど。それに似たことをどうやら中国もやりたいらしくて。とくに今回のリムパックには病院船を持っていって、「中国海軍は世のなかの人のためになることをしているよ」というのを見せたいんじゃないか

なぁ。ということです。

小山 でもこれは通ったんですよね。日本のあそこを。

岡部 国際海峡だから。領海じゃないから大丈夫。

小山 そうかー。

台湾「海研一號」接続水域

能勢 で、次ですが、台湾の政権交代直前の5月13日から尖閣周辺に姿を見せていなかった台湾の海洋調査船が、、ひさびさに沖縄近海に姿を現しました。

小山 はい。領海侵入したのは、中国の軍艦だけではありません。台湾の政権交代直前の（2016年）5月13日から、尖閣周辺に姿を現さなかった台湾の海洋調査船が、久々に沖縄近海に姿を現しました。海上保安庁第11管区海上保安本部によりますと6月14日午後0時42分ごろ、沖縄県・与那国島の北北西およそ63kmの日本の排他的経済水域で（写真18）、台湾の海洋調査船「海研一號」（※41／写真19）がワイヤーのようなものを海中に延ばしているのを見つけた巡視船が調査活動の中止をもとめたところ、午後1時ごろ、ワイヤー状のものを引き上げました。しかし、午後2時39分ごろ、与那国島の北北西およそ63kmでワイヤー状のものを延ばしているのを、巡視船が見つけ、再度、中止を求めたところ、およそ20分後の午後2時56分ごろ、ワイヤー状のモノを引き上げましたが、午後4時2分ごろ、午後6時13分ごろにも与那国島の北北西およそ63kmで何かを海中に投入。さらに翌15日午前5時4分、午前7時24分にも与那国島の北北東およそ65km、70kmでなにかを海中に投入していました。その後、16日、17日、18日午後3時にも与那国島近海の日本の排他的経済水域でなにかを海中に投入していたということです。

18

岡部 うーん、お疲れ様です。

小山 長くないですか？ 今日多くないですか？

能勢 日本周辺でこれだけのことが起きていたということで。

岡部 能勢さんが悪いんじゃなくてね（笑）。

小山 そうですね、すみません（笑）。「ほんとだよ！『今週のスクランブル』で番組が終わりそう」ってツイートが来てますよ。

能勢 決して誰かのせいではなくて、そういった行動を行なっているからということですね、それに対応していた第11管区や海上自衛隊の人たちも大変だったと思います。

小山 そうですね。

19

今週のスクランブル
露スラバ級巡洋艦

能勢　でもまだ続くんです。次は北海道の北、宗谷海峡のロシア海軍です。

小山　はい。次は、北海道の北、宗谷海峡のロシア海軍です。（2016年）6月15日午前1時ごろ、海上自衛隊・余市基地・第1ミサイル艇隊所属ミサイル艇「わかたか」（※42／写真20）と八戸基地・第2航空群所属P-3C哨戒機が宗谷岬の北西およそ70㎞の海域を東に進むロシア海軍スラバ級ミサイル巡洋艦（※43／写真21）を確認しました。なお、このスラバ級巡洋艦は、12日に対馬海峡を北上したものと同じだということです（写真22、23）。

今週のスクランブル
露キロ級潜水艦

小山　そして、次もですか？

能勢　はい。

小山　次も宗谷岬、ロシアの潜水艦ですね。（2016年）6月16日午後0時半ごろ、海上自衛隊八戸基地、第2航空群所属P-3C哨戒機が宗谷岬の西、およそ170㎞の海域を東に進むロシア海軍のキロ級潜水艦（写真24）1隻を確認した、ということです。

能勢　はい。

小山　ひと息で言った、いま（笑）。

能勢　はい。で、これがですね。

岡部　ちゃんとね、ロシアの軍艦旗が上がってて。これはあれか

20

21

22

23

な？　潜航しながら空気を取り込むシュノーケルかな？（写真25）

能勢　そこは海面に上がるわけですか。

岡部　そうですね。

能勢　しかし、ロシア海軍のほうは一応旗を出してたってことですか（※44）。

岡部　そうですね。

能勢　ちゃんと浮上して旗を出して。

岡部　ここ（宗谷岬の西およそ170㎞の海域）は日本の領海じゃないから別にいいんですけどね。でもちゃんと旗を出して浮上して。しかもこれ、午前1時と午後0時半、さっきの巡洋艦は午前1時ですよ。よく真っ暗ななかで確認しましたね。

能勢　で、ツイッターには何か来てます？

小山　追えないくらいずっと原稿読んでましたから（笑）。「小山さんの海警31241が聞き慣れてしまった」って（笑）。

岡部　なめらかに言えるようになっちゃったもんね。

小山　「小山さんの読み上げで耳が幸せ」って。すみません、読めない気がしてたんですよね、今週は。でもけっこう、「またかよ」みたいな感じ（の艦船が）が多いですね。盛り上がってるなって。嫌な意味でね。はい、スクランブルは以上になります、みなさん。

南シナ海問題めぐり対立
中・ASEAN外相特別会合

小山　そして、次は今週の南シナ海情勢ですが、そのままにASEAN東南アジア諸国連合（※45）が中国に強硬な姿勢を示したそうです。

ナレーション　南シナ海問題をめぐり、ASEANが中国に反発です。中国とASEAN、東南アジア諸国連合の外相特別会合が14日、中国雲南省で開かれ、焦点となっている南シナ海問題（※46）について議論がかわされましたが、予定されていた共同会見は行なわれず、共同声明も発表できない異例の事態となりました。シンガポール外務省によりますと、ASEAN諸国の外相は会合で、南シナ海問題について深刻な懸念を表明した上で、法的拘束力のあるルールの策定を訴え、中国側と折り合わなかったと見られます。

能勢　はい。こういう政治状況なんですが、岡部さん、南シナ海情勢をお願いします。

岡部　はい、今週の南シナ海なんですが、南シナ海といいつつ、日本近海とも連動しているのが注目なんです。でもその前にね、

Ⓑ

こちらちょっとご覧いただけますか？　これは先週お見せしたジョンソン礁（※47／イラストB）っていう。

小山　あー、塔建ってたやつですか？

岡部　ベトナム側が撮影したものなんですけどね。レーダーがあったりとか無線とか、風力発電の風車が回っていますよ。根っこが見えてる赤いのが灯台ですね。それから七階建てだか六階建てのビルができてて、このビルの上にどうやら機関銃らしいものが据え付けてあるのが気にかかると。これ、台風とか来たら大変そうなところに、よくこれだけのもの作っちゃいましたよね。

能勢　ですよね。

岡部　機関砲（※48）なんかが据え付けてあると。

能勢　ああ、これですね。

小山　ん？

岡部　白い建物の上に灰色の箱みたいなのが見えるでしょう？　そのそばに人がいて、この灰色の箱から黒いものがちょっと突き出してて、あれは機関砲じゃないのかなあ？　という感じです（イラストC）。軍事施設になっているというのがあれですよね、中国のこのやり方の気になるところですよね（※49）。

能勢　（機関砲らしきものは）構造だけ見ると、人間が手で操作するもののように見えないですね。

岡部　そうですよね。軍艦についてる近接防御火器（※50）、あれを外して持ってきたのかな、そう見えなくもないんですけど、それとも中国がよく使ってる30㎜のアレともかたちが違うようで（※51）。遠隔操作だとすると、でもかなり機関砲っぽいものだったでしょう。それでね、南シナ海情勢なんですが、こちらです。はーい、こちらに描いてきましたよ。

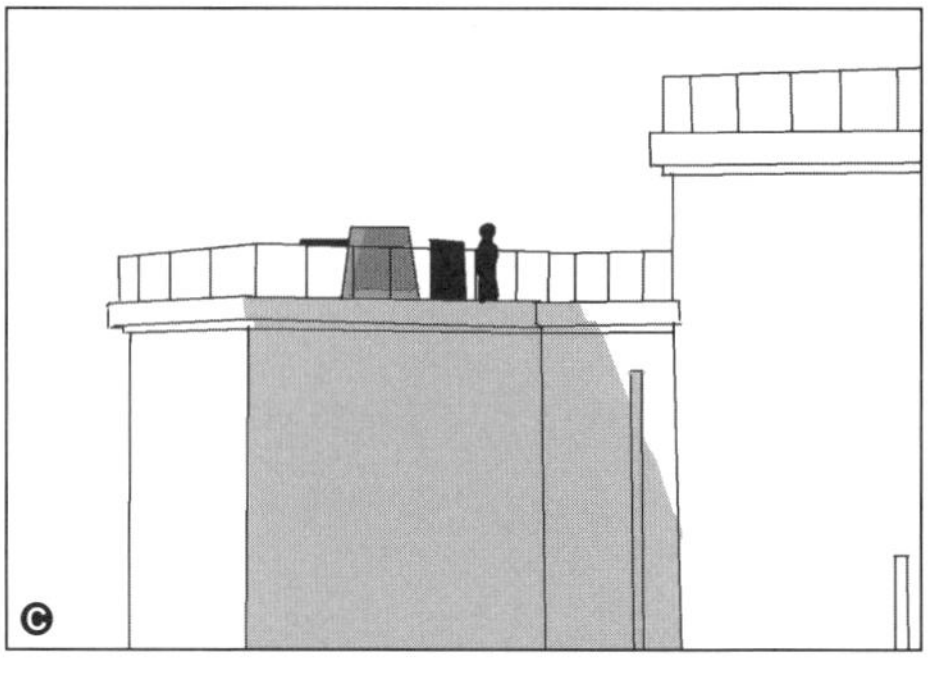
Ⓒ

今週の南シナ海
空母打撃群×2

小山　みなさん、お待ちかねの岡部先生の絵ですね。

岡部　これが例のドンディアオ級の通過ですよね（写真26　岡部イラスト右上「6／15」と書いてある）。それでこっち側で（人差し指でしてい

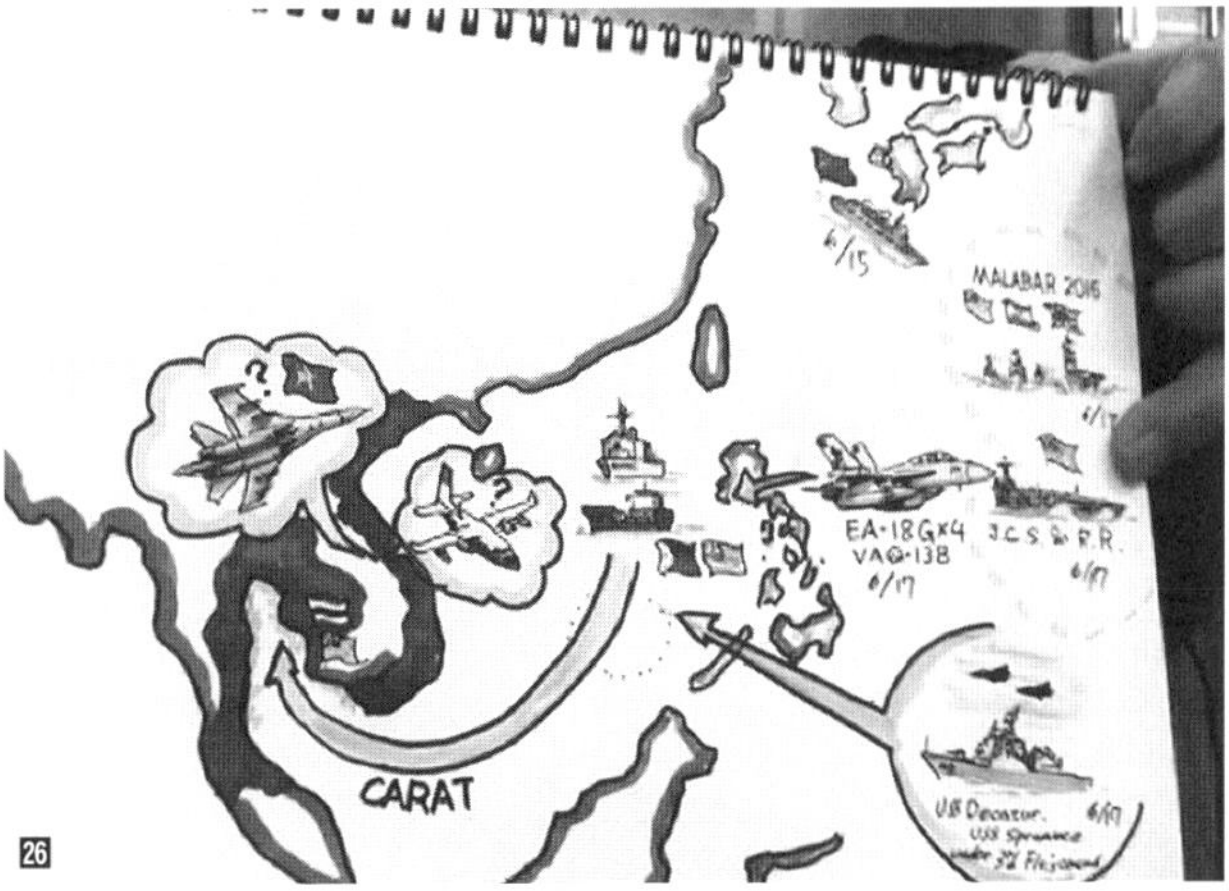

26

るところ）マラバール演習をやってるんですが、この演習に参加してるアメリカの空母ステニス（※52）は、じつは（6月）17日、横須賀から出て行った空母ロナルド・レーガンと一緒になって、つまり西太平洋にアメリカ海軍空母2隻体制になってる、空母2個戦闘群になってるわけですよね。それで、先ほどお見せした第3艦隊の駆逐艦戦闘グループ、あれが南シナ海に入ってると。それで南シナ海にアメリカ軍が三沢基地からVAQ-138部隊（※53）のEA-18Gグラウラー（※54／写真27）、あれを4機フィリピンのクラーク基地に派遣していると。だからフィリピンから南シナ海、この日本の南方海上にかなりの兵力が集まった。おもしろいのは、第7艦隊（※55）は空母2隻を持ってきていて、第3艦隊の駆逐艦が南シナ海に入っていると、そういう状況なんですね。それで、アメリカが東南アジアでやってるCARAT演習（※56）が、フィリピンでの部を終えまして、いまタイのサタヒップでやってます。これにも揚陸艦アシュランド（※57／写真28）と、遠征ドッグ型移送艦モントフォード・ポイント（※58／写真29）が参加してます。

27

28

そして、先週「ブラモス（※59／写真30）を買ってどうするんだろう」って言ったベトナム。Su-30MK（※60／写真31※写真はロシア仕様）がね、行方不明になってしまいました。で、それを捜索に行ったC-212（※61）っていう沿岸警備隊みたいなところの捜索機、これもどうやら墜落してしまったという。で、（ベトナムと中国の海南島に挟まれている）東京湾《トンキン》あたりらしいんですけれど、それで中国軍に捜索の援助を要請という、そういう状況ですね。

29

30

31

能勢　しかしアメリカが空母2個打撃群（※62）を西太平洋に出してるってすごい状況ですね。

岡部　すごい状況です。しかも駆逐艦が入ってるという状況ですね。

能勢　で、次は……。

岡部　先ほどお話した、2個空母打撃群が揃っているという。すごいでしょう？　空母2隻とタイコンデロガ級巡洋艦（※63）が3隻、後ろには駆逐艦が3隻いるけど、ふたつの打撃群合わせるとこれは3隻じゃ済まないはず。

能勢　ですよね。

岡部　まあ初めてじゃないんですけどね。ときどきやるんですけど、この時期に空母を2隻見せたっていうのはすごいですね。ステニス、横須賀配備の展開しているロナルド・レーガン。で、さっきお見せしました南シナ海を航行している駆逐艦スプルーアンスです。第3艦隊チームなんですけど。はい、その上。

能勢　上に気になるものが（写真32）。

小山　これ、あれ？　B-52？（※64）ひかるわかった！　シルエットでわかった！（※65）

能勢　わかってもらおうと思って、大きくした写真を用意したんです！（笑）（編注／放送ではB-52部分を拡大した写真が写った）。

岡部　すごいでしょう？　B-52まで南シナ海に持ってきて（※66）。

能勢　それも、写真に映ってるだけで最低2機は飛ばしてると。

岡部　で、フィリピンに到着したのが……。

能勢　EA-18G（※67）ですね。

32

33

岡部　EA-18グラウラー電子戦機。フィリピン軍のFA-50（※68／写真33）と共同訓練をやるんだけれども、電子戦（※69）するほどのことかなあっていう（笑）。

能勢　で、しかも（米軍の）三沢（基地）に5機しかいない（EA-18Gの）内の4機が今回投入されるという。いったい何をやるんでしょうかと。

現地に調査チーム派遣 〝北〟のミサイル破片が漂着か

小山　そして次、久し振りですね。北朝鮮が（2016年）2月に撃ち上げた事実上の長距離弾道ミサイルの一部と見られるものが、鳥取県に流れ着きました。

ナレーション　北朝鮮のミサイルの破片の可能性があるとして、調査チームを派遣します。

中谷「今般の漂着物が北朝鮮のミサイルである可能性は否定できない」

　中谷防衛大臣（当時）は、鳥取県の海岸に漂着した金属の物体について、北朝鮮が撃ち上げたミサイルの一部である可能性を指摘した上で、現地に調査チームを速やかに派遣すると述べました。調査チームには、自衛隊などのミサイルの専門知識を持つ隊員らが加わり、実物を確認した上で、金属の物体を引き取って分析することを検討しています。

能勢　なかなか興味深いものが打ち上がったというわけなんですが。

小山　流れてくるもんですね。

岡部　よくまあ浮いてたもんですね。これが漂着した破片ね。番号が「1」って書いてあるのね（写真34　表面の四角い白い箇所に「1」と書いてある）。フチが赤くなってて斜めに塗られて。

能勢　ちょっと気にかかったのが、韓国軍が回収したものとの比較。

岡部　あれ（韓国軍が回収したもの）は打ち上げてからわりと早

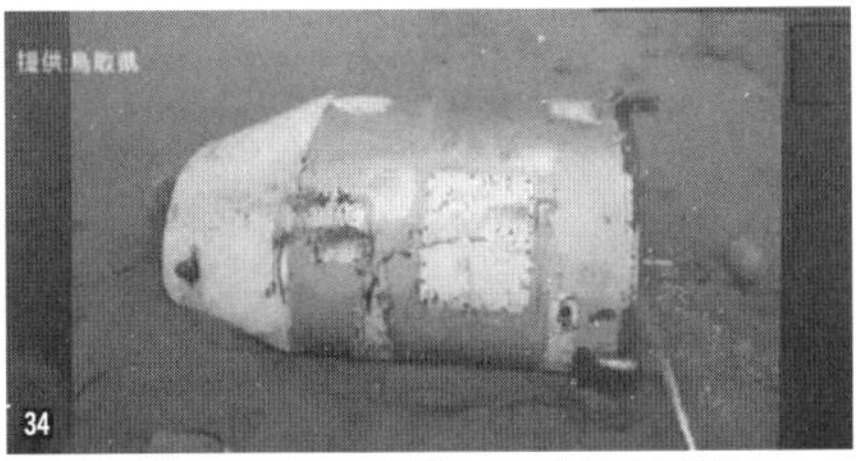

34

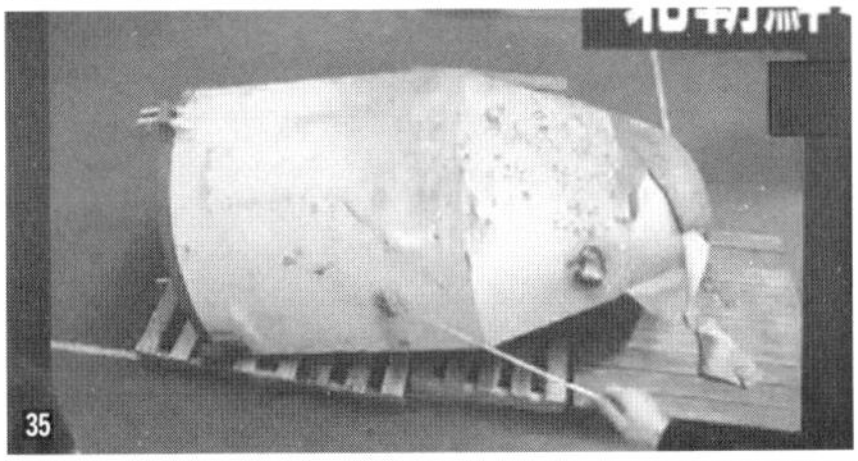
35

36

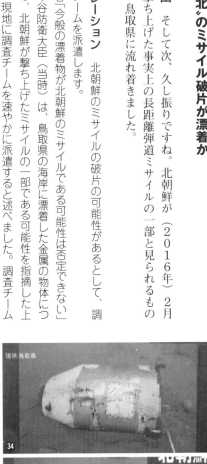

期に回収したんですよね。韓国が引き上げたものには、「3」って書いてある（写真35）。これも韓国が引き上げたもので、こっちは「4」って書いてあるね（写真36　破片の黒い点線状の四角いところに「4」と書いてある）。

能勢　日本が引き上げたものには「1」と「2」という数字があったんですね。

岡部　先っちょも内側（写真37）もそっくりでしょう？

能勢　で、番号が「1」と「3」。

岡部　同じような板のパネル部分に（数字が書いて）あるし。似てるし、先っちょのカーブの具合も（似ている）。というわけですね（写真38）。

能勢　ですので、ふたつがひとつのペアリング。

岡部　ふたつ揃えるとパチっと（※70）。

小山　（鳥取県に）流れ着くまで時間がかかってるから、錆びたり（色が）消えたりしてますけどね。

岡部　そうですね。（韓国のものとは）だいぶ剥げ具合が違うけど。

能勢　ツイートはどうですか？

小山　「ついにシルエットだけで（機種を）見分けられるようになった」って（笑）。

能勢　B-52（笑）。

小山　それがけっこう来てます（笑）。次はブレイクです。

出典／写真3：防衛省、写真20：海上自衛隊、写真5～7、21、28、29、31、32：U.S.Navy、
写真27：Philippine Air Force、写真33：PEPUBLIC OF THE PHILIPPINES
イラストB、C：もやし

2016年6月18日配信回［後半］

出演　能勢伸之／小山ひかる
GUEST　岡部いさく

主な話題
- 米海軍航空戦力　将来構想を発表
- NATO演習　Platinum Lion 16-3
- NATO演習　アナコンダ
- NATO演習　バルトップス
- 地中海に　米空母2隻体制に
- 銃乱射テロは「自国育ち……」　オバマ米大統領

後半は
演習画像が
たっぷり。
能勢さんも岡部先生も
映像に夢中で、小山は
ちょっとパニックに
なっちゃい
ました……

能勢　ブレイクタイムは、イギリス空軍のドリル（※1）だったんですが、持っていた銃はL85（※2）、SA80（※3）ということで、（いまでは）ちょっとなかなか見られない（銃）ですが、薬莢受け（※4）がきっちり映っていたという。

岡部　布状の袋みたいな箱みたいなやつですね。ちなみにさっきのドリルの始まり時の音楽はイギリス空軍マーチなんですが、途中、映画『空軍大戦略』（※5）で使われた音楽でやってましたね。お気づきの方も多かったようですけれど、お楽しみいただけたでしょうか。

小山　ツイッターで「ブレイクできない」って言ってました（笑）。

（編注／ブレイクタイムは出演者にも視聴者にもひと休みしてもらう意図で数分間、写真＋音楽が流れているのが常だったが、最近では本編中に流しきれない映像、例えば本書に掲載した「東京ボーイズコレクション」だったりこの回のようにドリル映像だったりと、まさに視聴者側は「ブレイクできない」ブレイクタイムとなることもしばしば）

米海軍航空戦力
将来構想を発表

小山　じゃあ行きましょうか。アメリカ海軍が、今後の航空戦力構想、『NAVAL AVIATION VISION 2016～2025』（※6／写真1）を発表しました。

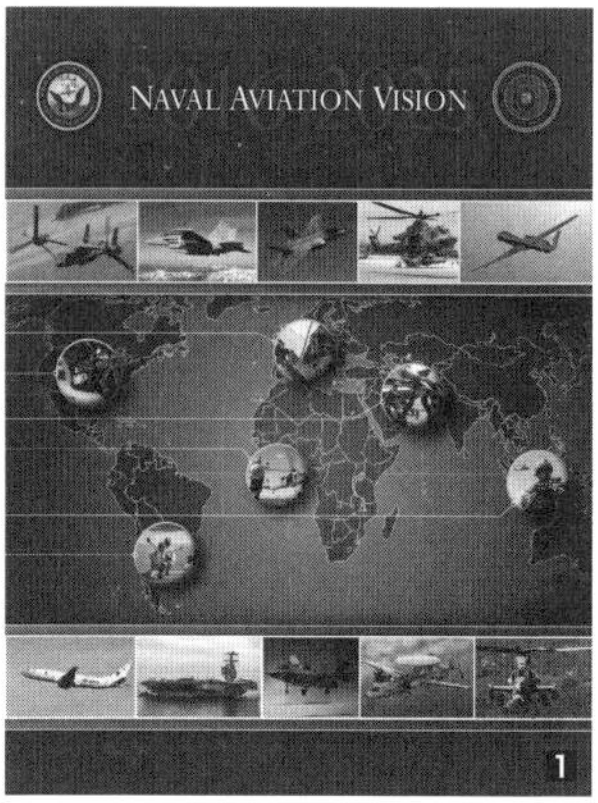

能勢　あまりにも難解な言葉が使われていたので、航空軍事評論家の石川潤一さんに注目点をお尋ねしました。無人攻撃機U-class（※7）が中止となり、MQ-XX無人機（※8）で偵察、空中給油を行なうことになっていること（※9）。それから、空母連絡機（※10）はMV-22のカーゴタイプ（※11）、CMV-22Bオスプレイ（※12／写真2）を使うことになったと。それから、空母着艦用の新しいソフトウェア、『Magic Carpet（マジックカーペット）』（※13）の、空母での運用試験が始まる点に注目なんだそうです。

小山　この『NAVAL AVIATION VISION』っていうのは、「航空戦力構想」？

岡部　そうなんですよ。本っていうか、報告書ですね。

小山　２０１６年から２０２５年ってことですか。

岡部　そう。「アメリカ海軍としては、２０１６年から２０２５年にかけてのアメリカ海軍の航空部隊のあり方、使い方をこういうふうに考えていますよ」、というのを示した文章なんです。

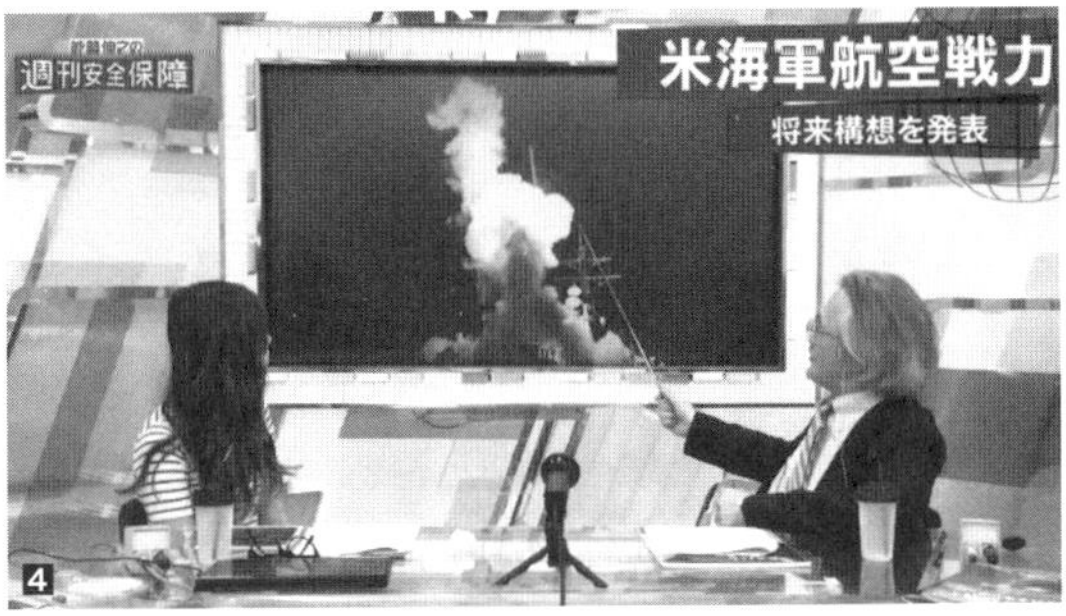

4

3

小山　これは?

岡部　これがね、無人機。RQ-21ブラックジャック(※14)というやつですね。

小山　RQ-21ってなんかスター・ウォーズみたい(笑)(※15)。

岡部　(笑)。いつか見せた、紐に引っかかってプルプルってしていたあれ(※16/写真3)。

小山　ああ!　あれ大好き!

能勢　そう(笑)。

小山　紐に引っかかってブラブラなるやつですね。

岡部　ボーイングの方、喜んでください。(小山さんが)好きだそうです(笑)。

能勢　で、トマホーク(※17/写真4)。

岡部　『NAVAL AVIATION VISION』のなかにはトマホークの後継ミサイルについての構想もあります(※18)。石川潤一さんは、とくに新しい空母輸送機MV-22Bオスプレイとか、それから、無人機を空中給油に使うんだってことに注目されてましたね(※19)。ほかんとはX-47B(※20)っていう実験機でもって、攻撃機として使おうじゃないかっていう計画を進めていたんだけれども、いや、それよりは空中給油機にしちゃおう、無人機で空中給油をすれば、その分戦闘攻撃機を空中給油に使わなくていいじゃないかと。これはX-47Bが空中給油を受けるところですが(写真5)、今度は受けるんじゃなくて、こういう姿になるのかわかりませんけれど、ほかの飛行機に燃料を給油しようじゃないかとアメリカ海軍は考えているんだそうですよ。

小山　これ(X-47B)は無人?

岡部　これは無人なんです。どこにも人が乗っかっていないわけなんです。

能勢　あとこの報告書については、NIFC-CAについての記述も当然ながらありました(※21)。航空機が絡みますからね。とくに訓練施設については、今後何年ごろまでどういうふうに作っていくかということについても書いてあったようで

5

ありますか。

岡部　それから『Magic Carpet』っていうのがね、『Magic Carpet』ってあなた、魔法のじゅうたんですよ。

小山　そうですよ。かわいい名前。

岡部　つまりね、（航空機が）航空母艦に着艦するとき用の……。海は広くて、巨大空母もあんなに小さく見えるって言ったでしょ？　実際、空母は飛行機にとっては小さいわけですよ。そこに上手く降りるには大変な訓練と技術が必要（※22）。しかもパイロットに非常に大きなストレスがかかる。それを少しでも楽にしようということで、というか、かなり楽にしようということで、新しいソフトウェアを作って、飛行機を上手く自動的に、パイロットが苦労せずスパンと着艦できるようにしようじゃないかという。それが『Magic Carpet』（写真6）。つまり魔法のじゅうたんに乗るように、らくらくと着艦するようにしようじゃないかというソフトウェアが『Magic Carpet』。

6

小山　素敵ですね。

岡部　で、私がじつは注目してる、この報告書で気になったところが、「Offensive air to surface warfare（※23）」っていう項目があって、つまり攻勢的、空から、空対水上戦っていう。アメリカ海軍は飛行機を使って水上にいる敵のフネをやっつけるという、そのことを真剣に考え始めたんですな。冷戦が終わってからアメリカ海軍にはほぼ敵がいない状態だったじゃないですか……って一瞬思ってしまったんだけど、気がついてしまったら、海軍力が強くなってきてる国があって、それが必ずしもアメリカと上手くいっているわけではない（※24）。そういうことを考えるとアメリカ海軍としては、飛行機でフネを沈めることをもう一回考える。それから、Distributed Lethality（※25）っていう、いろんな巡洋艦とか駆逐艦でもって、ほかのフネを攻撃する能力を高めようっていう。だからアメリカ海軍は、また再び海戦に戻りつつあるのかな？　というのがこの報告書を見ておもしろかったところです。アメリカ海軍は空母から陸上のテロリストを攻撃したり、そういうことばかり考えていたけれど、またふたたび海の上で敵と戦うことを考える時期になってきたと。

能勢　海の上で相手のフネと戦うと。

NATO演習 Platinum Lion 16-3

能勢　そして、次ですが、NATOのストルテンベルグ事務総長は、ロシアとの国境に面するバルト海沿岸諸国やポーランドに大隊を配置するという方針を打ち出しました（※26／写真7）。そし

7

て、NATOは各地で大規模な演習を行なっています。

小山　はい。ブルガリアで今月（2016年6月）行なわれたNATOの『Platinum Lion16-3』共同演習（※27）の映像が公開されました。

能勢　これですね。

岡部　これには、アメリカの海兵隊が出てるんですか？　さっきちらっとアレが出てたけど。

能勢　そうですね。アメリカ海兵隊のオスプレイでしたね。

岡部　さっきの戦車は海兵隊の……

能勢　M1A2（写真8／編注　M1A1でした）。

8

9

岡部　これは海兵隊の大砲でしょうか（写真9）。

能勢　ブルガリアのですね。

小山　うわ、こわっ！

岡部　これはオスプレイからロープで降りる。それを兵隊さんの頭の（の上の）カメラ（で撮った）映像（写真10）。兵隊さんの頭上映像。

小山　頭上映像（笑）。

能勢　いまのはLAVの系列の装甲車（※28）ですかね。

岡部　ほんとだ、LAVですね。黒海に面したブルガリアではこうして海兵隊が出張ってるわけですね。

能勢　はい。

小山　（ツイッターを見て）能勢さん、ちょっと声が小さくて聞きづらいって。

能勢　あ、すいません。失礼しました。

岡部　これがさっきのあれですね。

小山　オスプレイ。

能勢　オスプレイですね。ロープがちゃんと後ろから出ているというのですね。

10

NATO演習 アナコンダ

能勢　はい。次はアナコンダですね。

岡部　NATO演習アナコンダ（※29）、これはトルコの兵士ですね。

小山　はい。それではその映像ご覧いただきましょう。NATOのアナコンダ演習の新しい映像です。長いです。

岡部　たっぷり。

能勢　ひさびさに手榴弾（※30）を投げるのを見ました。

岡部　ベラルーシ（の軍の人も来てる）の？

能勢　ロシアの（人も）。

岡部　ロシアの人がオブザーバーに来てるんですね。だから「透明性が大事！」と（※31）。ちゃんと演習の中身を見せて、「不審な点がないよ」と言いたいんですな。

能勢　これはポーランドで行なわれてますね。（隊員が建物の）壁のなかに入っていって（写真11）。

小山　こういう拳銃持ったことないから持ってみたい（※32）。

能勢　いまは拳銃を持ってる人はいなくて、ほとんど自動小銃（※33）と機関銃を持っています。

小山　あ、機関銃？

岡部　ロシアとアメリカ兵が。（航空機が）フレア撒いた？　航空ショーじゃないからね。あんまり派手には撒きませんね。これは何が飛んでるの？　ドローン（※34／写真12／編注　とてもわかりにくいが、写真中央あたりの黒い物体）ですね！

能勢　（銃声が鳴っている）バタバタいってる音は自動小銃か機関銃ですね。

岡部　ほんとだドローンだ。じゃあもう、すでにドローンがこういう戦場に組み込まれてる。

能勢　あ、まともな形状のハマー（※35／写真13）って感じですね。

岡部　本家の。

小山　本家？

岡部　魔改造（※36）してないやつね。

小山　ああー（編注／ほんとうはわかっていないかもしれないが、模型好きの能勢氏の影

響で、この言葉も覚えたのかもしれない)。

岡部　これはアメリカ軍。市街地戦闘訓練みたいなやつですね。

能勢　で、これが立てこもってる側の人間の役ですね(写真14)。

岡部　ああ、腕に赤いのを巻いてるのがあれ(立てこもっている人の役)なのかしら。

小山　これほんまに(実弾を)撃ってるんですか?

岡部　え、これは空砲?

能勢　空砲じゃないですかね? 室内戦闘訓練ですから。

岡部　でも空砲アダプター(※37)みたいなのは銃口についてなかったし、まさか実弾? えぇー?

能勢　(笑)。

14

15

岡部　(弾がうまくセットできない様子を見て)なんかつっかかっちゃてる。

小山　なんか、ゲームしてるみたい(笑)。(撃っている人たちの)目線が。

能勢　これは何を爆破したのかな?

岡部　このアナコンダ演習って場所はポーランドですよね。(だったら)Mi-8? 17系?(※38/写真15)

(画面が変わって肩にトルコ軍のマークをつけた兵士たちを見て)ああ、これがさっきの肩のマークが。

能勢　トルコですね。

16

17

小山　これは色は関係あるんですか?

岡部　これはトルコの国旗の色だから、赤地に白いお月様(写真16)。さっき建物にいた兵隊さんは赤い腕章してたじゃない? たぶん赤い腕章してたのは……

小山　悪者?

岡部　悪者っていうか、攻める側と守る側(で分かれてる)。

能勢　これがMi-8か17系列のヘリですね。

岡部　建物の上にこうやってファストロープで降りようっていう(写真17)。

能勢　なかに立てこもってる人を制圧するんでしょうね。

岡部　（窓から顔を出す兵士たちを見て）これがポーランド軍の人かな？

能勢　いま建物の外はトルコ軍の兵士が固めているということですね。

岡部　（降りている兵士がいるのに、ヘリコプターが動こうとしている様子を見て）早く降りないとヘリコプターが行ってしまう（笑）。

能勢　けっこうな人数が載ってますね、Mi-8シリーズは。

岡部　いまざっと数えて15人くらい降りましたね。

小山　そんな乗れるんですねえ。

能勢　で、ロープが回収されて。

岡部　あ、エンジンの空気取り入れ口に顔が描いてあった（笑）。

能勢　なるほど（笑）。

岡部　ヘリコプターはそうですね、ポーランド軍のでしたね。ポーランド軍は銃はなにを使ってるんでしょう？

能勢　なんでしょう。ポーランド軍はまだカラシニコフの系列（※39）使ってましたかね。あ、でもちょっと違いますね。ポーランド軍ですか？

岡部　カラシニコフみたいなの持ってるように見える。

小山　（背中のリュックから棒状のものが出ているひとを見て）これは？

岡部　これは無線を背負ってる。この人は。だからアンテナが。

小山　ああー。

岡部　でもあれですよね、「透明性が大事！」とか言ってるけど、ベラルーシとウクライナを挟んだすぐそこのポーランドでこういう演習やってるわけですよね、NATOはね（※40）。

能勢　ええ。これはトルコ兵かな？

岡部　さっきのあれ（映像）からするとトルコ兵ですよね。

能勢　で、トルコ兵だとすると、ひょっとすると彼らが持ってる銃は、去年くらいから生産が始まったMPT-76（※41）かもしれません。

小山　これ？（写真18）

能勢　ああそうですね。

小山　MPT-76？

能勢　トルコの国産の銃なんですよ。西側各国の自動小銃っていうのは弾が5・56mm弾を使うのが多いんですよ。

岡部　直径がね。けっこう小さい弾。

能勢　それがですね、MPT-76は7・62mm弾、昔のNATO弾（※42）、そんなイメージの弾を使うんですね。

小山　じどうそうじゅう、ってなんですか？（※43）

能勢　そうじゅうではなく、自動小銃（※44）。

小山　自動小銃ってなんですか？

能勢　自動小銃は連射もできるし単発も撃てると。

岡部　（1発ずつ）パンパンとも撃てるし、（連続で）タタタタとも撃てる。
小山　自動で相手に照準してくれるわけではなくて。
能勢　小銃ね（笑）。
岡部　弾が自動で出ると。
能勢　で、1発しか撃てないときと、3発のときと、連射でダーっと撃つときとあるわけです。でもこれ、各国注目でしょうね。トルコ軍が、なぜ7・62㎜弾をわざわざ使うのか（※45）。
岡部　うんうん。なんなのかしら。7・62㎜弾って5・56㎜弾に比べると1発が大きいし重いでしょう？
能勢　ええ。だから破壊力が大きいとは言われるんですけどね。で、この銃MPT-76は、キャリングハンドルのところが特徴的で。
岡部　キャリングハンドルって、この銃の上の手持ちのところ？　それとも銃身の下の？
能勢　上のところですね。あそこを外していろいろなキットをつけるとも言われていますし（※46）。
岡部　照準装置とかそういうのがつくという話？
能勢　そうですね。なかなかいろんな工夫がされているという。
岡部　しかも手持ちのところが二脚に。
能勢　あ、すいません、ここから映像が違いますね。M109シリーズの自走砲（※47）ですね。
岡部　あ、ほんとだ。
能勢　手前にあるのが弾薬輸送車（※48）ですね（写真19）。
岡部　映像変わってこれはアメリカ軍砲兵部隊（※49）ですね。自走砲の。すごいなあ、アメリカ兵は。155㎜砲弾をかつぐんだもんなあ（笑）（※50）。
能勢　すごいですよね（笑）。
小山　普通は担がないの？
能勢　重いから（笑）。で、ここの（砲弾を撃つ）ところなかなか注目だと思います。（砲尾管に）砲弾を入れました、それで（ラマーで押し込んで）、装薬を（投げ）入れたんですね。
岡部　（装薬は）発射用の火薬ですね。
能勢　で、紐（拉縄）を（尾栓に）引っ掛けたんですね。ほら、（拉縄を）引いたでしょう？
岡部　あれで発射。弾を送り込んでこれで（ラマーで）突きいの、発射後に後ろの蓋（尾栓）を拭いてますね。（編注／権利上このシーンは掲載不可。戦車内部の発射までのシーンはインターネット上に多数動画が上がっているのでぜひご覧になってください）。
能勢　あ、これ。変わった位置からでしたけどM1A2戦車ですね。で、これが、HIMARS（※51／写真20）。
岡部　多連装ロケット（※52）のトラック版ですね。
能勢　ですね。こんな上から撮ってる映像はなかなか見られないものですが（写真21）。

19

20

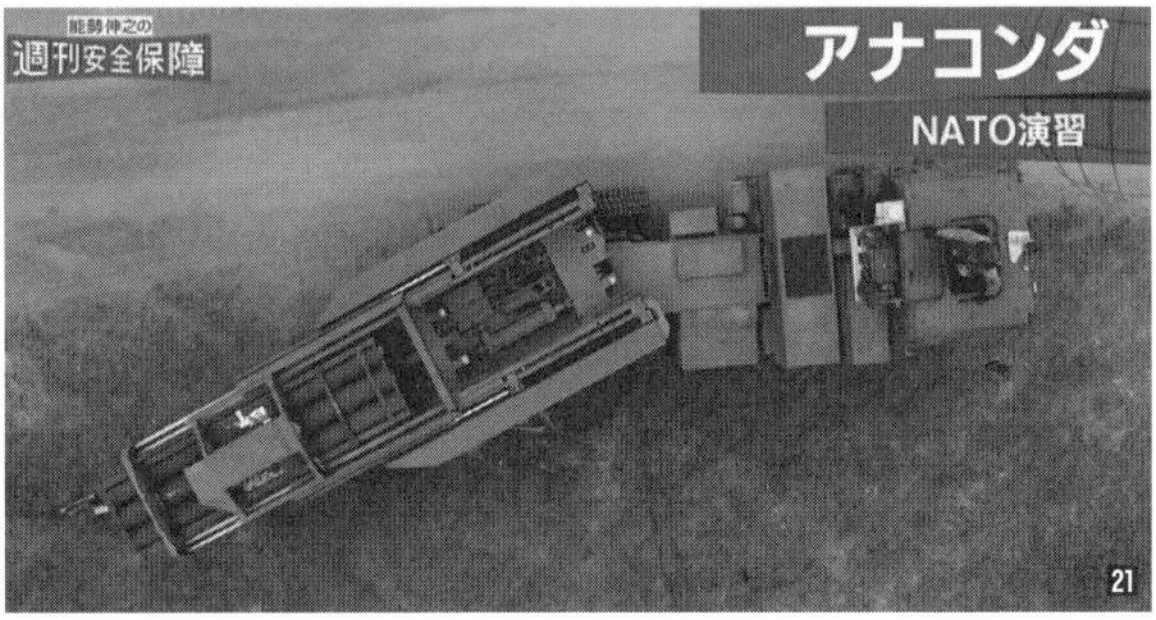

21

岡部　なかなか写真が出ない上面のディテールがわかりますね。

能勢　そうですね。で、これが1秒あたり6発ですかね、弾が入ってて、それを発射すると。

岡部　どうしてなのかしら。MLRSじゃなくてHIMARSだったのかしら（※53）。

能勢　展開が速いっていうことでしょうね（※54）。

岡部　なるほどねえ。ほら、能勢さん、戦車ですよ（野原に展開している戦車群の映像を見て）。

小山　喋って喋って（笑）（※55）。

能勢　（いまの映像は）M1シリーズでしたかね（笑）。はい、これはアパッチですね、AH-64D（※56／写真22）でしょうか。ロングボウレーダーがついてますね（※57）。けど、その後ろからロングボウレーダーがないアパッチがついていってます。これはどういうことでしょう、岡部さん。データリンク繋がってるんですかね。

岡部　いまアパッチが飛んでいって、その後ろにハインド（※58）が続いてましたよ。あれも（データリンクを）繋げてるのかしら。

能勢　これはM1A2SEPv2（写真23）ですね。砲塔の上のリモコン機銃見ると、これはM4小銃（※59）を持っているのかな、なんだろう？　で、これがアパッチが2機。

小山　えー、すごい。なんで止まってるの？

22

23

24

能勢 空中でぴたっと止まってますね。

岡部 （敵を）待ち伏せてるんでしょう。ほんとだね、ロングボウレーダーがついてるのとついてない機体がペアになってるのかしら。おもしろいでしょう？

能勢 煙幕を張ってるのかな？ あ、これ。

岡部 見て、アパッチのこの高度！ この低さ！（写真24）

能勢 岡部さん、しかもこれ機種が！

25

岡部 Mi‐2（※60）っていう大昔から使ってるヘリコプターですよ。ポーランド軍まだ使ってるのか！ いま、（戦車の乗員が）手振ってましたね。能勢さんの（戦車の）解説が（止まってしまった）（笑）。

能勢 いえいえ（笑）。あー、出ました！ レオパルドのシリーズですね。A5かな？（※61）これはまたリモコン機銃がついているからM1A2SEPv2でしょうね（写真25）。

小山 セップってなに？

岡部 SEP！（※62／編注／いつもはていねいな解説をする岡部氏には珍しく、まったく説明になっていない。能勢氏の解説が止まっていると言いつつ、岡部氏も映像に夢中に！）

能勢 いやあ、すごいなあ！（編注／解説委員なのに解説せず、戦車好き男子の感想になってしまっている）

主砲120㎜（※63）（の迫力）はすごいですね。で、いま画面に映ってるのがさきほどのトルコ兵ですね（写真26）。彼らが持っているのがトルコ国産のMPT‐76自動小銃というわけですね。

岡部 持ち手っていうの？ 下がちょっと分かれてるでしょう。さっき建物で撃ってるときにここから、これを（脚を）伸ばして二脚、バイポッド？（※64）

能勢 バイポッドにしてたんでしょうね。二脚にね。（カメラの）三脚ってあるでしょう？

小山 うん。

能勢 足が3本のやつ。銃の場合は二脚があるんですよ。

小山 ここ（1本の状態）から（2本に）できるんですか？

岡部 そう。これを（脚を）伸ばしてね。

小山 えー、そうなんだ。

26

岡部　なかなか気の利いたデザインのね。

小山　じゃあ次行きましょう。

NATO演習 バルトップス

能勢　まだNATOの演習ですね。

小山　NATOのバトルシップ、もとい、バルトップス演習（※65）の新しい映像です。これ、バルトップス読むときいつもバトルシップに見えるんですよ。

能勢　あ、はい（笑）。だそうです。

岡部　ここ間違えて許されるの小山さんだけね（笑）。我々が言ったらなんていわれるか（笑）。

小山　すいません、バルトップスです（笑）。はいどうぞ。

能勢　ああー、これ！　機雷ですか。

岡部　機雷ですよ。シーマイン。いわゆるMk.80系の爆弾（写真27／編注　写真は資料写真）に信管と後ろに羽をとりつけて、機雷にできるんですよ（※66）。

能勢　それをB-52に（つける）（※67／写真28）。

小山　機雷？

岡部　海のなかに落としておいて、船が上を通ると爆発するやつ。地雷の海版。

小山　うわっ。

岡部　それを機雷と言うんだけど、B-52は、ばら撒けるんです。お腹の爆弾倉って、そこに爆弾がいっぱい入ってる。で、これが。ああ、（地上に）降りてきちゃった。B-52が、機雷にした爆弾をたくさん抱えて海にばらまくんですね。

27

28

小山　え、上から落とすってこと？

岡部　そういうわけです。

小山　そのときはわかるんですか？

能勢　船が通らないときにさっさと撒いといて、あとで船がとおったときにドーンという。

岡部　敵が知らないうちに撒いちゃう。

小山　それは浮いてるんですか？

岡部　沈んでる。

小山　沈んでるのに（上を）通ったら爆発できるんですか？

岡部　そうなの。船が出す磁力とか、上を通るときの水圧の変化、それから船の出す音、そういうので爆発する仕掛けになってる。

小山　こわっ。

岡部　怖いですよー。

能勢　で、いま空中給油機から撮影しているB-52。

小山　（なにか）伸びてきた（写真29）。

岡部　これがね、いま降りてきたのが空中給油用のパイプ。ブーム（※68）って言うんだけど、空中給油用のブームを降ろしてくるわけです。でかいですよー。このあいだ写真でお見せしたとおり、B-52を中心に、タイフーン戦闘機とかラファール戦闘機とか、F-16戦闘機とかの編隊ですね（写真29）。これは空中給油機（※69）。

能勢　操縦席ですかね。

岡部　空中給油機をたくさん使うのが、アメリカ軍やNATO軍の定石（※70）。この人はあれ（レバー状のもの）で持って、ブームで動かしてる。で、いま（写真30）……

能勢　F-16に給油してますね（写真31）。

岡部　コンフォーマルタンク（※71）のついた。ほら、うまーく給油してるでしょう？　白と赤のチェッカー（がついている）。これポーランド空軍ですよ。ポーランド空軍のF-16C（※72）。けっ

29

30

31

32

こう最新バージョンになっている。これは背中のところにコンフォーマルタンク、つまり貼り付け型の燃料タンクがついてる。

小山　ほんとだ。

岡部　で、このバルトップス演習がね。

能勢　あ、いよいよ。これのコクピットからの映像ですよね。あ、（映像が）いまF-16Cになっちゃった。

岡部　F-16Cの給油が終わりました。

能勢　はい、B-52が近づいてきました（写真32）。

小山　急に来た！

岡部　うん。スピード上げて、ここでスピード速めてますね。（機体ではなく）映像のね。

能勢　ちょっと早回しで。

岡部　B-52はもうちょっともっさり動きます。

小山　これ（海面にある黒いもの）は？

岡部　これは海面走ってる船。（給油口から）パイプが外れてぴゅーっと煙みたいなのが出てるでしょう？　これは余った燃料が空に消えてってたわけです。

能勢　はい。

岡部　ここ（B-52の向かって右の翼の下）に外付けの爆弾を吊るす装置（写真33／編注　写真は資料写真）。ボムラックって言うんだけど、爆弾吊るす装置を左右につけて、こっち側（写真32のB-52の向かって左の翼の下）には爆弾の照準をつける。とくにレーザー誘導爆弾を照準するためのポッド（※73）がついてるね、なんだろう。先っちょが丸いからライトニングかしら（※74）。

能勢　スナイパーではなくライトニング。

小山　ライトニングは聞いたことがある。

岡部　そう、（ライトニングには）いろんな種類があるの（※75／編注／話が通じているようだが、ライトニングと名前のつく装備はほかにもある。くわしくはこのあとで）。

能勢　しかしこれだけの規模の演習をやってるんですね。

岡部　というわけです。これをバルト海で、ですよ。（ロシア領の）カリニングラードのすぐ近くでやってるわけですよ。

能勢　（ロシアからは）どんなふうに見えてるんでしょうね。

地中海に米空母2隻体制に

小山　はい。次は海ですね。地中海にアメリカの空母ドワイト・D・アイゼンハワー（※76／写真34向かって左）と、その艦隊が（2016年6月）13日に地中海に入りました。これで地中海はアメリカの空

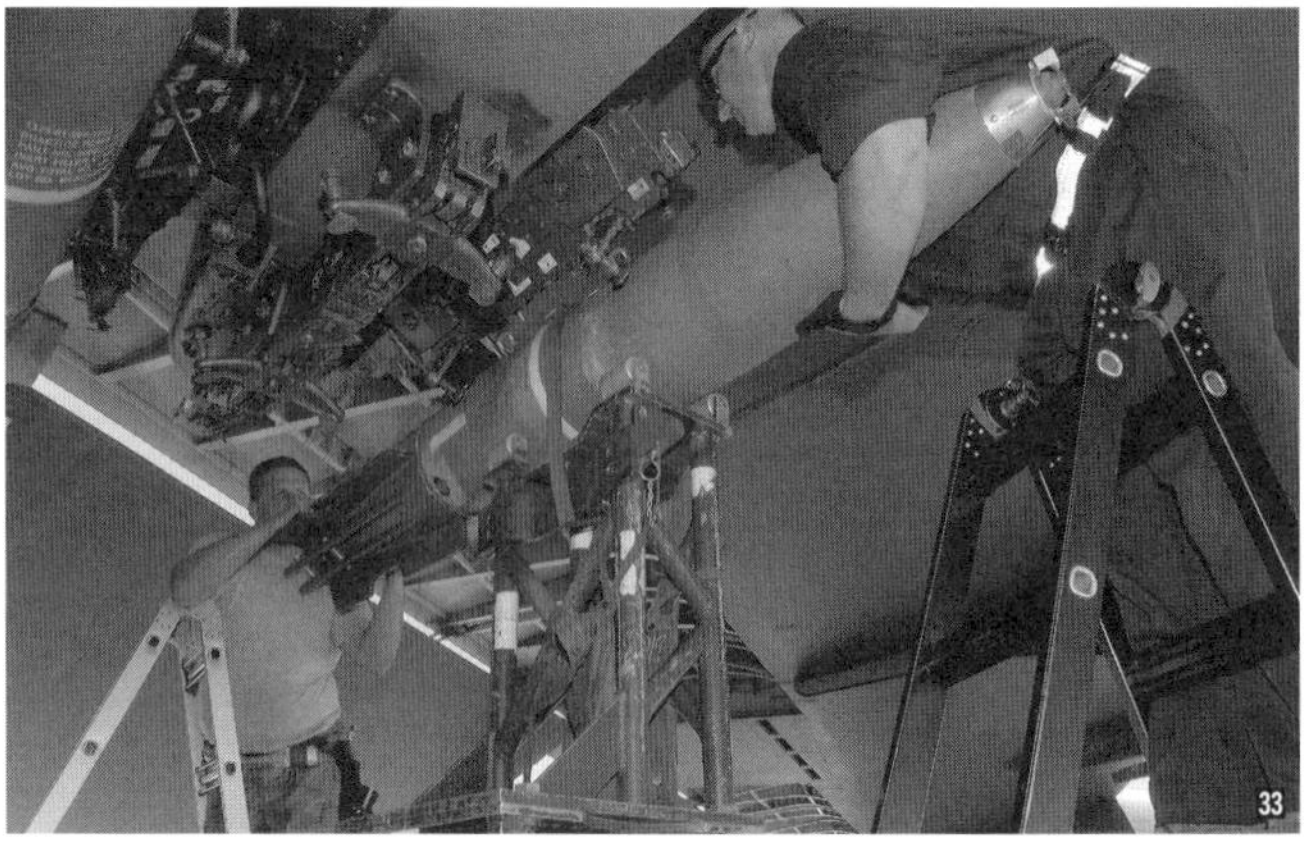

33

母2隻体制になります。

岡部 はい。先週お話したハリー・S.トルーマン（※77／写真35）が地中海に入って、そこでIS、イスラム国に対する攻撃なんかをやってるでしょ？ それに加えてもう1隻、新しくドワイト・D.アイゼンハワーが（地中海に）入ってまいりました。ジブラルタル海峡を通過してきたんですね。地中海でもアメリカ空母は2隻体制になって、なんでもアイゼンハワーとトルーマンは約2週間半にわたって、一緒に地中海で行動する。それが終わるとハリー・S.トルーマンのほうは本国に帰るんでしょう。

34

35

小山 地中海？ 料理じゃなくて？ どのへんにある……？

岡部 地中海は真ん中にイタリアがあって、西にスペインがあって、こっち（ヨーロッパの反対）側にシリアがあって、南にはエジプト、アフリカがずっとあるという。

能勢 つまりヨーロッパとアフリカのあいだの海。

岡部 とくにいまは東のほうはシリアとゴタゴタしてて大変なの（※78）。

小山 地中海って、地中海料理みたいな感じだけすごい来るから、なんなのかわからなかった（笑）。

岡部 オリーブオイルでね、タコのカルパッチョとか（笑）（※79）。

小山 そうそう。好きですね（笑）。話を戻しましょう、すいません（笑）。

岡部 で、そのアイゼンハワーはですね、じつはイタリア海軍と地中海でいっしょに行動してまして。イタリア海軍がこのとき持ってきたのが、バイオ燃料と普通の石油を混ぜたバイオ混合燃料（※80）なんですな。で、アメリカ海軍のステニス部隊、あれがバイオ燃料だけ使ってやるよっていって、グレートグリーンフリート（※81）って言ったでしょう。グリーンなエコな艦隊だよって意味で。今度は地中海でもそれをやってるわけです。イタリア語でフロッタベルデっていうイタリア料理みたいな名前になった、イタリア語で〝緑の艦隊〟っていう（笑）。

小山 なんか、ちっちゃなお店のおしゃれなメニューに書いてありそう（笑）。

岡部 そうそう（笑）。で、イタリア海軍の誇る、フランスと共

36

同開発したホライゾン型駆逐艦(※82)のこれはどっちかな、カイオ・ドゥイリオ(※83/写真36)かな。

能勢 ということはあれですね、一番上のレーダーが……

岡部 そうですそうです。なんだっけ。EMPAR(※84)か。で、ミサイルが例のフランスと共同開発のアスター30かアスター15(※85)、これをつけています。

能勢 アスター30だとしますと、今後また新しい計画が。

岡部 ええそうです。フランスとイタリアが今度合意したんですけれど、アスター30ブロック1NT(※86)。NTというのはニューテクノロジーといいまして、さらに防空能力を高めて、射程約1500km級の弾道ミサイルまで迎撃できるようになるというんですけれどもね。

能勢 射程1500km級までというと。

岡部 だいたいノドン迎撃クラスだから、SM3だとすると。

能勢 ブロック1A、1Bクラス(※87)ですね。

岡部 そうですね。ただしアスターはあくまでも大気圏内ミサイルだから、SM3みたいに大気圏の外でミサイルを撃墜するというわけではないんでしょうね。

能勢 (無言の小山ひかるに)……大丈夫?(笑)。

小山 今日なんかパニックになった(笑)(※88)。なんかけっこう、すごいいろいろ会話が交わされているなと思って(笑)。

能勢 ごめんなさい(笑)(編注/ここにきてようやく自分の本分が〝解説〟だと思い出した模様)。要は弾道ミサイルってこういうふう(放物線状)に(上昇して)飛ぶでしょう? で、(スピードが)いちばん遅くなるのはてっぺんのあたりなんですよ。アメリカが開発するSM3というイージス艦から発射される迎撃ミサイルはそのあたりを狙う。で、ノドンとかは、大気圏の外の空気が薄いところで狙うことなってるんですね(※89)。空気が薄いから、弾頭もかたちに凝らなくてもいいやということになってるんです(※90)。それに対して今回のアスター30は……

小山 これは。

岡部 船に積んでるやつ(ミサイル)ね。

能勢 弾道ミサイルを迎撃用にしてしまうということになると、アスター30ミサイルは基本的に大気圏内で使うものだから、そうすると、このあたり(大気圏内の高度の高いところ)で迎撃するということになるのかなと。そういうミサイルなんですね。

小山 (少しモヤっとした写真を見て)これは霧ですか?

岡部 霧です。

小山 霧だから色が同化してステルスっぽく見えた? そうではない?(※91)

岡部 そうではないけど、こういうときに見えにくくなるように、いまの艦っていうのはだいたい灰色に塗ってありますし、ご覧のとおりこの船はカクカクしてのっぺりもしてる。当然ステルス設計なんです。だからその意味でも色的にもこういう状況ではとても……

小山　見えにくいなと思って。

能勢　はい。あとアメリカ海軍の動きですけれど、揚陸艦のボクサー（※92）。これもトルーマンの艦隊（※93）に加わっていると。ただしボクサーはですね、ペルシャ湾からハリアーを発進させて、ＩＳ（イスラム国）への攻撃に加わらせている（※94）ということだそうです。それに対してロシアのほうが気になるんですが、ロシアは今後数週間以内に、地中海で大規模な軍事演習、海軍の演習をするのではないかと伝えられております。これでトルコと東欧でのＮＡＴＯの地上での演習と合わさって、今後ロシアとＮＡＴＯ側、緊張が高まるかも、という観測もあるそうです（※95）。

岡部　そうですね。ＮＡＴＯの側は「黒海に常設の艦隊を入れるようにしようではないか」みたいな話が出ているようですね（※96）。でもそれに対してブルガリアが、「いやいやうちはそれには入らないよ」と。

能勢　肝心のブルガリアが（笑）（※97）。

小山　（ツイッターを見てハタと気づいた様子で）さっきのライトニング、ひかるが聞いたことあるライトニングは違うライトニング？（編注／ここでライトニング違いに気づいた模様）

37

岡部　たぶんね。（小山嬢が聞いたことがあるのは）Ｆ-35ライトニング（※98／写真37／編注　写真はアメリカ軍のＦ-35ＡライトニングⅡ）（笑）。でもそれはアメリカ軍が悪い。（飛行機につける）ライトニングポッドと戦闘機のライトニング、同じ名前を違うものにつけているアメリカ軍が悪い（笑）（※99）

小山　そうですよね、そうですよねじゃないけど、「違うライトニングじゃない？」って言われたから。

銃乱射テロは「自国育ち……」オバマ米大統領

小山　はい、次行きましょう。アメリカで銃乱射テロがあり、オバマ大統領は自国育ちの過激主義との見方を示しました。

ナレーション　アメリカ史上最悪の乱射テロ事件です。12日未明、フロリダ州オーランドにあるナイトクラブで、男が銃を乱射するなどして、50人が死亡し、53人が負傷しました。男はフロリダ州に住むオマル・マティーン容疑者で、突入した警察の特殊部隊によって射殺されました。この事件で過激派組織イスラム国は、同性愛者が集うナイトクラブへの武装襲撃は、イスラム国の兵士による物だと主張する犯行声明を出しました。また、アメリカメディアは、マティーン容疑者が乱射事件の直前に緊急通報の電話番号に電話をかけ、イスラム国に対する忠誠を誓う内容の話をしたと報じています。

能勢　はい。この事件、オバマ大統領は自国育ちの、いわゆるあれですね。

岡部 Homegrown（ホームグロウン）。

小山 ほ？

岡部 Homegrown、つまり自分の家でgrown（グロウン）、育った。つまりアメリカのなかで勝手に過激になって、イスラム過激主義に奔っちゃったっていう。つまり、どっか外国からイスラム過激派がアメリカに来たわけじゃなくて、アメリカのなかから出てきたテロリスト、テロリズムという見方。その見方がどこまで当たってるのか、ちょっと犯人個人のそういう、生き方の問題？ どこにもアイデンティティを見いだせなかった人間なのかなという気もするんだけれども、とにかくあれですよね。ひとつの問題は、自動小銃を一般の人間が、彼は警備会社の従業員だったんだけど、弾が連射できるような、一種の機関銃みたいなものを（持っていた）。

能勢 この容疑者は、武器も国内で調達していたんですが、その銃が。

岡部 そうですね、これ（イラストA）。

能勢 SIGSAUER社（※100）のMCX（※101）と呼ばれる銃だったそうです。

岡部 SIGSAUERというのはオーストリアでしたっけ？

能勢 そうですね。

岡部 銃のメーカーですね、有名な。

能勢 それでこのSIG MCXは、『SATマガジン』（SATマガジン出版）の浅香昌宏編集長によりますと、機関部（※102）のところはアメリカ陸軍海兵隊の（使っている）M-16（※103）の原型、AR-15（※104）に似てると。ただ、自動小銃にあるはずの機能、フルオート、弾を撃ち続けている能力、これは外されていると。

岡部 引き金をひきっぱなしで弾がいくらでも出るという機能ですね。ばららら一ってやつ。

小山 っていうのはできない？

能勢 できない。3発バーストか、単発のみと。

小山 なにそれ？

岡部 パンパンパンか、パン。

小山 一回（引き金を引くと）にってことですね。

能勢 それで、銃身のまわりが網状になっているのがわかると思うんですが、これは軽量化を目指していて、とくに室内戦闘に向いている構造と。

岡部 穴が空いているところを持てるというわけですね。

能勢 そうですね。

岡部 銃身を持つと熱いから、ここ（網状のカバー）を持つ分には熱くないから。

小山 銃身って？

岡部 銃身ってここね。弾の出る筒のところです。

能勢 で、こういう構造ですと、銃身とカバーとのあいだに砂とかが入りやすいので、そういったところ（屋外）では使いにくいらしいです。だから室内戦闘向きに徹底してやっているんじゃな

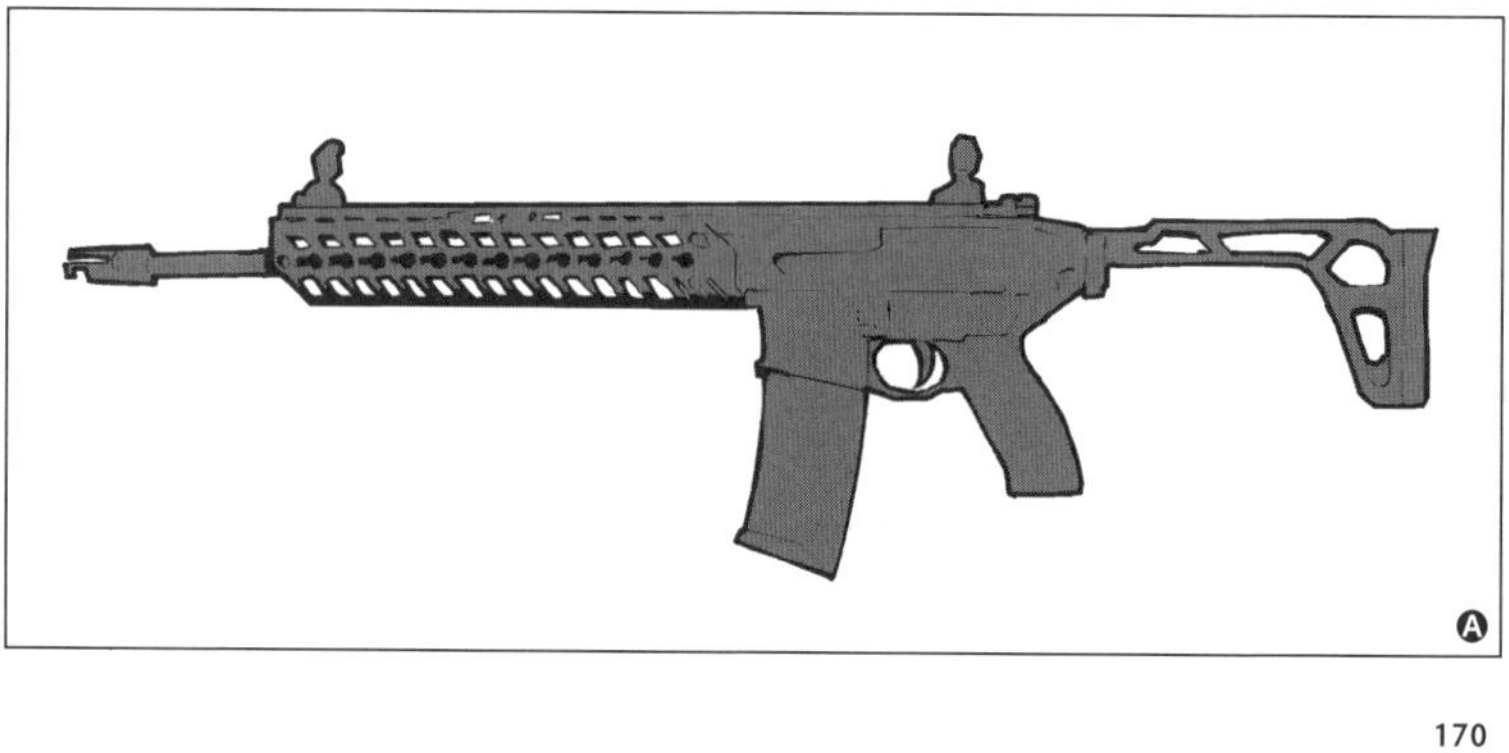

いかと。という銃らしいです。

岡部　じゃあ、そういう意味でもあれなのかしら。犯人の武器の選択は当たってるという。

能勢　そういうことですかね。

岡部　それを買えちゃうわけね、アメリカって国はね。

能勢　買えちゃうけど、各種状況によるんですが、フルオートの機能はつけさせてないぞというわけです。

小山　でも怖いですね。普通の町中で。でも、これはＩＳ？　いわゆるイスラム国の言うようなやり方をいいって思ってる人がやったこと？

岡部　まあ、彼は最後に電話かけてきて、「俺はＩＳに忠誠を誓うぞ」といってるんだけどね。

小山　でもアメリカの人なんですね。

能勢　はい。まあ、なぜこういう人がそういう考え方に染まっていくのかはわからないところが多いですけどね。ただ、社会から疎外されていると感じることが原因かもしれないですね。

岡部　犯人自身はもうちょっと若いときには、自分がゲイだって（カミングアウトしたと）いう、ゲイの友達もいたし、ゲイの社会に入ろうとしたけど、結局そこにも馴染めなかった。で、とある女性と結婚したけど上手くいかなくて離婚してしまっている。

小山　そういう内面の話でいくと、どこの国も一緒ですからね。喋り慣れてなかったり、思ったことを言えなかったりがあると、少しずつ自分のなかで変わっていっちゃうのかもしれないですね。

能勢　社会との関わり方がうまくできないと大変です。

小山　それは日本でも言えることですね。そうならないように、少しでも（なんでも）言えるような環境とかね、相談できるようなふうに。

岡部　そういうふうな疎外感を持っている人が自動小銃を買えちゃうのが大変ですね。

能勢　まあ自動小銃もどきというか。

小山　難しい問題ですけど、こういうのがなくなるといいですね。今週も終わりますけれど、来週はあんなにスクランブル読みたくないでーす！　よろしく（笑）。

岡部　それは中国海軍に言ってください（笑）。

小山　ではまた来週ー。ばいばーい！

出典／写真提供1～3、5、27、33～35：U.S.Navy、写真28：U.S.Air Force、
写真8～13、20、29、31：DVIDS、写真36：MALINA MRITARE、写真18、21、27：NATO、
イラストA・画：もやし

番組アンカー能勢伸之のふたつのこだわり

「今週のスクランブル」と「塗装済み模型完成品」。
番組開始当初からの定番コーナーであるが、
能勢伸之がこのふたつにこだわり続ける理由を語った！

こだわりその1 今週のスクランブル

防衛省が発表する他国の領海及び領空接近や侵入案件。本番組では放送スタートから取り上げ続けている。このコーナーがないことのほうがめずらしく、なかったときは「旧正月だからか？」というツイートが。

『週刊安全保障』という番組のタイトルが決まったとき、世界規模の軍事・国際情勢も重要ですが、日本周辺で何が起きているかも、やはり、重要と考えました。日本周辺では、周辺国の軍用機がしばしば姿をみせ、航空自衛隊戦闘機による年間スクランブル発進回数は、冷戦終結後も決して、ゼロになったことはありません。それを視聴者に伝える事は重要度が高いと判断。2時間近い番組中に『今週のスクランブル』というレギュラーコーナーを入れることにしました。このようにして『今週のスクランブル』というタイトルを決めたのですが、航空自衛隊戦闘機の緊急発進だけでなく、海上保安庁や海上自衛隊が対応する外国艦案件や、外国軍艦の接近、尖閣などへの外国政府の船による領海侵犯、接続水域侵入もあり、2016年に入って特異事例が増えている尖閣周辺の案件を考えると「スクランブル」というタイトルでよかったのかという反省点はありますが、ともかく、自分で原稿を書いてみて、理由はともかく、原稿の読み上げ担当は、小山ひかるさんに振ることに即決しました。彼女はファッションモデルに軸足を置くタレントとして、中学時代から芸能活動をされていた方。しかし、見たことも聞いたこともないロシア機や中国機、それに各種の艦船、さらに難しい漢字地名などが遠慮なく並ぶ原稿に対して、弱音を吐かず、生番組に臨んだのです。もちろん、最初は噛みました。でも、後のNIFC-CAキャンペーンガール（志願中）はがんばったのです。最近は、たった一度の下読みで噛まなくなってきました。さらに「Tu-95爆撃機」と書いてあれば、「ツポレフ・きゅうじゅうごばくげきき」と読んでくれます。このように読み手の進歩著しいわけですが、昨今の日本周辺情勢は、読み手の能力進歩を上回る勢いで厳しくなっており、いきおい、原稿も長く、複雑になります。その結果、NIFC-CAキャンペーンガール（志願中）は、どうなったか。それは、次のページでどうぞ。■

❺タイフーン級

❶ジャンカイ2級

❷ルーヤン級

❶〜❸は中国の艦船、❹〜❽はロシアの艦船や潜水艦、なお写真❽だが小山嬢は「ソボロ麺類級」と聞こえたそうで、麺類として認識。もちろんこれら以外の艦船や潜水艦、戦闘機や偵察機、その二ヶ国以外からも、招かれざる客は続々来日し、某国からはミサイルが来たり、海上保安庁や自衛隊は365日24時間大忙しなのだ

❻ウダロイ級

❸ルフ級

❼グリシャ級

❽ソボロメンヌイ級

❹アクラ級

写真／U.S.NAVY

スクランブルコーナーの原稿が短いほど平和な証拠 だから今日は短くなって、と。そんな小山さんのささやかな願いは周辺国に届いたでしょうか

by能勢

'16年6月18日「スクランブル」

6月15日、中国海軍情報収集艦「ドンディアオ（855）」が南西諸島の鹿児島県・永良部島周辺の日本の海に侵入、さらに、16日には、北大東島の接続水域にも入りました。15日03時32分 口永良部島の西8海里から南東に向けて20ノットで領海内での航行を海上自衛隊のP-3C哨戒機が確認しました。ドンディアオ級はマラバール日米印共同演習に参加しているインド海軍のコルベット「キルチ」と補給艦「シャクティ」の後を追いかけ、トカラ海峡に入ったとみられています。05時01分 領海からの出域を確認。南東に向かい17ノットで航行中。10時に無害通行でないとは言えないとして、日本政府が公表。なお、このドンディアオ級が、6月16日15時5分ごろ、沖縄県・北大東島の北の我が国の接続水域に入域するのを海上自衛隊の護衛艦「ひゅうが」が、確認しました。ドンディアオ級は、およそ1時間後の16時ごろに接続水域を出たということです。中國の政府の船の動きはこれだけではありません。海上保安庁第11管区海上保安本部によりますと、6月8日、沖縄県・与那国島の北北西およそ51㎞の日本の排他的経済水域において、日本と同意せず、調査活動を行っていた中国の海洋調査船「科学」は、海上保安庁の中止要求にも関わらず、その後、与那国島、石垣島、宮古島、大正島、久米島、沖縄本島の接続水域や排他的経済水域で、何かを海に投入する等、調査活動を行ない、北上。13日午後3時21分ごろには、鹿児島県・奄美大島近海の排他的経済水域内で、調査活動を行って南下。14日午後から15日午前には、沖縄本島の北西、その後、15日午後、夕方、16日午前には久米島周辺、16日午後には、宮古島、17日午前には石垣島、与那国島周辺の日本の排他的経済水域で、何かを海中に投げ込むなど、調査活動を行ない、17日午前11時30分ごろ、与那国島の北北西およそ74㎞の地理的中間線を西に通過したということです。領海侵入したのは、中国の軍艦だけではありません海上保安庁第十一管区海上保安本部によりますと、5月31日午前、久場島北西から接続水域に入った海警2151、海警2337、海警31241の3隻は、二手に分かれたり、合流したりしながら、南小島、大正島、久場島、魚釣島、大正島、久場島の接続水域を通り、6月8日午前、3隻は魚釣島傍で、2時間にわたり日本の領海に侵入。その後、久場島南東の接続水域を航行し、久場島、魚釣島の接続水域を航行していましたが、13日午前2時1分ごろから18分ごろにかけて、久場島北西から接続水域を出ました。次に6月15日午前11時3分から15分にかけて、魚釣島の西から日本の接続水域に入った海警2151、海警2337、海警31241の3隻は、午後2時3分ごろから12分ごろにかけて、南小島の南西または南南西から日本の領海に侵入し、3時40分ごろから46分の間に3隻は、南小島の東から領海を出て、久場島南東の接続水域を航行。午後7時47分ごろ、3隻のうち、海警2166が、久場島北北西から接続水域を出ましたが、海警2401と31239は、その後も、久場島、魚釣島、久場島、18日午後3時現在も南小島の接続水域内を航行しています。中国海軍は、17日にも日本周辺に姿を見せています。防衛省・統合幕僚監部によりますと、6月16日午後2時ごろから午後4時ごろにかけて、海上自衛隊呉基地・第12護衛隊所属護衛艦「あぶくま」と那覇基地の第5航空群所属「P-3C哨戒機」が、宮古島の北東およそ110㎞の海域を東シナ海から太平洋に向け、南東に進む中国海軍のルーヤンⅡ級ミサイル駆逐艦1隻、ジャンカイⅡ級フリゲート1隻、ダーラオ級潜水艦救難艦1隻、フチ級補給艦1隻及びアンウェイ級病院船1隻を確認したということです。台湾の政権交代直前の5月13日から、尖閣周辺に姿を現さなかった台湾の海洋調査船が、久々に沖縄近海に姿を現しました。

海上保安庁第十一管区海上保安本部によりますと6月14日午後0時42分ごろ、沖縄県・与那国島の北北西およそ63㎞の日本の排他的経済水域で、台湾の海洋調査船「海研一號」がワイヤーのようなものを海中に延ばしているのを見つけた巡視船が調査活動の中止をもとめたところ、午後1時ごろ、ワイヤー状のものを引き上げました。しかし、午後2時39分ごろ、与那国島の北北西およそ63㎞でワイヤー状のものを延ばしているのを、巡視船が見つけ、再度、中止を求めたところ、およそ20分後の午後2時56分ごろ、ワイヤー状の物を引き上げましたが、午後4時2分ごろ、午後6時13分ごろにも与那国島の北北西およそ63㎞で何かを海中に投入。さらに翌15日午前5時64分、午前7時24分にも与那国島の北北東およそ65㎞、70㎞で何かを海中に投入していました。その後、16日、17日、18日午後3時にも与那国島近海の日本の排他的経済水域で何かを海中に投入していたということです。次は、北海道の北、宗谷海峡のロシア海軍です。6月15日午前1時ごろ、海上自衛隊・余市基地・第1ミサイル艇隊所属ミサイル艇「わかたか」と八戸基地・第2航空群所属「P-3C」哨戒機が宗谷岬の北西およそ70㎞の海域を東に進むロシア海軍スラバ級ミサイル巡洋艦を確認しました。なお、このスラバ級巡洋艦は、12日に対馬海峡を北上したものと同じだということです。次も、宗谷岬、ロシアの潜水艦です。6月16日午後0時半ごろ、海上自衛隊八戸基地、第2航空群所属P-3C哨戒機が宗谷岬の西、およそ170㎞の海域を東に進むロシア海軍のキロ級潜水艦1隻を確認した、ということです。

'16年6月25日「スクランブル」

防衛省・統合幕僚監部によりますと、海上自衛隊八戸基地の第2航空群所属P-3C哨戒機と余市基地の第1ミサイル艇隊所属ミサイル艇「わかたか」が6月19日午前11時ごろ、宗谷岬の西北西およそ90㎞から110㎞の海域を東に進むロシア海軍タランタルⅢ級ミサイル護衛哨戒艇2隻を確認。また、同じ日の午後6時ごろ、宗谷岬の北西およそ40㎞の海域を東に進むロシア海軍のグリシャⅢ級小型フリゲート1隻を確認したということです。翌20日、八戸基地の第2航空群所属のP-3C哨戒機とミサイル艇「わかたか」が、午前8時ごろ、宗谷岬の北西40㎞の海域を東に進むタランタルⅢ級ミサイル護衛哨戒艇2隻を確認。また、午後2時半ごろには、同じく宗谷岬の西北西およそ130㎞の海域を北東に進むロシア海軍のアクラ級原子力潜水艦1隻を確認しました。防衛省がアクラ級潜水艦を確認したのは2011年以来とのことです。午後9時半ごろには、宗谷岬の西北西およそ110㎞から130㎞の海域を東に進むロシア海軍のウダロイⅠ級ミサイル駆逐艦、グリシャⅤ級小型フリゲート1隻、ソブレメンヌイ級ミサイル駆逐艦1隻、そして、ボリスチリキン級補給艦1隻を確認しました。さらに、ロシア海軍です。次に21日午前1時半ごろ、海上自衛隊第3ミサイル艇隊所属ミサイル艇「おおたか」と鹿屋基地の第一航空群所属P-3C哨戒機が、上対馬の北東およそ55㎞の海域を南南西に進むロシア海軍ウダロイⅠ級ミサイル駆逐艦1隻、ロプチャⅠ級戦車揚陸艦1隻、ロプチャⅡ級戦車揚陸艦1隻、アリゲーターⅣ級戦車揚陸艦1隻、オホーツク級航洋えい船1隻を確認したということです。とくにこのオホーツク級航洋えい船を防衛省が確認したのは初めてということです。21日午後4時半ごろ、八戸基地の第2航空群所属のP-3C哨戒機とミサイル艇「わかたか」が、宗谷岬の西およそ165㎞の海域を東に進むロシア海軍のキロ級潜水艦1隻を確認したということです。

次は、中国海軍です。6月20日午後0時ごろ、海上自衛隊大湊基地の第7護衛隊所属の護衛艦「せとぎり」と那覇基地の第5航空群所属P-3C哨戒機が与那国島の南およそ245㎞の海域を南シナ海から太平洋に向けて北東に進む中国海軍ルフ級駆逐艦1隻、ジャンカイⅡ級フリゲート1隻、フチ級補給艦1隻を確認。また、これら3隻は、21日午前7時ごろ、宮古島の北東およそ110㎞の海域を太平洋から東シナ海に向け、北西に進んだことを確認。さらに、6月22日午後8時ごろにも、下対馬の南およそ40㎞の海域を北東に進んでいるのを佐世保地方隊所属多用途支援艦「あまくさ」と鹿屋基地の第一航空群所属P-3C哨戒機が確認しています。

次は、中国の海警です。海上保安庁第11管区海上保安本部によりますと、6月15日午前11時過ぎに、魚釣島の西から日本の接続水域に入り、午後、南小島の南西または南南西から領海に入った海警2166、2401、31239の3隻は、その後、日本の接続水域を航行し、二手に分かれ、海警2166は、15日午後7時47分ごろ、日本の接続水域を出ました。海警2401と31239の2隻は、久場島、南小島、大正島、久場島、魚釣島そばの接続水域を航行していましたが、21日午前3時48分ごろ、海警2146が久場島の北およそ37㎞の日本の接続水域内を航行しているのを巡視船が確認。その後、3隻は、魚釣島、久場島の接続水域を航行していましたが、海警31239は、23日午前8時30分ごろ、久場島北西で接続水域を出ました。海警2146と海警2401は、その後も魚釣島、南小島、大正島傍の接続水域を航行。さらに、25日午前7時43分、海警31239が久場島北から、日本の接続水域に再び入りました。午後3時現在、3隻は魚釣島の西または西南西の日本の接続水域を航行していたということです。

次は、台湾の海洋調査船です。海上保安庁第十一管区海上保安本部によりますと6月14日午後0時42分ごろ、沖縄県・与那国島の北北西の日本の排他的経済水域で、調査活動を行なっていた台湾の海洋調査船「海研一號」は、海上保安庁のたびたびの中止要求にも関わらず、15日、16日、17日、18日にも与那国島の排他的経済水域で活動し、18日午後11時29分ごろ、与那国島の北西およそ58㎞の地理的中間線を西に向け通過しました。しかし、19日午後にも、与那国島北西およそ54㎞の排他的経済水域内で、何かを海中に投入。巡視船が同意のない調査活動はやめるよう求めましたが、その後、20日の午前、午後にも与那国島周辺の日本の排他的経済水域内で活動し、20日午後11時6分ごろ、与那国島の西北西およそ53㎞の地理的中間線を南西に向け通過しました。

読むのがうまくなったと言われるけど、うまくなるくらいたくさん読むってことは……

（小山さんのささやかな願いは、冷酷な国際情勢の前では本当に儚い……　by能勢）

こだわり その2
塗装済み模型完成品募集

定番の呼びかけ「塗装済みの模型完成品の写真のご提供、お貸しいただける方を募集しております……“# 週刊安全保障の模型を”つけて投稿を」。模型好きとして名を馳せる(?)能勢氏の職権乱用と思いきや、それだけでは(それもある?)なかったのだ。

模型は資料なんです!

『週刊安全保障』は、視聴者あっての番組です。視聴していただくのはもちろん、世界の動向についての新情報の御提供や番組内容への鋭い御指摘等についてツイッターの書き込みによる番組参加。さらに、番組内容について視聴者の皆さんに依存させていただいているのが、『現用装備の完成済み模型』。豪ブッシュマスター等、IED(路肩爆弾)対応装甲車は、他の装甲車と何が違うのか。V字装甲を言葉で懸命に説明することも必要ですが、1/35の模型をひっくり返してみれば、まさに底面が「V字装甲」であり地面での爆発の威力を左右に逃す構造であることが立体的に理解できます。

日本や韓国を悩ますスカッド弾道ミサイル。1/35のスカッドB弾道ミサイル及びその移動式発射装置の模型があれば、スカッド系列の弾道ミサイルの発射手順、とくに、発射機を水平にし、ケージごと、ミサイルを垂直に立て、ケージを戻すこと。ミサイルの噴射口に四方向から、突き出したベーンで噴射の方向を調整するため、飛翔方向が限定される。従って、移動式の発射機がミサイルを垂直に立てた時点で、車体の左右45度か、135度の方向に飛行の方角が限定されることも、模型を詳細にお見せできれば『立体的な説明』ができることになります。こんなことは、言葉で説明するより、隣のページの模型を見ていただければ文字どおり、一目瞭然となります。

発射機車体の停止方向で、弾道ミサイルの飛んでいく方向が分かるとなれば、E-8CジョイントスターズやP-3C/LSRSのように強力な地上監視レーダーを持つ航空機の重要性も「立体的に説明」したいのですが、2016年7月現在、1/72のスケールモデルはないようです。某国の空母の能力について知るには、そもそも、スキージャンプ甲板とは何かを説明する必要がありますが、1/350、または1/700の空母遼寧の模型と同スケールのJ-15戦闘機の模型があれば、スキージャンプ甲板の基本的な機能と遼寧のエレベーター能力を実感していただけるでしょう。

このように、現代の安全保障、軍事の基盤のひとつが、装備である以上、『現用装備の模型』は、一目瞭然の説明用の道具として、極めて重要です。模型専門誌や模型同好会、模型店ショーウインドウには素晴らしい作品が並んでいます。作品があれば、作った人がいる。たとえ、番組予算に恵まれたとしても、個人で徹底的に資料をチェックするなど、情熱を傾けたモデラーの皆さんの作品に敵うはずがありません。再度のお願いです。現用装備の素晴らしい作品を作られたら、画像を『#週刊安全保障の模型』に投稿してください。■

模型誌登場歴アリ!

(月刊アーマーモデリング'08年9月号掲載)

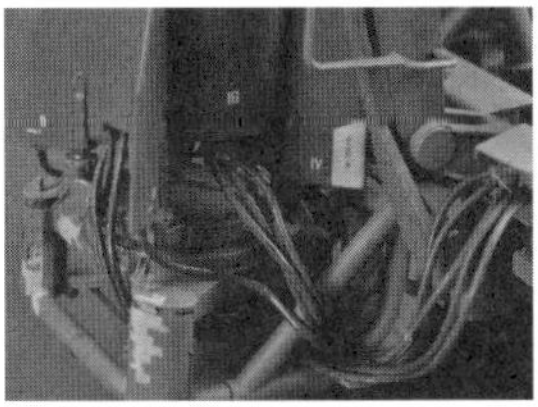

◀実在の兵器などをプラモデルにする場合、メーカーは取材や考証を重ねて製品として発売する。モデラー（プラモデルを作る人の名称のひとつ）は、さらに自分でも資料を見たり作り方を工夫するなどして、より実物に近いものに仕上げていく。

取材と考証に基づいた立体資料

ソビエトSS-1D スカッドB型
トランペッター
1/35スケール

税別1万4800円 ㈲インターアライド☎045-549-3031
模型製作／内藤あんも（月刊アーマーモデリング '15年4月号掲載）

飛行機模型誌　隔月刊
スケールアヴィエーション '16年9月号
価格1419円(税抜1314円)

AFV模型誌
月刊アーマーモデリング '16年10月号
価格1419円(税抜1314円)

総合模型誌
月刊モデルグラフィックス '16年5月号
価格802円(税抜743円)

艦船模型誌
ネイビーヤード '16年VOL.32
価格2469円(税抜2286円)

模型専門誌からひとこと

模型雑誌はおもに「模型の作り方」を紹介する雑誌ですが、ベースとなっている実物の紹介記事や関連する読み物なども充実しています。大日本絵画より発売されている弊誌『月刊モデルグラフィックス』、姉妹誌の『隔月刊スケールアヴィエーション』『ネイビーヤード』には本番組ゲストの岡部いさく先生の連載もありますし、おなじく姉妹誌『月刊アーマーモデリング』には能勢氏をはじめ軍事評論家の宇垣大成氏、そして元防衛相・石破茂氏などが登場しています。そして、通称「あの人」こと小泉悠氏も各誌に突発寄稿を……。そちらもお見逃しないよう、ぜひ毎号ご覧ください！（月刊モデルグラフィックス編集部）

岡部いさく流解説コーナー

解説しよう!!

岡部いさく氏書き下しによる、専門用語解説＆配信時には伝えきれなかったフォローもたっぷりお届け（能勢氏もちょっと参戦）。無味乾燥の用語解説とは一味も二味もちがいます。岡部いさく風味のピリリと効いた解説、こちらもぜひお楽しみください！

2015年6月20日 配信回［前半］

※1 イージス巡洋艦チャンセラーズヴィル
タイコンデロガ級イージス巡洋艦の16番艦。艦番号CG-62。1989年就役。2011年、「トモダチ」作戦に参加。2013年に近代化改修、イージス・ベースライン9を装備し、同年8月に初のNIFC-CA洋上テストに成功。この日、横須賀に前方配備になった。

※2 『東アジア軍事情勢はこれからどうなるか』
能勢伸之著。PHP新書。2015年5月15日発売。副題は「データリンクと集団的自衛権の真実」。これは読んどくといい本だよ。（岡部さん、ありがとうございますby能勢）

※3 ロシア海軍キロ級潜水艦
1980年に就役したロシア（旧ソ連）の通常動力潜水艦。出現当時、静粛性の高さで西側諸国海軍にとって大きな脅威となった。本国ロシア以外でも、中国、イラン、インド、ヴェトナムなどに輸出されている。「キロ」というのはNATOがつけた呼び名。

※4 キロ級潜水艦は636っていうタイプと877があるんですが、新しいほうの636ではなく877で
初期型が「プロイェクト877」、静粛性が向上するなど改良が加えられたのが「プロイェクト636」で、さらに改良を進めた「636．3」がある。

※5 カムチャッカの基地とウラジオストクのあいだで艦の入れ替えがあったのかな
ロシア海軍太平洋艦隊はロシア沿海州のウラジトストクに本拠地を置くが、カムチャツカ半島のペトロパウロフスク-カムチャツキーに潜水艦部隊の基地を設けている。このふたつの基地のあいだで、配備する潜水艦の交代があるようだ。

※6 ICBM
Inter-Continental Ballistic Missileの略で「大陸間弾道ミサイル」のこと。米ロのあいだでは射程5500㎞以上の地上発射弾道ミサイルがこれに類別される。つまり核戦争のときの主力攻撃兵器だ。

※7 パレードで出てきた大型のICBM
2010年から実戦配備になったとみられる大型のICBM。「ヤルス」というロシア名がついている。射程は1万1000㎞とされ、MIRV（個別誘導再突入弾頭）を搭載でき、弾頭数は4発とも10発ともいう。

※8 弾道ミサイル
アメリカと旧ソ連（ロシア）とのあいだのSALT（戦略兵器制限条約）で、ICBMとは射程5500㎞以上の弾道ミサイル、と定義されてる。

※9 弾頭部分が極超音速兵器のような形状
つまり単なる再突入弾頭ではなくて、ひょっとすると大気圏に再突入してから非常な高速で滑空して、コースを変えることのできる弾頭なのではないか？ という見方がある。

※10 中国が試験に成功したのはマッハ10を越えていたと言われていますからね
2014年1月、中国は極超音速飛翔体の実験を行なった。アメリカの報道では、この飛翔体はマッハ10以上の速度だったと伝えられた。

※11 ストックホルムの研究所SIPRI
SIPRI（「シプリ」と発音される）。スウェーデン議会が設立した機関、「ストックホルム国際平和研究所」Stockholm International Peace Research Instituteの略。毎年、世界の軍備や武器取引の軍事状況を分析し

た『SIPRI年鑑』を発表・刊行している。

※12　戦略兵器削減条約
アメリカとロシアとのあいだで結ばれた条約。START（Strange Arms Reduction Treaty）という。1991年に第一次条約が結ばれて、さらに踏み込んだ第二次条約も1993年に調印されれた。2010年に新START条約調印、2011年発効。

※13　中国やインドやパキスタンやイスラエルの核兵器が、みんなしまってあるとは限らないわけですね
SIPRIの表では、アメリカとロシア、イギリスとフランスの核弾頭に関しては配備数と備蓄数が分けて示してあるが、中国、インドとパキスタン、イスラエルについてはその区別が示されていない。不明なわけだ。

※14　ミサイルの数は基本的に誘導弾、弾数ですから「発」で数えるのが普通だと思うんですが、発射装置で数える場合は「基」ですね
ミサイルそのものの数は「〜発」だが、実際に一度に発射できる数は発射装置の数で決まってくる。その場合は発射装置の数「〜基」で考えたほうが現実的だ。弾道ミサイルはたいてい1基に1発搭載されてるし。でも「発」と「基」がごっちゃにされることがままある。

※15　イスカンデル
ロシア軍の「9K720」短距離弾道ミサイル。射程500㎞。8輪式の発射車両に2発搭載されている。これだと発射装置・発射車両の数「〜基」イコールミサイルの数「〜発」ということにはならなくなる。

※16　ICBMにあたるということで、INF条約違反にはあたらない
1987年にアメリカとソ連が結んだ「中距離核全廃条約」。両国は射程500㎞〜5500㎞の地上発射弾道ミサイルと巡航ミサイルをすべて破棄して、作らないことになった。ところがRS24が5500㎞以下でも使える弾道ミサイルだということになると……。

ちょっとよくわからないんですよね、ひかるには。難しい！※17
この話題を巡っては、RS24をはじめいろんなミサイルの名前が出てきたり、いろんな条約が出てきたりで情報量が多すぎて、ダラーっと話されただけでは馴染みのない人にはじつに理解しにくい。この喩えでわかってもらえたかな？

※18　ワルシャワ条約機構
冷戦時代の東側ヨーロッパの共産主義諸国の軍事同盟。西側のNATOと対峙していた。ソ連を中心に、ポーランド、ブルガリア、ルーマニア、ハンガリー、チェコスロヴァキア、東ドイツ、アルバニア（のちに脱退）が加盟していたが、1991年7月に解散。

※19　この旧ワルシャワ条約機構って習いました？学校で。習ってないですよね？
ワルシャワ条約機構の解散がすでに25年前だから、学校の教科書の現代史のところに載っているかなあ。そもそも世界史の授業が学年の終わる前に、そこまで進むかどうかがギモンだ。

M1A2戦車 ※20

アメリカのM1エイブラムス戦車の改良型。1992年から生産された。現在はさらに防御力などを強化したM1A2SEPへと改良が進み、それがまたM1A2SEPV2、SEPV3へと進化している。これら複雑なM1A2改良型を見分けるのが能勢さんは好きみたいだぞ。（仕事です。by能勢）

クリミア半島っていうこのあいだロシアがぶんどっちゃった ※21

2014年2月、ウクライナ領だったクリミア半島で、国籍を隠したロシア軍部隊が要所を占領、ロシア寄りの新政権を擁立してクリミア地方政府はウクライナからの独立を宣言、同年3月にロシアに併合された。

※22　カリーニングラード
バルト海に面したロシアの都市。ポーランドとリトアニアとのあいだにあり、ロシア本国とは直接つながっておらず、飛び地になっている。13世紀にドイツ人が作った町で、その昔はケーニヒスベルクという名前だった。

※23　M1A2SEPV2
アメリカ軍のM1A2戦車の改良型のひとつ。SEP改良の第2形で、外見上の特徴は砲塔の上の機関銃が遠隔操作式になったことだが、ほかにも電子装備が新型化され、装甲の追加などさらなる防御力の強化が図られている。

※24　リモコン機関銃付きの戦車
M1A2SEPV2の遠隔操作式12・7㎜機関銃は、M153CROWSⅡというもの。

※25　映画とか観ててもそういうシーンありますよね

ハッチから頭を出した乗員が狙撃されてしまうシーンを小山ひかるはどの映画で見たんだろう？『アメリカン・スナイパー』かもしれない。

※26　大砲が動かなくても車体だけぐるぐる動く
今日の戦車では砲安定装置がついていて、車体の方向や姿勢に関係なく、砲の照準を保持できるようになっている。このように車体が信地旋回（片方の履帯を停止させ、その停止した履帯を軸として車体を回す）しながら、砲は一定の方向を向いたまま、ということもできる。

ぐにゃぐにゃ人間だ(笑) ※27

「ぐにゃぐにゃ人間」というのが具体的にどういうものなのかは判然としないが、この砲安定装置の柔軟な動きについての感想だということはわかる。

※28　可愛くない（笑）
小山ひかるのキメゼリフのひとつ。どうも転輪がずらっと並んでいるところが、虫（おそらくダンゴムシあたりか）の脚のように見えるらしい。

※29　いわゆる砂漠色
アメリカ軍の軍用車両の砂漠迷彩の色はよく「デザート・タン」と呼ばれる。どうやら「FS33446 CARC686フラット・タン」というのが正式な名称のようだが、たぶん能勢さんが詳しいだろう。

※30　やさお！
「やさしいひと」という意味の表現だと思われる。

※31　レンショー大佐
カート・A．レンショー大佐。1990年海軍士官学校卒。巡洋艦シャイローに初赴任、その後巡洋艦アンツィオに勤務、掃海艇パトリオット艇長として佐世保に配備、沿海域戦闘艦インディペンデンス初代艦長を務め、2014年2月からチャンセラーズヴィル艦長。

※32　SM-6
アメリカ海軍の艦対空ミサイル。セミ・アクティブとアクティブのどちらの誘導方式も使え、射程は240㎞以上といわれるが、400㎞以上になるのではないかともいう。NIFC-CAではSM-6の長射程とアクティブ誘導が活用される。

※33　鳥居好きですね
在日米軍の基地でいろいろな鳥居は見るが、ファンで空気を吹き込んで膨らます鳥居は初めて。新しく前方展開（といってもじつは2度目だが）の艦の歓迎に、わざわざ鳥居を膨らますとは！

※34　あ、石川先生！
取材にいらしていた航空評論家の石川潤一さんにご挨拶。いつも番組を助けてくださって、ありがとうございます。

※35　イージス巡洋艦シャイロー
タイコンデロガ級巡洋艦の21番艦。艦番号CG-67。最初のイージスBMD実戦能力艦として、2006年8月に横須賀に前方展開になった。このときシャイローと入れ替わりに本国に帰還したのが、それまで横須賀配備だったチャンセラーズヴィル。

※36　艦長のロックリン大佐
マシュー・M．ロックリン大佐。2009年6月から2011年6月までシャイロー艦長を務めていた。岡部は2010年7月に『世界の艦船』（海人社）でロックリン大佐にインタビューして、2010年10月号に掲載された。

考えて滑るということもありますし。そういう経験も何回かあります ※37

インタビューや記者会見で、おもしろいことや捻ったことを質問して、「はあ？」って顔をされたときの寒々しい感じといったら……。

※38　きり型の護衛艦
艦番号153は「ゆうぎり」。横須賀を基地とする第11護衛隊の所属。

※39　OTO・メラーラの76㎜砲
「はつゆき」型、「あさぎり」型、「むらさめ」型護衛艦に装備されている砲。原設計はイタリアのOTO・メラーラ社。コンパクトで軽量、速射性に優れ、アメリカ海軍のオリバー・ハザード・ペリー級フリゲイトをはじめ、世界で広く使われている。

※40　アスロック8連装発射機
アスロック対潜ロケットの8連装発射機Mk．112。1960年代から使われて、多くの護衛艦に搭載されていたが、護衛艦では「むらさめ」型以降は垂直発射装置でアスロックを発射するようになった。上下2発ずつの4箱が並ぶ構成になっている。

※41　シースパローの8連装発射機
局点防御システムのシースパロー短距離艦対空ミサイルの8連装発射機Mk．29。NATOで開発されたシステムなので、一般に「NATOシースパロー」と呼ばれる。護衛艦には「はつゆき」型以来装備されてきたが、こちらもVLSに代わられている。

※42　海警は海上自衛隊の護衛艦に匹敵する大砲が付いてるわけです
『週刊安全保障』でも紹介した、中国の排水量1万トン超の世界最大の巡視船「海警2901」型は、76㎜砲1門を装備している。アメリカ沿岸警備隊の大型警備船もハミルトン級以後はOTO・メラーラ76㎜砲を装備している。

※43　舷側に赤白青の幕を張ってる
この日のチャンセラーズヴィルは、舷側や甲板室側面などに青白赤の幕を張って入港してきた。

※44　フォイト・シュナイダー・プロペラ
横須賀基地の新型タグボート、ヴァリアント級。フォイト・シュナイダー・プロペラという推進装置だと岡部は言っているが、正しくは旋回するポッド式のアジマス・プロペラ2基を備えている。つまりスクリューの方向を変えることで小回りが利くわけだ。

※45　あからさまな通信アンテナがタイコンデロガ級には多くて
イージス巡洋艦タイコンデロガ級には、衛星通信のドームや無線通信用のアンテナがたくさんついている。艦尾には2本並んで起倒式のアンテナがあって、これがよく目立つ。

※46　25㎜の機関砲
25㎜機関砲「チェーンガン」を遠隔操作式の砲座に装備したMk.38Mod.2。電子光学／赤外線の目標捕捉・照準装置のターレットがついている。小型艇などに対処する兵装として、2005年からアメリカ海軍の艦艇に装備されている。

※47　赤外線照準器
電子光学／赤外線目標捕捉・照準装置にターレットのレンズ部分が保護のために下を向いている。

八木アンテナ ※48

後部煙突の右舷側に八木アンテナが装備されている。この艦における用途は不明。『週刊安全保障』の番組初期に、八木アンテナが話題になったことがある。昔はテレビ受信用アンテナとして多くの家の屋根の上にあった。

※49　HSM-75 WOLFPACK
第75洋上打撃ヘリコプター飛行隊「ウルフパック」は、MH-60Rヘリコプターを装備してカリフォルニア州サンディエゴに基地を置く飛行隊。第11空母航空団に所属して、空母ニミッツに搭載される。チャンセラーズヴィルには燃料タンクだけ載っていた。

※50　はたしてどこの部隊（の番号）になっているか気になりますけど
横須賀に前方展開となったチャンセラーズヴィルは、厚木基地のHSM-51（第51洋上打撃ヘリコプター飛行隊）「ウォーローズ」のMH-60Rを搭載することになる。

※51　「HEEEEE」と色違いの字が並んでるですが
「バトルE」と称される、Battle Effectiveness Award（意訳すると戦闘技能優秀賞）を受章した印。黒は洋上戦闘、赤が機関／生残性、緑が指揮管制、青が兵站管理、黄が安全保安、紫が効率性と色で現わされる。Hは緑が保健衛生、青が居住性の優秀賞を示している。ほかにもNで航法技能、Mで医療の優秀賞が現わされ、舵輪や錨で航法や甲板作業の優秀賞を示すこともある。

※52　すいません、いつものことです(笑)
軍艦の取材だと、見てまわるのに気を取られて、リポートや説明がアタマからすっぽり抜け落ちることがしばしばあるのです。

2015年6月20日 配信回［後半］

※1　アメリカ沿岸警備隊
アメリカ国土安全省の下に置かれた機関で、海難救助や法執行、警備、海洋汚染防除、水路の安全保持などの任にあたる。まあ日本の海上保安庁に似た機関といっていいかも。有事にはアメリカ海軍の指揮下に入る。日本にも出先機関があり、警備船がときどき来日する。

※2　メロン
WHEC717 Mellon。果物はmelon。1967年就役の「セクレタリー」級（ハミルトン級とも）警備船。1989年に近代化改修された。前甲板に76㎜砲が装備されている。沿岸警備隊は大型の船を「カッター」、小型の艇を「ボート」と呼ぶので、メロンもカッター。

（能勢さんがカメラに）完全に背中向けちゃってますよ(笑) ※3

取材っていうか、見るのと聞くのに夢中で、カメラがどこで何を撮ってるかに気が回ってない。プロにあるまじき所業。（失礼しました。by能勢）

※4　昔はマストに大きなレーダーが付いてたんですが、とっちゃったんですね
タイコンデロガ級巡洋艦はメインマストにSPS-49対空捜索レーダーの大きな旋回式アンテナを装備していたが、近代化改修で撤去した。「要らないから」だそうだ。

※5　ファランクスっていう、一種のロボット機関砲
近接防御システム（CIWS）Mk.16ファランクス。白いドームのなかのレーダーで接近する目標を捕捉、20㎜6砲身機関砲で射撃し、自分の射撃する弾をレーダーで追尾して、目標と合致するように修正する。これを自動で行なうから、まあロボットみたいなもんだ。
※補足：この形状から、Mk.16ファランクスは「R2-D2ウィズ・アティテュード（グレたR2-D2）」とあだ名されることもあるとか。

※6　ヌルカ
オーストラリア開発の対艦ミサイル防御用の囮（デコイ）。ヌルカNulkaはアボリジニの言葉で「素早く」という意味。乗員は「ナルカ」と発音してた。発射されたデコイはロケットで空浮遊、電波を発信して、対艦ミサイルのレーダーに対し艦に似た偽の像を作り出す。

化学記号ならCOは一酸化炭素ですね、小山さん、よく憶えてる。でもこの場合のCOはCommanding Officerの略で、直訳すれば「指揮をする士官」、つまり艦長のこと。

※8　前に見た「比叡」が描いてあったところみたいな感じ（の部屋）ですか？
小山ひかるさんと一緒に、トルコ海軍フリゲイトのゲディスを見学に行ったら、艦の士官室入口に日本海軍の「比叡」の額がかかっていた。同じように、艦長室のドアも木製（木目化粧板？）で他の部屋の入口と雰囲気が違っている。

※9　けっこう船のなかって、真ちゅうの金色の部分があって
士官室や艦長室のドアには真ちゅうの銘板がかかっていたりするし、ほかにもバルブのハンドルなど、軍艦のなかには真ちゅうの部分がある。もちろん緑青が出ないように、乗員がいつもきれいに磨いている。

※10　この階段降りるところも必ず蓋があるんですね
甲板の間の階段（ラッタル）には、ハッチがついている。ふだんは開いていて、つっかえ棒で支えられているが、荒天時や戦闘時にはハッチは閉鎖される。

※11　この先にCIC、戦闘指揮所
Combat Information Center、直訳すれば「戦闘情報センター」。ここにさまざまな情報が集まり、艦長はこの部屋で指揮を執る。イージス艦では特に大きなディスプレイが置かれている。空母の場合はCDC＝Combat Direction Center、「戦闘指揮センター」という。

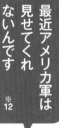

そういえばこの取材の少し前、2015年3月に佐世保に寄港したアメリカ海軍の沿海域戦闘艦フォートワースを取材したときも、CICを見せてはもらえたものの、撮影は不可だった。しかもディスプレイは全部電源が切ってあったのに、だよ。

※13　ひかるがすごい好きなアニメの映画で舞鶴のイージス艦に乗ったお話があったんですよね
あー、それはきっと例のコドモなのに……な主人公が出てくるアニメ、他局の人気番組の劇場版だな。ひょっとして作中のイージス艦って「ほ○か」とかいうんじゃなかったかな、他局なんでよく知らないけど。

※14　新型駆逐艦アーレイ・バーク級フライトⅢ
アメリカ海軍はアーレイ・バーク級イージス駆逐艦の大幅改良型、フライトⅢを2016会計年度計画から建造する。レーダーが新型のSPY-6に更新されるなど、各所に改良が加えられる。そのCICの予定配置図がこれ。

※15　このワークステーションですけれど、見た印象はイギリス海軍のタイプ45駆逐艦デアリングなどに載っているものとちょっと似てますね
イギリス海軍の新型駆逐艦タイプ45の1番艦。2013年12月に東京・晴海に親善寄港した。サンプソン多機能レーダーと、シーヴェノム対空システム、アスター15／30艦対空ミサイルを備え、「世界最高の防空艦」（艦長談）と豪語している。

※16　3面スクリーン&ディスプレイ付きのステーションがこれからの軍艦のトレンドなのかも
このイージス・ベースライン9のチャンセラーズヴィルも、イギリスのデアリングも、CICの各コンソールには3面のディスプレイがあって、それぞれの画面に任意の情報を表示でき、さらに各コンソールも任意に役割を変更できる。それが近年のトレンド？

※17　私の家は揺れないけど、マウスしょっちゅう落ちるよ？
なんかの拍子にマウスがすぐ机から落ちるんですよ。それで作業は中断するし、マウスの調子が悪くなったりするし。

※18　『エヴァンゲリオン』の本部じゃないですか
ご存じ『新世紀エヴァンゲリオン』（他局の番組だ）に出てくる特務機関。第3新東京市の地下深くにある本部は、かなり軍艦の艦橋を意識したデザインになっていて、そこでみんながコンソールの画面を見つめてる

んだから、たしかにC−Cっぽくはある。

※19　ベースライン9改修
チャンセラーズヴィルは1989年就役だから、横須賀到着時で艦齢27年近い。でも2012〜13年に11か月にわたる近代化改装を施されて、最新のイージス・ベースライン9艦となっている。

※20　SPY-1レーダー
イージス・システムの主レーダー。タイコンデロガ級はSPY-1Bを装備する。4つの平面固定アレイの各面に4480個の素子が並び、電子的に電波の方向を変える。探知距離は360km以上というが、それどころではないらしく、同時に多数の目標を捕捉・追尾できる。

※21　VLS垂直ミサイル発射装置
Mk.41垂直発射装置。チャンセラーズヴィルはSM-2、SM-6、ESSM、アスロック、トマホークを発射できる。前後に各61セルずつ、合計122セルを有している。

※22　5インチ砲
5インチ62口径Mk.45Mod.4。近代化改装で54口径のMk.45Mod.2から長砲身のMod.4に換装された。射程24km、発射速度15〜16発/分。62口径というのは、砲身の長さが口径（5インチ/127mm）の62倍であることを示す。

※23　どうやって助けるのかよくわからない
「J-Bar Davit」というJ字型の揚収用アーム。落水者が出て、救命ボートやヘリコプターよりも自艦で助けるほうが速く安全であるという場合に、これを立てる。この先端に滑車をつけて、救命員をロープで海面に下したり、担架に乗せた落水者を吊り上げるのに使う。

※24　駆逐艦にイージスシステムを乗っけたんです
タイコンデロガ級巡洋艦は、スプルーアンス級駆逐艦の船体と機関を利用して、SPY-1レーダーとイージス・システムをなんとか収めて作られた。当初はミサイル駆逐艦DDGだったが、途中でミサイル巡洋艦CGに艦種を変更した。

私はじつはアメリカの食べ物はとても好きです ※25

体重や胴回り、コレステロールのことを考えなければ、アメリカの食べ物を食べ続けても平気な体質。「ああ、アメリカ人が食べる美味しいものって、こういう味なんだ」という文化相対主義的な観点から、アメリカ食を美味しく食べることができる。

で、私は1枚も食べられなかったんですけど(笑) ※26

そうか、能勢さんはこのクッキーを艦内でも食べてなかったんだ。それにしても、クッキーを食べた小山ひかるさんの食レポ、匂いも食感も味も伝えてるじゃないの、なかなかうまいぞ！

※27　クッキー美味しいなあ
じつは生放送（いや、生配信か）の番組中、けっこう緊張するんで、こうして甘いものが口に入ると疲れが取れるというか、気持ちの建て直しができるんですよ。美味しいのはきっとそういうことじゃないかな。

※28　JLENS
気球にレーダーを装備し、高空に上げて、上空から巡航ミサイルの飛来を警戒・探知して、NIFC-CAにより早期に捕捉、撃墜しようというアメリカ軍の構想。気球は全長70m×直径24mで、高度3000mに上げる。計画はあまり順調に進んでいないようだ。

※29　日本周辺では海の上を這うように飛んできそうな巡航ミサイル
たとえば中国軍のH-6K爆撃機が6発を搭載するCJ-10巡航ミサイルは、低高度を飛行し、射程は1500kmともいわれ（2000kmとも）、命中精度は半数必中界10m程度ともいう。しかも核弾頭も装備できるとみられているし。

※30　イージス駆逐艦ウェイン・E.メイヤー
アーレイ・バーク級駆逐艦の第48番艦で、フライトIIA型。艦番号DDG-108。2008年10月に就役した。ウェイン・E.メイヤーはイージス・システムの開発を担当、「イージスの父」と称される海軍少将の名にちなむ。アメリカ海軍100隻目のイージス艦。

※31　ACB-12
ACB-12とは「Advanced Capability Built（発達能力構築）12」の略で、イージス艦の能力・機能の発達の第12段階。これが実際に採り入れられてベースライン9となった。次の段階はACB-16で、さらに弾道ミサイル迎撃能力が向上する予定。

※32　BMD
Ballistic Missile Defense、つまり弾道ミサイル防衛のこと。イージス艦の幅広い能力のひとつ、イージスの機能のひとつであり、その意味では、というか比喩的には、イージスがOSならば、BMDはそのアプリケーションのひとつともいえるだろう。

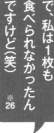

ちょっとね、わかっちゃう。わかっちゃいます。話してる内容が ※33

このころ『週刊安全保障』では、イージスとＣＥＣとＮＩＦＣ-ＣＡを採り上げることが多かったんだけど、それにしても小山ひかるさん、砂地に雨が染み入るように、結構難しい内容をどんどん吸収していってる……。

※34　ＣＥＣ
Cooperative Engagement Capabilityの略。イージス艦や早期警戒機のあいだで、ミサイルの射撃や誘導に使えるくらい精度の高い目標情報を、情報量の多いデータ通信を用いて交換、共有して、最適な状況・位置にいる艦が目標を迎撃するというもの。

※35　Ｅ-２シリーズ
Ｅ-２はグラマン社（現ノースロップ・グラマン社）が１９６０年に初飛行させた、アメリカ海軍の艦上早期警戒機。改良が続けられて、現在はＥ-２Ｄ型が部隊配備されつつある。実際には早期警戒しながら目標指示なども行なうので、やっていることは早期警戒管制だ。

※36　ベースライン９シリーズにはベースライン９ＡとかＢとかＣとかあるんです
この後で話しているように、ベースライン９Ａはタイコンデロガ級巡洋艦用、ベースライン９Ｂは巡洋艦用でＢＭＤ能力入りのはずだが中止、ベースライン９Ｃはアーレイ・バーク級駆逐艦用の仕様。

※37　ＩＡＭＤ
Integrated Air and Missile Defenseの略。防空戦闘も弾道ミサイル防衛も、それぞれが別個の戦闘・作戦と考えるよりも、全部ひっくるめたひとつの戦闘として考えよう、というもの。つまり弾道ミサイル迎撃と防空は同時進行できるべきだよね、という考え方。

ややこしいんです。記事を書く身になってごらんなさい ※38

ベースライン９というだけで済めば楽なのに、いちいちそのなかに種類があるということをアタマに入れて、記事を書くときもその区別をはっきりさせなくちゃならない、というわけですよ。

※39　駆逐艦ベンフォールド
１９９６年に就役したアーレイ・バーク級駆逐艦の15番艦、フライトＩ型で、艦番号ＤＤＧ-65。２０１４年12月に近代化改装が施され、イージス・ベースライン９Ｃ１を装備、弾道ミサイル防衛能力を持ち、ＩＡＭＤ艦となっている。２０１５年10月に横須賀に前方展開。

※40　ミリアス
Milliusの発音をアメリカ海軍側に確かめたらミリアスだそうだ。１９９６年就役のアーレイ・バーク級19番艦。２０１３～２０１４年にかけて近代化改装を受けて、イージス・ベースライン９Ｃ装備艦となった。

※41　バリー
１９９２年に就役したアーレイ・バーク級２番艦のバリー（ＤＤＧ-52）は２０１６年１月に横須賀に到着した。２０１５年２月にベースライン９Ｃへの近代化改装を終え、同月にほかのイージス駆逐艦とＤＷＥＳを用いた弾道ミサイル迎撃シミュレーション実験を行なっている。

※42　これも考えてみるとＮＩＦＣ-ＣＡとちょっとだけ似てる気がするんですが
これがＤＷＥＳ、Distributed Weight Engagement Scheme（重点配分交戦スキーム）。弾道ミサイル防衛任務のイージス艦各艦の位置やＳＭ-３弾数などの即応態勢を、弾道ミサイル防衛指揮官に自動的に報告、各艦への目標割り当てを自動的に行なう。

※43　これご覧になった人は（能勢さんの）本読まなくてもいいんじゃないですか？
というようなことが、日本を取り巻く状況と併せて書かれているから、やっぱり読まなくちゃだめよ。

※44　違うタイプのものもあるみたいですね
軍艦用のＣＥＣアンテナとしては、左右でふたつに割れた形のＵＳＧ-１というのも、平べったい灰色のプリン型のＵＳＧ-２というのもある。４枚の長方形の板はＵＳＧ-２のＰＡＡＡ、あとで言うけど「プラナー・アレイ・アンテナ・アセンブリー」。

※45　ＴＡＣＡＮ
航空機に方向と距離を知らせる「ＴＡＣＡＮ（Tactical Air Navigation戦術航法装置）」。マストの最上部にある円盤型のアンテナが、ＴＡＣＡＮのＵＲＮ-32というシステムのアンテナ。

※46　データリンク16というアンテナかな？
アメリカ軍などで広く使われているデータリンク。秘匿性も高く妨害にも強いという。ＵＨＦの電波を用い

て見通し範囲内で通信するが、衛星を用いたS-TADI-L-Jもある。アンテナは洗面器を逆さにしたようなAS4127と、逆さバケツ型のAS4127Aがある。

※47　現状ではこのCECの端末、それからアンテナを載せる予算がついているわけではなさそうです
航空機用、つまりE-2D用のCEC通信システムはUSG-3Bというもので、アンテナは胴体下面の円盤状のカバーの内部に装備される。

※48　あくまで2015年6月18日現在ということで、さらに能力の高い船が出てくるかもしれませんが
そりゃ駆逐艦のほうは、ミサイル防衛も防空も一緒にやるIAMDになってるけど、少なくともアメリカ巡洋艦じゃ、ベースライン9A改装艦以上に「強い」フネは2016年になってもまだできてきてない。

※49　（そのアンテナには）PAAA、プラナー・アレイ・アンテナ・アセンブリーという名前があるんだそうですが、本当は違う番号が付いてるんでしょうけど、ちょっと調べがついていません
後部マストの上の方に4枚が4方向を向いてついているのが、CECのUSG-2システムのPAAA（平面アンテナアレイ・アセンブリー）。この平面アンテナそのものになんていう番号がついているのかは不明。

※50　VLS
Vertical Launch System。アメリカ海軍のタイコンデロガ級とアーレイ・バーク級のものはMk.41という。VLSの1発ごとの区分けをセルといって、各セルに箱状のキャニスターに入った状態でミサイルを装填しておく。

※51　ハープーン
アメリカ海軍の対艦ミサイル。ターボジェットで亜音速で飛行し、射程は106㎞、GPSや慣性航法装置で誘導され、レーダーで目標を捉えて突入する。ハープーンはVLSには装備せず、タイコンデロガ級では艦尾に4発ずつ2基の発射装置に収められている。

あれでしょう?
ハワイにできた、
陸にできた
家みたいな
やつでしょう?
※52

ハワイのカウアイ島西海岸のPMRF（太平洋ミサイル試射場）に、陸上設置イージス弾道ミサイル迎撃施設イージス・アショアが置かれている。それを小山ひかるさんはちゃんと憶えていた！　この施設は2015年12月にSM-3ブロックⅠAで初の迎撃テストに成功。

※53　ほんとにアメリカの軍艦って、ちょっと見ないといろんなアンテナがすぐ変わりますね
とくにイージス艦は近代化改装が進められている最中なので、アンテナなどの配置がすぐに変わる。空母や揚陸艦もそうだ。

2015年12月19日 配信回 ［前半］

※1　ラプター
アメリカ空軍のロッキード・マーチンF-22A戦闘機。いわゆる「第5世代」で、ステルス設計でレーダーに捉え難く、超音速で巡航飛行ができ、しかも推力偏向ノズルを備えてすごい運動性を持ち、高性能のレーダーと電子戦装置で目標探知能力に優れる。よく「世界最強の戦闘機」ともいわれる。

※2　タイフーン
イギリス・ドイツ・イタリア・スペインが国際協同開発・協同生産している戦闘機。本名はEF2000で、タイフーンはイギリス名。前部に尾翼のあるカナード形式で、優れた運動性と柔軟な多用途性、多彩な搭載能力を誇る。でも開発開始が1980年代で、ステルス以前の設計だったため、「第5世代戦闘機」とはみなされない。

※3　ラファール
前述のタイフーンと同時期に、国際協同構想から脱けたフランスが独自に開発した戦闘機。タイフーンと同じくカナード形式で、やはり優れた運動性と多用途性を持つ。フランス海軍も艦上型ラファールMを空母シャルル・ドゴールから運用している。ラファールはステルス設計を採り入れている、という話だ。

※4　第19スコードローン
イギリス空軍の飛行隊のひとつ。正しくは№19スコードロンで、「第19」じゃない。第1次世界大戦中の1915年に創立され、度々解散・再編されているけど、1916年以降今日に至るまで戦闘機を装備している。現在はタイフーンを装備。モットーは「できると思うからできる」。

※5　第5世代のF-22ラプターと、第4世代プラス0.5、4.5とか4.7世代のタイフーン、ラファールが空中戦訓練やったんですね
第2次大戦後の戦闘機の発達を区分する見方。ロッキード・マーチン社が言い出した（ボーイング社だともいう）区分で、亜音速の第1世代、超音速の第2世代、マッハ2でレーダー重視の第3世代、空中戦性能重視の第4世代、そしてステルスとセンサー能力と情報能力重視の第5世代、というわけ。

※6 『トップガン』じゃね、敵の戦闘機に化けてたんですね

おっと、映画「トップガン」でソ連製戦闘機MiG-28（そんな機体は実在しない）を演じてたのはT-38練習機ではなくて、T-38と姉妹機関係にある軽戦闘機F-5Eのほうでした。

※7 T-38

アメリカ空軍のノースロップT-38タロン超音速練習機。輸出向けのF-5軽量戦闘機と並行して開発されて1959年に初飛行、当時の第一線超音速戦闘機に近い性能と操縦感覚が訓練できる練習機として、1961年から配備されている。1100機以上が生産されて、いまもなお使われているが、後継機の計画も持ち上がっている。

岡部さんといえば英国機ですからね
※8

はい、なにしろイギリス軍用機の古今いろいろについての『蛇の目の花園』（1巻、2巻。大日本絵画）や、イギリス軍艦の古今いろいろの『英国軍艦勇者列伝』（同じく大日本絵画）を書いているくらいですから。

※9 IED

Improvised Explosive Deviceの略で、直訳すると「即製爆発装置」。アフガニスタンやイラクで、武装勢力が爆薬や砲弾などを利用して自分たちで作る爆弾……というか地雷で、手製だけに多種多様な種類があり、道路や道端に埋設して、アメリカ軍などのパトロール部隊や輸送部隊を苦しめている。

※10 ブッシュマスター装甲車

豪州製の装甲車。IEDや地雷など、車両の下からの爆発に耐えるよう車体下側をV字型に装甲・強化。オーストラリア製の4輪の9人乗り装甲兵員輸送車。地雷対策として車体の底部をV字型にして、車体の下で地雷が爆発しても、爆風や破片を左右に逸らすという設計になってるのが特徴。1998年からオーストラリア陸軍が採用、陸上自衛隊も海外での邦人救出などのために2014年に4両を導入した。

※11 上に乗っかってる機関銃はMINIMI

ベルギーのFN社が開発した軽機関銃。口径は5・56㎜、いわゆるNATO弾を使用する。ミニミとはフランス語の「ミニ機関銃（ミトレイユーズ）」を略したもの。アメリカでも国産化され、イギリスやカナダ、オランダなど多くの国で使われていて、日本でも1998年から国産化して陸上自衛隊に装備されている。

プラモデルを作ったら白く塗ろうねという話ですか
※12

2011年ごろ、1/35のブッシュマスター装輪装甲車の輸入キットが販売されていた。この場合、下地塗装の白色塗装ではなく、ハッチの裏が白ということ。ブッシュマスターの陸上自衛隊部隊配備後、書き加えられた「番号」は、陸自独特の書体で白く塗装されている。（by 能勢）

※13 フロントグリル

自動車の正面顔の部分。普通のクルマだと前面にラジエーターが置かれて、それを保護する格子が付くことが多い。この格子が焼き網（グリル）のようなので、フロントグリルと呼ばれる。市販車ではデザインの上でもクルマの顔になる重要な部分なので、いろいろ意匠が凝らされて、特徴的なスタイルになっている。

※14 すごいね、『週刊新潮』のグラビア出てるだけのことはあるね

『週刊新潮』2015年12月17日号P148に「美女と学ぶ安全保障」と題して『能勢伸之の週刊安全保障』がモノクログラビア1ページで紹介。小山ひかるが写真の中心で、岡部、能勢がその背後。

※15 ワイヤーカッター立ててますね

敵の車両の乗員の首を切断して殺傷する目的で、軍用車両の通る道に乗員の首の高さにワイヤーを張っておくことがある。それを防ぐために車両の前部に鋭い金属板を取り付けて、ワイヤーを切断、乗員を守るのがワイヤーカッター。ヘリコプターでも電線などにひっかからないよう、ワイヤーカッターをつけることがある。

※16 地上設置型イージスシステム、イージス・アショア

イージス・システムのSPY-1多機能レーダーと戦闘指揮システム、垂直発射装置など一式をそのまま陸上に設置して、SM-3迎撃ミサイルを用いて弾道ミサイル防衛を行なう施設。アメリカ海軍はヨーロッパの弾道ミサイル防衛態勢構築のために、その第1号をルーマニアに建設、2016年5月に稼働状態に入った。

※17 ミサイル防衛庁

アメリカ国防総省の下、弾道ミサイル防衛の研究開発・試験・調達を統括する機関。Missile Defense Agency（MDA）と呼ばれる。前身は、冷戦末期のレーガン政権時代の「戦略防衛構想（SDI）」を統括する「戦略防衛構想局（SDIO）」で、その後「弾道ミサイル防衛局（BMDO）」となり、2002年にMDAとなった。

標的そのものの名前を聞こうとしたんですが ※22

標的は、C-17A輸送機から投下、点火される「IRBM-T1」標的。第一段、第二段ともにオリオン-50という固体推進剤ブースターを使用。

※19　C-17
アメリカ空軍の大型輸送機ボーイングC-17AグローブマスターIII。77トンの貨物を積んで、4400km飛び、しかも914mの滑走距離で離着陸できる。つまり前線の小さな、舗装していない滑走路でも離着陸できる大型輸送機。アメリカ空軍の約220機をはじめ、イギリスやカナダ、オーストラリア、インドなども使っている。

※20　SM-3ブロックIB
イージス艦・陸上配備型イージス・アショアから発射される弾道ミサイル迎撃用ミサイル。北朝鮮のノドンなど、射程3000km程度の「準中距離弾道ミサイル（MRBM）」までを迎撃する能力がある。SM-3ブロックIBの弾頭には2波長の赤外線画像センサーがあって、目標を精密に捕捉・識別して、直撃して破壊する。

※21　斜めになってるのは、例のハワイの地上施設の発射装置が、垂直発射装置と言いながら斜めになってるからかしら
公開された画像・映像は、垂直発射装置そのものが斜めになっているように見える。ただし、カメラの取付角度によるものかどうかは不明。

※22　ノーズコーンが大変らしいですね
大気圏内で弾頭を保護するための覆い。再突入後、弾頭を射出する際には不要となるため外す。米国が開発したSM-3ブロック1A、同1Bのノーズコーンは、一体型であるため、ミサイルを振るようにして外していた。SM-3ブロックIIAでは、日本が開発したふたつに割れるノーズコーンを採用するため、振り外す必要は無くなる。

※23　SM-3ブロックII
「SM-3ブロックIIA」は日米共同開発のイージス・システム用弾道ミサイル迎撃ミサイル。SM-3ブロックIよりもミサイルの弾体が太くなり、ロケットモーターも改良されて、迎撃高度、迎撃範囲が大幅に拡大し、SM-3ブロック1A、同1Bでは迎撃困難とされる北朝鮮のムスダンのような射程3000km～5500kmの「中距離弾道ミサイル（IRBM）」も迎撃可能になるとされる。

※24　能勢さんの本
『東アジアの軍事情勢はこれからどうなるのか』（PHP新書）、『弾道ミサイルが日本を襲う』（幻冬舎ルネッサンス新書）、『ミサイル防衛』（新潮新書）などが既刊。

※25　B-52大型爆撃機
アメリカ空軍のボーイングB-52ストラトフォートレス爆撃機。エンジンは8発、現在76機が使われている最終型B-52Hも作られてから50年以上経っており、何度も改修や寿命延長が図られている。通常爆弾から精密誘導爆弾、巡航ミサイル、対艦ミサイル、機雷など多様な兵器を搭載。一部は核攻撃任務を持っている。

※26　南沙諸島のクアテロン礁
中国が領有を主張する南沙（スプラトリー）諸島の岩礁のひとつ。中国が埋立てた人工島にレーダーを建設したとされる。

間違ってないんじゃない？ ※27

だから小山さんの「個人的感想」「主観的表現」による疑問表明です(-_-;)。（by能勢）

※28　オリバー・ハザード・ペリー級のフリゲート
満載排水量約4000トン、全長139m、SM-1対空ミサイル発射機1基と76mm砲1門を備えて、ヘリコプター1～2機を搭載する。対艦ミサイルや機雷で甚大な被害を受けた艦もあったが、いずれも沈まなかった。アメリカ海軍が51隻を建造。スペイン、台湾でも建造。

※29　ゲイリー
O.H.ペリー級フリゲートの1隻で、番号はFFG-51、1984年11月に就役した。1999年から2007年まで横須賀に前方展開していた。アメリカ本国に帰還後、SM-1ミサイル発射機を撤去するなどの改修を受けて、アメリカ西海岸沿岸で麻薬密輸取り締まり任務に当たっていたが、2015年に退役した。今後台湾に売却される予定という。

※30　テイラー
O.H.ペリー級フリゲイトの1隻で、番号はFFG-50。1984年12月に就役した。ゲイリーより艦番号はひとつ若いが、就役はテイラーのほうがわずかに遅い。テイラーは大西洋～地中海で活動して、2015年に退役、太平洋で行動することはなかった。ゲイリーとともに台湾に売却されることが決まっている。

※31 ジャベリン対戦車ミサイル
米国で開発された対戦車・装甲車両用歩兵携行赤外線誘導ミサイルFGM-148。対装甲車両用としては、一般に装甲の薄い車体上面を狙うトップアタック・モードが使える。1996年からアメリカ陸軍で使われている。有効射程4750m、赤外線画像誘導で撃ちっぱなしが可能、弾頭は2重成形炸薬で、戦車上面に対する「トップアタック」も可能。通常2人で操作する。アフガン戦争、イラク戦争で威力を発揮したが、重量22kgと重いのと高価なのが難点という。

※32 スティンガー対空ミサイル
米国で開発された歩兵携行／車輌用低空防空ミサイル、FIM-92。発射後、標的を自動追尾する「打ちっ放し」機能がある。

※33 MQM-170標的無人機
別名　アウトロー（Outlaw）。滑走路からでも、発射装置からでも発進可能。プロペラ後部装備。

※34 TOW 2B対戦車ミサイル
米国で開発された有線誘導対戦車・装甲車両ミサイル。BGM-71F。最大射程4000m。歩兵携行、四駆、M2ブラッドレイ歩兵戦闘車、ヘリコプターに搭載。

※35 AAV7水陸両用装甲車
米国で開発された水陸両用装甲車。陸上自衛隊も採用。乗員3名の他、歩兵25名まで搭乗可能。路上速度72km／h。水上速度13km／h。

在庫の心配ですか？（笑）※36

小山さんの「個人的感想」「主観的表現」による疑問表明です(ｰ_ｰ;)。（by能勢）

※37 台湾のキッド級駆逐艦
キッド級駆逐艦は、元は1980年代に帝政イラン海軍向けに建造されたが、革命でアメリカ海軍が引き取り、2005年に台湾に売却。SM-1連装発射機2基装備。

※38 F-16のレーダー改修の話
台湾はF-16C／D型ブロック50／52を購入しようとしたが、アメリカ政府がこれを差し止め、代わりに既存のF-16A／Bブロック20型に最新のAESAレーダーであるAPG-83SABRを装備することになって、こちらの計画は現在進行中。

日本に来たのがマシュー・ペリーでマシュー・ペリーのほうは補給艦の名前になってます※39

黒船来航のペリー提督はマシュー・ペリー。そのお兄さんのオリバー・ハザード・ペリーも海軍軍人で、1812年のイギリスとの戦争エリー湖の戦いで活躍した。つまり実戦の功績ではお兄さんのほうが有名なのだ。

※40 O.H.ペリー級は砲の位置が特徴的
そのお兄さんの名にちなむオリバー・ハザード・ペリー級フリゲイトは、76mm砲が艦の中央部の上部構造物の上に配置されていて、軍艦の砲の装備位置としてはちょっと変わっている。

※41 ノースロップ・グラマン社
アメリカの航空宇宙軍事メーカーの有力会社のひとつ。ステルス技術や全翼機など先進的な技術力を持つノースロップ社と、海軍の空母艦上機の老舗グラマン社などが合併。無人機のメーカーとしても名高い。

※42 ダイレクテッド・エナジーウェポン。指向性エネルギー兵器。たぶんレーザーとか、あるいは荷電粒子ビームかなんかでしょうね。
レーザー光線や荷電粒子（電気を帯びた粒子、つまり電子とか陽子とか）を目標に当てて、そのエネルギーで直接目標を破壊する兵器。まだ実験段階だが、少なくともレーザー兵器は実用に近づきつつある。

映画の『スター・ウォーズ』観てね※43

映画『スター・ウォーズ』では、ご存じのように宇宙戦闘機や宇宙戦艦がいかにも「指向性エネルギー兵器」っぽく見える光線で撃ちあう。ジェダイのライトセーバーは指向性エネルギーなのか？

※44 B-2
ノースロップ・グラマンB-2スピリット爆撃機。アメリカが冷戦末期に計画したステルス爆撃機。ノースロップ社得意の全翼機で、レーダー反射を減らしている。1997年から実戦配備。あまりに高価で21機しか作られていない。

※45 X-47
ここでいうX-47とは、アメリカ海軍の無人艦上攻撃機構想の技術実証機ノースロップ・グラマンX-47Bのこと。その前に無人実験機のX-47Aというのも作ら

れたが、第6世代戦闘機はX-47Bのほうに似ている。

※46　全翼機
読んで字のごとく、全部が翼になってる飛行機。つまり飛ぶのに直接は必要のない胴体も尾翼もなくて、ムダがないし、ステルス性でも有利になる。でも主翼だけだと安定を保つのが難しいんで、近年になりコンピュータによる自動操縦が発達するまではなかなか実用化されなかった。アメリカのB-2爆撃機が全翼機の好例。

※47　トルコのインジルリク基地
トルコ南部の航空基地で、3000m級滑走路と多くの強化掩蔽格納庫を有し、中東方面に近いことからアメリカ空軍やNATO諸国空軍がしばしば兵力を展開している。

※48　F-15C戦闘機
アメリカ空軍のボーイング社製(旧マクダネル・ダグラス社製)F-15イーグル戦闘機の現行型。「第4世代」の代表で、制空を主な任務として、高速と高い運動性を持ち、高性能のレーダーを備え、遠距離から近距離、格闘戦まで隙のない空戦能力を誇る。1991年の湾岸戦争で実戦初参加、以来今日まで空中戦無敗記録を更新中。

※49　F-15E戦闘攻撃機
F-15戦闘機の派生型で、こちらは対地攻撃、とくに侵攻攻撃を任務とし、「ストライク・イーグル」と呼ばれる。高度なレーダーと航法・攻撃システムを備え、昼夜全天候の低空侵攻能力を持ち、レーザー誘導爆弾やGPS誘導爆弾、空対地ミサイルなど多様な兵器を搭載できる。

※50　A-10攻撃機
冷戦時代にアメリカ空軍が開発した近接支援用攻撃機。最大速度は約700㎞/hと低速だが、戦場上空での戦闘持続能力と兵装搭載能力、耐弾性に優れる。30㎜トリング機関砲を備え、11カ所の兵装取付けポイントを持つ。改良によりレーザー誘導爆弾なども投下できる。あだ名はウォートホッグ(イボイノシシ)。

※51　無人機
ここでいう無人機とは、アメリカ空軍がシリアやイラクでの偵察・監視・攻撃に用いるMQ-1プレデターやMQ-9リーパーのこと。

※52　F-15Cが引っ込むということは、そういうおそれもだいぶなくなってきたのかな、あるいはロシアと角突き合わせるような行動はしないようにしたのかな
シリア政府軍を支援して爆撃作戦を行なうロシア機との万が一の衝突を避ける、という意志を示すものだったのかも。それはまた「シリアでのロシア空軍の行動を邪魔しませんよ」というメッセージになったのかも。

運用経費が違うのかしら　※53

A-10とF-15Eを比べたら、電子装備の少ないA-10のほうがたぶん運用経費は安いんじゃないか？　侵攻攻撃能力のあるF-15Eがトルコにいると、シリアとロシアが神経を尖らせるからだったのかも。

※54　巨大なガトリングガン
回転式多銃(砲)身機関銃(砲)。A-10攻撃機に搭載されているのは30㎜口径のGAU-8アヴェンジャー。全長6・4m、重量1・8トン。発射速度3900発/分。ガトリングは複数の砲身を束ねて回転させ、順番に発射する方式の機関銃・機関砲。発射速度を大きくできるのが利点。アメリカ戦闘機の20㎜M61バルカン砲も6砲身のガトリングガンだし、それから派生した軍艦のファランクスCIWS(近接防御兵器)もガトリングガン。ロシアの艦載30㎜CIWS、AK-630も6砲身ガトリングガン。

※55　30㎜機関砲
A-10攻撃機の固定武装はGAU-8アヴェンジャー30㎜機関砲。7本の砲身を回転させながら発射し、最大で3900発/分の発射速度を持つ。砲自体も大型で、弾倉も含めると全長約6m、重量は弾丸も含めて1・8トンにもなる。A-10は機体中心線にこの機関砲の砲身を置くために、前脚が右に偏っている。

※56　ドイツの電子攻撃型のトルネード
PANAVIAトーネードは、イギリス・イタリア・ドイツの3国共同開発の可変翼超音速攻撃機だが、ドイツは対空制圧・電子偵察任務の派生型を開発、これがトーネードECRで、対レーダーミサイルHARMを運用する。ドイツ空軍が35機(機関砲なし)、イタリア空軍も同様の機体(機関砲あり)を16機採用した。

※57　ロシア機の撃墜を受けてシリアに配備した地対空ミサイル
2015年11月、ロシア空軍のSu-24攻撃機がシリア・トルコ国境付近でトルコ空軍に撃墜されたことから、ロシアは急遽シリアに最新の対空ミサイルシステムS-400を空輸して展開した。

※58　ロシアの黒海艦隊
黒海に配備されたロシア海軍の艦隊。NATO加盟国のトルコによりボスポラス海峡を扼されてはいるが、地中海をにらむ海軍戦力として重要な艦隊。旗艦はミサイル巡洋艦モスクワ。

※59　ブーヤン級コルベット
ブーヤン級コルベットは満載排水量約950トンの小型の水上戦闘艦。ステルス設計で、2006年からカスピ海艦隊に配備が始まった。普通なら、この大きさの艦は沿岸警備ぐらいが仕事のはずなのだが……。

※60 ロシア海軍はお金がなくて、非常に低迷していたという時期
1991年のソ連崩壊から数年間は、国内の混乱と経済の低迷で軍艦の建造は中断、艦の整備も、乗員の給料も滞る、というかなり悲惨な状況だったものだ。

※61 カリブル
ロシアの巡航ミサイル3M54シリーズ。いろいろなタイプがあり、射程2500㎞といわれるものもあって、さらには終末段階では超音速に加速するタイプもあるという。

※62 このあいだカスピ海からシリアに向けて撃ってたでしょう?
カリブルのこと。長射程対地攻撃巡航ミサイルでありながら、コルベットやフリゲートのような小型の軍艦からも発射可能。

NATOにとっては嫌な感じでしょうね ※63

NATOにとって手の届きにくい黒海のロシア艦、それも小型のコルベットまでが西ヨーロッパへの巡航ミサイル攻撃能力を有しているとなったら、それはNATOにとっては心穏やかではないな。

※64 P-3C哨戒機
ロッキード・マーチン P-3オライオン哨戒機の現行型。アメリカ海軍をはじめ海上自衛隊など多くの国で使われている。1960年代後半から作られて、センサーやコンピュータなどの装備は何度も近代化されている。対潜・洋上哨戒だけでなく、アメリカ海軍のP-3Cのなかには地上目標捜索・捕捉レーダーを装備する機体もある。

※65 中国海軍ジャンカイI級フリゲート
中国海軍の「054型」フリゲート。2005~2006年に2隻が就役した。ステルス設計を採り入れている。すぐに改良型のジャンカイII型が2008年から登場して、そちらが主力フリゲートとなっている。

※66 日本とインドネシアの外務防衛閣僚協議2+2
2015年12月17日、東京で開催。防衛装備品及び技術の移転に関する協定の交渉を開始することを決定。

※67 救難飛行艇「US-2」
新明和社製の救難飛行艇、というか陸上からも離発着できるから正しくは水陸両用機。前型のUS-1以来の優れた短距離離着水能力が特長。海上自衛隊で2007年から使われている

※68 US-2といえば、インドとの輸出がどうなるかという状況
US-2についてはインドが沿岸警備隊の捜索救難機として興味を示し、日本とインド間で輸出交渉が続いている。

※69 東ドイツ海軍の艦艇
1990年のドイツ再統一後、インドネシア海軍は旧東ドイツ海軍のパルチムー級警備艦16隻とフロッシュー級中型揚陸艦12隻を買い込んでいる。

※70 ロシアのジェット飛行艇
ロシアのベリエフ航空機は、ジェット双発の飛行艇Be-200を作っていて、哨戒や捜索救難、山火事消火といった用途に売ろうとしている。でも今日では飛行艇はニッチな飛行機なので、なかなか発注がない。

2015年12月19日 配信回［後半］

※1 F-2
日本とアメリカが、F-16戦闘機をベースに協同開発した戦闘機。2000年から実戦配備となり、94機が生産された。国産のAESAレーダーを装備し、対艦ミサイル4発搭載という強力な攻撃能力を持つ。

※2 ボタンをポン押すと正常に戻ると、そういう装置もありまして
F-2はコンピューターが機体を操縦して安定を保つ。操縦システムを自動姿勢回復モードにしておくと、パイロットが自機の姿勢を見失うような場合でも、ボタン一つで安定飛行に戻るというわけ。

※3 レンジャー課程
陸上自衛隊で、潜入や待ち伏せ攻撃、奇襲といった作戦を行なえる隊員を養成する訓練。部隊レンジャー、空挺レンジャー、幹部レンジャーなどの課程があり、どれもものすごく厳しく、「生活自活訓練」では山野でヘビを捕まえて食べることもあるというのは有名な話。

※4 防衛大綱
日本の安全保障政策の基本的な指針となるもの。10年後までが目安。正式名称は「防衛計画の大綱」。略して「防衛大綱」と呼ぶことが多い。

※5 那覇の基地の戦闘機部隊
航空自衛隊那覇基地には2016年1月に、第204、第304のF-15飛行隊2個からなる第9航空団が編成された。

※6 F-4
航空自衛隊のF-4EJ改戦闘機。航空自衛隊がF-4EJを導入したのは1971年のことで、近代化改修されてF-4EJ改となっているが、すでに45年も飛

んでいる。那覇基地には第302飛行隊が配備されていた。

※7 F-15
航空自衛隊の主力戦闘機F-15Jは1980年に最初の機体が納入されて、複座のF-15DJと合わせて約200機が、8個飛行隊と飛行教導隊で使われている。一部の機体は近代化改修が施されている。

※8 爆撃機を8機
2015年11月27日、中国軍のH-6爆撃機8機が沖縄本島～宮古島間の公海上を飛行して東シナ海から太平洋へと往復した。ほかに早期警戒機や情報収集機も飛び、中国軍機の東シナ海～太平洋での行動の拡大を示した。

※9 防空識別圏の設定をして、これは世界中どの国もないんですよ
中国が2013年11月に東シナ海に設定した。中国は「防空識別区」と呼んでいる。日本の領土である尖閣諸島の上空も含んでいるほか、民間機の飛行にも事前通告を求めるなど国際的な慣例とは異なる問題点がある。

※10 潜水艦発射弾道ミサイル発射試験
KN-11潜水艦発射弾道ミサイル。この番組の8ヶ月後の2016年8月24日、北朝鮮・新浦近辺の海中から発射され、約500㎞飛翔し、日本の防空識別圏に落下。

※11 爆撃機の最近の動き
中国空軍・海軍が装備するH-6爆撃機のこと。

※12 新しい非常に強力なレーダーを積んだSu-35
優れた機動性と強力なレーダー性能、多様な兵装搭載量を持ち、今日最強の戦闘機のひとつと目されるロシアのスホーイSu-35を、中国は2015年に24機の購入を正式に発注、近く最初の4機を受領する。Su-35を、とくにそのレーダー技術を中国が手にすることが気になる。

ロシア軍も北方領土に軍の施設を建設すると言われていますが※13

ロシアは日本の領土である北方四島の軍事施設の近代化に2011年から着手していたが、2015年6月ごろから本格化している。ショイグ国防相が2016年は「バスチオン」対艦ミサイル配備を言明するなど、戦闘力の増強も注目される。

※14 テポドン2
テポドン2SLV（衛星打上機）の「銀河3」のこと。

※15 TEL
Transporter Erector Launcher＝ミサイルの移動・起立・発射機のこと。

※16 C2BMC
Command and Control, Battle Management, and Communicationsの略。米軍の弾道ミサイル防衛の各種センサーや迎撃システムが連接される弾道ミサイル防衛の広域指揮所。中谷防衛相（当時）は、日本人として、初めて、ハワイにあるC2BMCを視察し、注目された。

※17 SBX-1
石油リグの巨大フロートを利用して作られた洋上で移動可能な弾道ミサイル追尾用Xバンド・レーダー。高さ85m、全長116m。レーダー探知距離2000㎞とも。

※18 AN／TPY-2レーダー
もともとは、THAAD迎撃システム用の迎撃ミサイル管制レーダーTHAAD-GBRとして開発されたが、現在は、THAAD迎撃システムの管制用のターミナル・モードと遠距離の弾道ミサイル追尾専用のフォワードベース・モードで切替使用可能。日本に配備されている米陸軍AN／TPY-2は、フォワードベース・モードで運用され、ハワイのC2BMCの「眼」となっている。日本の航空総隊や防衛省中央指揮所には、C2BMC経由で日本に配備されているAN／TPY-2レーダーのデータが伝達される。

※19 Xバンド
波長2・5～3・75㎝、8～12GHZの電波。衛星通信や気象レーダーでも使われる。

※20 THAAD
THAAD迎撃システムのこと。射程200㎞と言われる。

※21 防空と弾道ミサイルを一体にしたテスト
2015年10月31日にハワイ周辺で実施された弾道ミサイル迎撃試験。

※22 PAC-3
ペトリオット・アドバンスド・ケーパビリティ3。ペトリオット・システムのうち、インストールされたコンピュータプログラムによって、PAC-2ミサイル、PAC-2GEMミサイル、PAC-2GEM-Tミサイル、PAC-3ミサイル、PAC-3MSEの運用が可能に。

※23 BMD
Balistic Missile。弾道ミサイル防衛。

※24 AD
Air Defense。防空のこと。

※25 CEC
Cooperative Engagement Capability（共同交戦能力）イージス艦のSPY-1レーダー、その他のレーダーのデータをリアルタイムで共有、合成し、自艦のレーダーだけでは見えないところも掌握できるようにする。

※26 E-2D
アメリカのノースロップ・グラマン社製の早期警戒機。アメリカ海軍の空母搭載用に開発された。E-2Cと見かけはほとんど変わらないが、レーダーを一新、探知・追尾能力や情報能力が格段に向上した。CEC中継能力でNIFC-CAの要となる。航空自衛隊も導入する。

※27 統合運用
軍種や各自衛隊の垣根を越えて、統合的に運用すること。

※28 防衛ガイドライン
「日米防衛協力のための指針」

※29 JTAGS
Joint Tactical Ground Station。米軍が弾道ミサイル発射探知等のために静止衛星軌道に上げている早期警戒衛星のデータを受信・解析する装置のこと。移動可能。

※30 DWES(Distributed Weight Engagement Scheme)重点配分交戦スキーム
イージス艦のMIPS（海軍発達型計画作成システム）というシステムの機能のひとつ。敵が弾道ミサイルを複数連射した場合、展開中の複数のイージス艦のどれにどの弾道ミサイルを対処させるか、瞬時に割り振る。

※31 BMD艦
弾道ミサイル防衛能力を持つイージス艦のこと。

※32 あたご型
海上自衛隊イージス艦のうち、あたご、あしがらのこと。

※33 27DDG型以降の4隻
8200トン型イージス艦。

※34 日米共同対処
この文中では日米のイージス艦が共同して連射された複数の弾道ミサイルに対処すること。

※35 BMD能力搭載のイージス艦
2016年8月現在、横須賀には、シャイロー、カーティス・ウイルバー、ジョン.S.マッケイン、フィッツジェラルド、ステイザム、ベンフォールド、バリーの、7隻の弾道ミサイル防衛能力のあるイージス艦が配備されている。

※36 弾道ミサイルの防護アセット
アセットは、この場合、装備のこと。

DWESを日本が導入するとは、能勢さんもツユ知らず。そのDWES導入をこのときこの場で中谷大臣（当時）の口から直接聞いて、能勢さんも唖然としているところ。

※38 ベースライン9A
イージス艦の戦闘システムの発展段階。パソコンに例えるとOSのようなもの。これに応じてアプリにあたる弾道ミサイル防衛能力やNIFC-CAをインストールできるようになる。ベースライン9Aは、NIFC-CAは、インストールできるが、弾道ミサイル防衛能力は運用できない。

※39 ベースライン9C
ベースライン9Cは、NIFC-CAも最新の弾道ミサイル防衛能力のイージスBMD5.0CU、イージスBMD5.0をインストール可能。

※40 ミリアス
アメリカ海軍のイージス駆逐艦。艦番号はDDG-69。近代化改修により最新のイージス・ベースライン9Cを装備し、「統合防空ミサイル防衛（IAMD）」艦となった。NIFC-CAにも対応。2017年夏に横須賀配備の予定。

※41 バリー
アメリカ海軍のイージス駆逐艦。艦番号DDG-52。イージス・ベースライン9CのIAMD艦で、2016年3月に横須賀に前方展開となった。

※42 空母ロナルド・レーガン
2015年10月に横須賀に前方展開となったアメリカの原子力空母。艦番号はCVN-76。ニミッツ級空母の9番艦で2003年に就役した。あだ名は、かつてハリウッド映画俳優だったロナルド・レーガン大統領の当たり役にちなんで「ギッパー」。

※43 ベンフォールド
アメリカ海軍のイージス駆逐艦。艦番号はDDG-65。近代化改修済みでイージス・ベースライン9Cを装備、IAMD能力を備える。横須賀のイージス駆逐艦増強の一番手として、2015年10月に前方展開した。

※44 新三要件
米軍など他国軍の装備を自衛隊が防護すること。

※45 中期防
中期防衛力整備計画のこと。

※46 まあ、いろんな状況がありますので(笑)

相手の出方もいろいろ考えられるので、防御もいろいろなケースを考える必要がある？

※47　島嶼《とうしょ》防衛
日本は、大小さまざまな島から成り立っている国土なので、これらを防衛すること。

※48　防衛出動
日本が武力攻撃を受ける、あるいは受ける怖れがある際、日本を防衛するため必要があると認められると、内閣総理大臣が国会の承認を得て、自衛隊に出動を命じる。緊急の場合は、国会承認がなくても命じることができる。出動すること。

※49　キャンベラ級揚陸艦
オーストラリア海軍が2隻建造した最新の強襲揚陸艦。オーストラリア海軍最大の軍艦で、全長230m。飛行甲板と格納庫、さらに艦内にドックを持ち、揚陸艇を収容する。キャンベラが2014年11月に、アデレードが2015年12月に就役した。設計はスペイン。

※50　スキージャンプ甲板
空母の飛行甲板の前端を上に反り返らせ、そこから戦闘機を斜め上に発進させる構造。スキージャンプがあればカタパルトを使わずに戦闘機を発進させることができ、STOVL機の発進を補助して搭載量を増やすことができる。

※51　F-35B
アメリカが開発した第5世代戦闘機F-35の3タイプのひとつで、短距離滑走発進／垂直着陸（STOVL）を行なう。アメリカ海兵隊とイギリス海空軍が使用する。

※52　いずも
海上自衛隊の最大のヘリコプター搭載護衛艦。全長248m。ヘリコプター14機を搭載する。2015年3月に就役した。2番艦「かが」も2017年に就役する予定。

※53　AN／BYG-1
現有の米潜水艦共通の戦闘システム。

※54　装備移転
武器や武器にあたらない装備の海外への移転。輸出の他、無償譲渡、貸与も含まれる。

※55　誰も書けなかった　防衛省の真実
中谷元氏の著書。日本語の一般書としては、初めて、武器取引の国際慣行「オフセット」を説明した。

※56　オフセット
兵器・武器取引に関わる国際慣行。兵器・武器を輸出した側は、その価格の何パーセントにあたる金額のものを輸入国から輸入、またはサービスを提供する。このパーセントは、契約書に明記され、戦闘機輸出のオフセットで、冷凍チキンが輸入されたことも。

ひとりで興奮しちゃってますけど、大丈夫ですか？（笑）※57

「知らないこと、いっぱい聞ければ、興奮もするでしょ」（能勢氏談）

※58　FACO
F-35A、同B、同Cの最終組立工程および整備工程、または、それを行なう施設のこと。

2016年3月26日 配信回【前半】

※1　トレンチだったら本当は神がラグランになってるはずなんですね。ウエストベルトもないしね
トレンチコートは第1次世界大戦当時の塹壕戦でのコートとして作られた。トレンチとは塹壕のことで、本来のかたちでは袖はラグラン袖、ベルトがつき、ベルトには手榴弾を吊るす金輪がつく。金正恩委員長のコートは厳密なトレンチコートのかたちではないようだ。

※2　KRT
朝鮮中央テレビ。北朝鮮のテレビ局。

※3　コンバン級ホバークラフト
北朝鮮海軍の上陸用兵員輸送ホバークラフト。3タイプがあるといわれ、全長18m～25m、兵員十数名を搭乗させることができるとみられる。

※4　塹壕
兵隊が敵の砲撃や銃撃から身を隠すために掘る溝。

※5　MiG-21っぽいからF-7かな？
中国製のF-7（J-7）戦闘機は、1960年代に旧ソ連で開発されたマッハ2級の軽戦闘機MiG-21を基にしている。北朝鮮空軍は、旧ソ連製MiG-21の後期型と、中国製F-7初期型の両方を使っている。

※6　ハンタイ級とかいう戦車揚陸艦
北朝鮮海軍の小型揚陸艦。排水量350トンで、戦車なら3両、兵員200名を乗せることができるとみられる。

※7　岡部　お、（金正恩第1書記の前に）灰皿だ。小山　メガネだ（笑）。
金正恩委員長は煙草を吸う。軍の演習やミサイル発射の視察でも、委員長の観覧席にはたいてい灰皿が置かれ、しばしば手に煙草を持っている。そしてときどきメガネをかけることもある。

※8　MI-1985

北朝鮮陸軍の水陸両用戦車。M-1985はアメリカ軍の呼称で、北朝鮮では82式と呼ばれているらしい。中国の85式兵員輸送車を基に、旧ソ連のPT-76水陸両用戦車の砲塔を搭載、そこに85mm砲を装備している。対戦車ミサイルも装備する。

※9　VTTの323かな?
VTT-323は北朝鮮陸軍の代表的な装甲兵員輸送車。重量12・7トンと小型で、兵員10名を運ぶことができる。14・5mm機関銃や携行型対空ミサイルを装備するが、装甲は薄いとみられる。中国の63式装甲車の拡大型のようで、アメリカ軍呼称M-1974。

※10　多連装ロケット砲
どうも画面に映っていたのは、63式多連装ロケット弾発射機のようだ。107mmのロケット弾発射筒12本を装備する牽引式の発射機で、射程は8000m程度。命中精度は悪いらしいが、面制圧には使えるだろう。

※11　偽装
いわゆるカモフラージュのこと。戦車などでは、車体に木の枝や草をまとわせて、周囲に溶け込ませて姿を隠す。

※12　T-62系列の戦車
旧ソ連が1950年代に開発したT-62戦車を、1980年代に北朝鮮が生産設備を譲り受けて国産化、「天馬(チョンマ)」と名付けた。北朝鮮はさらに改良を加え、天馬2号~5号を作り出している。これらT-62の流れを汲む戦車が北朝鮮陸軍の主力戦車となっている。

※13　で、(能勢さん)満面の笑みです
どうもこの番組で戦車や装甲戦闘車両の走り回る映像が出ると、能勢さんが嬉しそうになる傾向があるようである。

それなりにこう
なんか、
アンサンブルに
気を遣ってる
のかしら
※14

軍の演習視察やミサイル実験などで報じられる金正恩委員長の写真を見ると、日本や欧米の感覚とは違うけれど、金正恩なりの服装の美意識があるのかもしれない。それにしても委員長は軍服は着ないのね。

※15　中国もね、あのLCACに似てるのを作ってるし
726型エアクッション揚陸艇のこと。NATO名「玉義(ユーイ)」型。満載排水量170トン、全長33m、戦車1両など60トンの搭載能力がある。大型揚陸艦071型(「玉昭」型)に搭載され、現在4隻があるとみられる。

※16　ズブル級とかいう、ああいう大型のホバークラフト
旧ソ連が開発した世界最大のホバークラフト。NATO名ポモルニク型。中国海軍は2隻をウクライナから輸入、さらに2隻を国産建造中という。満載排水量559トン、戦車3両または兵員260名+装甲車10両を搭載する。

※17　M-1985水陸両用戦車
旧ソ連のPT-76と異なり、AT-3サガー対戦車ミサイル搭載可能。

※18　補助装甲
防御力を補うために装甲車両に追加する装甲。現場や乗員が自分たちの裁量や判断で、手近な材料で外側に取り付けることもある。丸太を車体に並べるだけでも対戦車ロケット弾に対する防御の足しになる、と乗員が考えることもある。

※19　不整地
平らに均していないデコボコの地面のこと。

※20　成形炸薬避け
対戦車ロケット弾やミサイルの弾頭は炸薬が漏斗型になっていて、爆発すると高温ガスが細いジェットになって前方に吹き出し、装甲を溶かして破る。だから丸太に当てて爆発させれば、ジェットが装甲に届かず、あるいは集中せずに散らばって、装甲を破れなくなる、というわけ。

娘氏も一緒に
見てるん
ですからね
※21

小泉悠さんにはお小さいお嬢さんがいらっしゃる。

※22　F-15K
韓国空軍の戦闘攻撃機。アメリカ空軍のF-15Eストライク・イーグルの発展型で、射程250km以上という対地攻撃ミサイルSLAM-ERを搭載でき、「スラム・イーグル」とも呼ばれる。2005年~2012年に61機を導入した。

※23　F-16
ロッキード・マーチン社の戦闘機。1978年の実戦配備以来、アメリカ空軍をはじめ多くの国々で使われ、優れた運動性を持ち、さまざまな改良・改修により今日でも第一線の能力を持つ。韓国空軍は1986年から約170機を導入している。

※24　GBU-28
アメリカ空軍などが使用する大型のレーザー誘導爆弾。重量約2トン、全長3・9m。厚いコンクリートで覆われた掩体壕（バンカー）や地下施設を破壊することを目的とした「貫通爆弾」で、厚さ6mのコンクリートを貫くという。

※25　バンカーバスター
掩体壕（バンカー）をぶっ飛ばす爆弾だから「バンカーバスター」。GBU-28がその代表格だが、より小型の900kg爆弾でも貫通弾頭を使うものがあり、それも広い意味では「バンカーバスター」となる。

※26　C-130
ロッキード・マーチン社製の中型輸送機。ターボプロップ4発で、最新のC-130J型では最大搭載量19トン。1954年に初飛行して、世界各国で数多くが使われている。輸送機以外の用途の派生型もたくさんある。

※27　フレア
赤外線誘導の対空ミサイルをかわすための囮として放出する発熱体。フレアが出す熱で、赤外線誘導装置を引きつける。

※28　オスプレイ
アメリカ海兵隊のベル／ボーイングMV-22Bティルトローター輸送機。ヘリコプターのように垂直離着陸ができ、回転翼を前に向けてプロペラとして使うことで普通の飛行機のように水平飛行する。従来のヘリコプターよりも高速で、航続距離が大きい。

※29　長距離襲撃演習
この演習でアメリカ海兵隊は、オスプレイの性能を活かして、従来のヘリコプターでは届かない距離に歩兵を直接降ろし、敵の司令部施設に見立てた目標を奇襲している。

※30　沖縄のキャンプ・ハンセン
沖縄県の沖縄本島中部、金武町・恩納村・宜野座村にまたがるアメリカ海兵隊の基地。訓練施設も有する。

※31　アラビア文字が書いてあったんだけど
この長距離襲撃演習で想定していた相手は、どうもアラビア語を使う人々らしい。こういうディテールまでこまかく再現するのがいかにもアメリカ軍の演習らしいところ。

※32　第3海兵遠征軍
海兵遠征軍（Marine Expeditionary Force）は、アメリカ海兵隊の部隊編成で、海兵師団1個と海兵航空団1個、補給・支援を行なう兵站支援グループ1個から成る。アメリカ海兵隊に3個編成され、沖縄に司令部を置くのが第3海兵遠征軍。

※33　生物化学兵器
細菌・ウィルスといった生物兵器と、毒ガスなどの化学兵器の総称。核兵器や放射性兵器と合わせて、多くの人命に被害を及ぼすことから、大量破壊兵器とされる。生物学的＝バイオロジカル、化学的＝ケミカルの頭文字からBC兵器ということもある。

※34　アメリカ第2歩兵師団の化学戦大隊
韓国防衛の任にあたるアメリカ陸軍部隊が第2歩兵師団。この訓練は、第2歩兵師団所属の化学戦大隊が行なったもののようだ。第2歩兵師団の司令部はアメリカ本土ワシントン州フォートルイスだが、一部は韓国に配備され、韓国人兵KATUSAもいる。

ちゃんと
（ズボンに上着の裾を）※35
インしてね

シャツの裾をパンツに、パンツの裾を靴に入れるのを「インする」というらしい。着こなし以前に、化学・生物戦防護服では、服や靴、手袋、マスクの隙間が露出しないように「イン」すべきところはきちんと「イン」しなくてはいけない。

※36　韓国も持ってたんですね
GBU-28爆弾は、重防御目標の貫通攻撃という特殊な用途の爆弾で、しかも爆弾自体が長大で重いため搭載できる機体も限られる。アメリカ空軍ではB-2爆撃機とF-15E戦闘攻撃機が搭載する。韓国空軍のF-15KはF-15Eの発展型なので搭載可能。

※37　バンカーってゴルフでバンカーって言いますよね
ゴルフコースに作られた砂の窪地もバンカーという。普通の世間ではバンカーというと当然こっちの意味で、まず掩体壕（えんたいごう）のことを思い浮かべる人種はごく限られているだろうな。

※38　2009年に北朝鮮の核実験のあとに韓国に売ることが決まったそうです。
アメリカは2009年5月に北朝鮮が核実験を行なったあと、6月に韓国に25発の売却を決定して、2010～2014年に引き渡している。この映像でその1発が見られたわけだ。

※39　空対地誘導弾
空対地誘導弾というと、航空機から地上の目標に向けて発射するミサイルのことだが、北朝鮮がここで具体的に何を指して言っているかはよくわからない。GBU-28のような精密誘導爆弾のことも含んでいるのだろう。

※40　カウンターパート
自分と同等の相手役のこと。この場合、アメリカ軍の化学戦部隊のカウンターパートというと、同様の任務・装備を持つ韓国軍の化学戦部隊ということになる。

※41 先週お見せしたのと同じあれですね
北朝鮮の朝鮮中央通信と労働新聞は、２０１６年３月４日に、新型の多連装ロケットを金正恩委員長が視察したことを報じて、それを同年３月19日の配信回で紹介している。

※42 ロケットの下のほうの翼は巻き込み式ですかね
この新型ロケット弾の尾部の安定翼は、発射筒のあるときは胴体に沿って折りたたまれていて、発射筒から出ると開く仕組みのようにみられる。つまり安定翼は円弧状に曲がっているわけだ。

※43 アンテナなのかどうなのか、気になるところですね
先端近くに突き出ている突起がなんなのか。操縦用の翼？　それとも誘導電波を受信するためのアンテナなのか？

※44 操縦翼
尾部の翼が安定用で動かないとすると、ロケット弾が狙ったところに命中するよう操縦するための可動翼が前部についているのか？

能勢さんとかいう朝鮮中央放送のアナウンサー、なかなか日本語上手ですねって（笑） ※45

このころから次第に、北朝鮮の報道発表文の訳を読み上げる能勢さんの口調が、だんだん北朝鮮中央テレビのアナウンサーに似せるようになってきた。そのなんとなくおずおずとした奥ゆかしさが能勢さんの芸風。

※46 北朝鮮３００㎜の特徴かなと
北朝鮮のこの新型ロケット弾は直径が３００㎜と見られ、北朝鮮軍が保有している多連装ロケット弾のなかでも最大となる。旧ソ連のスメルチや中国の３００㎜ロケット弾とも違う特徴がみられる。

※47 ロシアのスメルチという多連装ロケット砲
旧ソ連陸軍が１９８９年から実戦配備した多連装自走ロケット。長さ７・６m、直径３００㎜、各種の弾頭を装備して、通常の高性能炸薬弾では射程90㎞という。大型の発射車両に12発搭載される。BM-30と呼ばれ、中国やインド、クウェートなど多くの国で使われている。

※48 中国がスメルチの技術を導入して開発した多連装ロケット砲が複数の種類ある
中国には、ドイツの技術を利用した車両にスメルチ類似のロケット弾を搭載したPHL03、誘導式のAR-1、改良型PHL96や、その改良型AR-1Aなど、スメルチに似た、あるいはスメルチを基にした多連装ロケット弾システムが何種類かある。

※49 中国のM5857Aとかいう6輪トラック
中国の国営企業、中国重型汽車集団（CNHTC）社が作るトラックのひとつ。

※50 中国のスメルチ系のA-100
中国のスメルチ類似の多連装自走ロケット砲。10連装で８輪の大型車両に搭載されている。

※51 BRE-3
中国のAR-3多連装自走ロケット砲。８連装で８輪の車両に搭載されている。BRE-3はその弾頭の一種で、対人用子弾型のことのようだ。

※52 中国のA-200
中国最新の多連装自走ロケット砲。四角い発射筒８本が８輪車両に搭載されている。衛星航法誘導で射程は２００㎞という。

※53 アメリカのGPSとか、中国の北斗っていう衛星航法システム
複数の人工衛星からの電波を受信して、自分の位置を割り出す方法。アメリカのGPS（全地球測位システム）では、一般民間用で誤差10m程度、ミサイルや爆弾などの誘導用では誤差15㎝程度ともいわれる。

※54 ロシアのグロナス
アメリカのGPS、中国の「北斗」と同様、ロシアが構築した衛星航法システムのこと。

※55 防衛省防衛研究所の「東アジア戦略概観」
防衛省防衛研究所が毎年発表している報告書。日本周辺の安全保障・軍事状況の現状と分析をまとめている。

※56 電波妨害兵器
相手側が利用する電波を妨害する装置。衛星航法の電波を妨害すれば、艦艇や航空機、車両、部隊の行動を妨げることができるし、爆弾やミサイルの誘導を狂わせることも可能になる。

誘導式のロケット砲とミサイルの違いってなんですか？ ※69

一般に、ロケットを動力に飛んで誘導しないものをロケット弾、ロケット動力であれジェット動力であれ、誘導されて目標に命中するものをミサイルと呼んで分類されてきた。ロシアや中国ではミサイルもロケットと

呼んでいる

※58　M270シリーズ
MLRSのアメリカ陸軍制式名称がM270。6連装コンテナ2個の代わりに最大射程300㎞、GPS誘導の弾道ミサイルATACMSを2発を装備することもできる。277㎜ロケット弾にもGPS誘導のM30とM31がある。

※59　MLRS
Multiple Launch Rocket System（多連装発射ロケット弾システム）。アメリカ陸軍が1982年から実戦配備し、日本やNATO諸国などで使われている。発射するロケット弾は直径227㎜、全長3．9mで各種あり、6連装コンテナ×2個を装軌式の車両に積む。

金正恩が恐れているのは、自分個人に対する個人攻撃なのかなと　※60

どうなんだろう？　例えば、かつてのイラクの独裁者サダム・フセインも湾岸戦争やイラク戦争では替え玉を何人も用意して、常に居場所を変えて、自分が攻撃目標になることを避けていた。独裁者は自分の死を恐れる。父親の金正日にも替え玉がいたともいうし。

※61　ベーン方式
英語ではvane。ロケットの噴射のなかに突き出した小さな板を動かして、噴射の方向を変えて、ロケット／ミサイルを操縦する方式。

※62　スカッド
旧ソ連が1950年代に開発した短距離弾道ミサイル。いくつかタイプがあるが、最大で射程は500㎞。液体燃料で1段式、弾頭重量は約1トン。北朝鮮はスカッド用の移動式発射台（TEL）を最大100両保有しているとみられる。

※63　ノドン
北朝鮮がスカッドを拡大して開発した準中距離弾道ミサイル。射程は1300㎞、弾頭重量1トンとみられ、スカッドと異なり弾頭は分離式。ノドンの移動式発射台は最大50両あると考えられている。

※64　パーシング2
アメリカ陸軍が1983年に実戦配備した、射程1700㎞の2段式準中距離弾道ミサイル。西ドイツに配備したが、ソ連とのINF（中距離核戦力全廃条約）締結により退役した。

※65　KN11、潜水艦発射ミサイル
KN11とアメリカ軍が呼んでいる、北朝鮮の潜水艦発射弾道ミサイル。当初は液体燃料型がテストされたが、後に固体燃料型となり、2016年8月4日には水中の潜水艦から発射して500㎞を飛んだ。

※66　酸化剤
燃料を燃やすための酸化剤のなかには、たとえば赤煙硝酸のように非常に腐食性の高いものがあり、燃料にもジメチルヒドラジンのように人体に対して有毒なものがある。

※67　新型の固体燃料型短距離中距離ミサイル
これまでの北朝鮮の弾道ミサイル、少なくとも地上発射のものは、スカッドにしてもノドンにしてもムスダンにしても液体燃料だった。とくにスカッドやノドンはミサイル起立後に燃料や酸化剤をエンジンに注入するため、発射準備に手間取ったのだが……。

※68　身体にすごい悪いやつって覚え方をしてます
たとえばジメチルヒドラジンは、身体に付くと化学やけどを負うし、吸えば呼吸障害、肺水腫、体内に入れば意識障害、溶血、肝臓障害、腎臓障害、さらには発がん性もあって、そう、身体に悪いんだよ、小山さん。

2016年3月26日 配信回［後半］

私たちが知らないランウェイ　※1

ランウェイといえば能勢さんと岡部のあいだではもちろん滑走路のことだが、小山さんにとっては別の意味。ファッションショーでモデルが進み出る舞台で、観客席に細長く突き出している部分。キャットウォークともいう。

※2　小山　MA-1、いまけっこう流行ってるんですよ。女子が着ますよ。MA-1知ってます？（笑）。能勢　まあ一応……（笑）。岡部　まあね、それは（笑）
1950年代からアメリカ軍で使われてきたフライトジャケットがMA-1だが、そのスタイルを模したジャケットもひっくるめてMA-1と総称されるようだ。たいていはセージグリーンという渋い緑色。

※3　珍しく真顔ですね
この番組で見る金正恩委員長（当時は第1書記）は、たいてい軍の演習やミサイル実験を視察していて、その成功に満面の笑みを浮かべていることが多い。真顔を見るのは珍しい。

※4 大型の自走砲
大砲を車両に搭載して、自分で走る大砲だから自走砲。多くは装軌式で、しばしば戦車とごっちゃにされるが、戦車が目標を見て直接射撃するのが基本なのに対し、自走砲は自分からは見えない遠くの目標に射撃する間接射撃が基本。一般に自走砲の方が装甲が薄い。

※5 コクサン170㎜自走砲
北朝鮮陸軍の自走砲。170㎜いう大型の砲を装備し、射程は40㎞も60㎞ともいう。新旧2タイプあり、車体も何種類かあるらしく、合わせて500門以上が配備されている。コクサンはアメリカ軍の呼称。

※6 RAP弾
RAPは「Rocket-Assisted Projectile（ロケット補助推進弾）」の略。砲弾にロケットを取り付けて、発射後にロケットに点火、射程を延ばす。コクサンはRAP弾で射程60㎞に達するという

※7 M1978
コクサンの旧タイプで、アメリカ軍が1978年に「谷山（コクサン）郡」にあるのを確認したことから、M1978「コクサン」と呼ぶ。車体は旧ソ連のT-54／T-55か、同系列の中国製59式戦車のものを利用しているとみられる。

※8 M1989
コクサンの新タイプ。アメリカ軍が1989年に確認したのでM1989と呼んでいる。車体は北朝鮮独自開発の新型で、おそらくバランスや安定性が向上しているのだろう。砲弾12発を搭載することもできるという。

※9 軍事評論家の宇垣大成さん
陸戦兵器に大変詳しい。もちろんそのほかの兵器にも詳しい。『週刊安全保障』でもロシア軍のパレードの映像を見ながら、じつにていねいにたっぷりと解説・分析してくれた。

「棒が一本あったとさ、ハッパだよ、ハッパじゃないよカエルだよ、カエルじゃないよアヒルだよ、6月6日に雨ざあざあふってきて、三角定規にヒビ入って、アンパンふたつ豆三つ、コッペパンふたつくださいな、あっというまにかわいいコックさん♪」岡部の絵はちょっと違ってる。

※11 装填車両か弾薬車
最近の自走砲では、弾薬を積む車両が自走砲に付き従って、自動的に自走砲に弾薬を受け渡すようになっている例が多い。コクサンとその種の車両が一緒にいる写真や映像を見たことがないのだが、大きな170㎜砲弾をどうやって砲に届けているのだろう？

※12 多連装ロケット砲
北朝鮮は前半で紹介した新型300㎜多連装ロケット砲以外にも、122㎜～200㎜～240㎜のさまざまな多連装ロケット砲を保有している。

※13 国連の制裁措置
国連安保理は2016年3月2日に、北朝鮮の衛星打ち上げ（弾道ミサイル技術の実験）や核実験を受けて、北朝鮮への貿易や金融、人物の渡航禁止などを含む、それまで以上に厳しい制裁措置を全会一致で採択している。

※14 なんていう人なんだろう
うーん、ごめん、誰だかやっぱりわからない。北朝鮮の労働党や政府、軍の人事に詳しいピョンヤン・ウォッチャーの方ならわかるかもしれないけど……。

※15 中華丼の器に……
元山の「葛麻（カルマ）」飛行場を、北朝鮮は国際空港にして、周辺をリゾート地に開発しようという構想を持っているらしい。その初期段階として元山飛行場に展望台のような建物が建てられたが、たしかにフタつきのドンブリのようなかたちではある。

※16 チュチェ砲
コクサンのことを北朝鮮では「主体（チュチェ）砲」と呼んでいるといわれる。「主体」とは金日成主席が唱えた「主体思想」からきているのだろう。

※17 脱北者団体『自由北韓運動連合』
韓国には、北朝鮮から脱出してきた脱北者が作る団体がいくつかあり、北朝鮮の民主化や人権を求めるもののひとつに「自由北韓運動連合」がある。

※18 韓国海軍哨戒艦天安撃沈事件
2010年3月、韓国西海岸近海で韓国海軍のコルベット「天安（チョナン）」が爆発、船体がふたつに折れて沈没した。外国の調査団の結論では魚雷攻撃によるものと断定されて、北朝鮮のヨノ型潜航艇からの雷撃と考えられている。

※19 アメリカのシンクタンク、サーティエイトノース
アメリカのジョンズ・ホプキンス大学の北朝鮮問題研究機関「38 North」。Webサイト上で、衛星写真からの分析など、北朝鮮についてのさまざまな分析や論文を発表している。

※20 トンチャンリ
漢字では「東倉里」と書く。北朝鮮の北西部、平安北道（ピョンアンプクド）にある事実上のミサイル発射場。黄海に面し、南向きの極軌道・太陽同期軌道への衛星打ち上げに適している。2012年12月の人工衛星「光明星」もここから発射され、軌道への投入に成功した。

※21 ムスダンリ
漢字では「舞水端里」と書く。北朝鮮北東部、咸鏡北道（ハンギョンプクド）にあるミサイル発射場。1980年代以降、スカッドやノドンなどのミサイルの発射がここから行なわれ、1998年のテポドン1号もこのムスダンから発射された。

なんでこれわかるんですか？※22

そう、「38 North」の分析を見ていると、そもそもなんでここにそういうものがあると気づいたんだろう？ と考えたくなることがときどきある。そこはきっと専門家だからなんだろう。

※23 ロフテッド軌道
ミサイルを遠くへ届くような角度で発射するのではなく、高い弾道で打ち上げて近い距離に落下させる飛ばし方。せっかく射程の長いミサイルを作ったのにもったいない打ち方だが、弾道の最高点が高くなり、落下速度が速くなるので、迎撃が難しくなる。

※24 高角発射
韓国はこのロフテッド軌道を「高角発射」と呼んでいる。本当は人工衛星のような地球周回の「軌道」を飛ぶわけではないので、ロフテッド「軌道」というのはどうだろう？ 英語ではlofted trajectoryだから、直訳するなら「ロフトした弾道」。

※25 千島列島
北海道の根室半島の先、根室海峡から、ロシアのカムチャツカ半島の南、カムチャツカ海峡までのあいだに連なる島々。南部には択捉、国後、色丹、それに歯舞諸島の、日本領土の「北方4島」がある。

※26 バスティオンK-300P
ロシア海軍の陸上配備対艦ミサイル・システム。射程300kmで最大速度マッハ2・5のオニクス（輸出名ヤホント）ミサイル2発搭載の車両と、指揮車両、支援車両から構成される。この射程だと単なる「沿岸防衛」とは言い難くなってくる。

※27 バルKh-35ミサイル
ロシア海軍の陸上配備対艦ミサイル・システム。ミサイルは射程130km、速度マッハ0・8のKh-35を用い、8連装発射機を車両に搭載する。

※28 無人機エレロン-3
ロシアのエニクス社製の簡易な小型偵察ドローン。翼幅83cm、重量4・3kgの無尾翼機型で、電動モーターでプロペラを駆動して飛行し、搭載したカメラでリアルタイムで画像を伝送する。航続時間は2時間。シリアなどで実戦使用されていると言われる。

※29 で、これはどこに配備するかわかんないんですけどね～オホーツク海の入口をロシア側は地対艦ミサイルで全部射程に収めることができる
この絵では、バスチオンにしてもバルにしても適当に配置して、射程の範囲を描いている。どちらも車載発射式だから、配置場所がどうなるかはわからないので、その辺はご了承のうえでご覧いただきたい

それもね、来週あの人にうかがってください※30

あの人、というのはもちろん小泉悠さん。秘密のゲストという感じでお名前を出さずに「あの人」とお呼びしていたら、いつのまにか小泉さんのお名前を秘すのがこの番組の通例になってしまった。

※31 実際このメンバーって、何か任務の分担があるのかしら
ジャンカイⅡ型フリゲイト改装の海警31239と海警31241が尖閣諸島周辺での「今週のスクランブル」の常連になってしまっているが、この2隻はどうも別々のグループとして行動しているような感がある。このグループ内のフネには任務分担があるのだろうか？

※32 統幕発表
日本周辺での艦艇や航空機の動きは、海上自衛隊、海上幕僚監部、航空自衛隊、航空幕僚監部が個々に発表するのではなく、防衛庁の統合幕僚監部が一括して発表する。「今週のスクランブル」も統幕からの発表と写真でお知らせしている。

※33 11管区海上保安本部ばっかりですね
海上保安庁が全国に置いている11の海上保安本部のひとつで、沖縄県および周辺の東シナ海、太平洋を管轄している。2016年4月、石垣島の基地施設を拡充、大型巡視船10隻とヘリコプター搭載巡視船2隻の尖閣警備専従態勢が整った。

※34 海上保安学校
海上保安庁に採用された学生に、必要な知識・技能の教育を与える学校。京都府舞鶴市にある。船舶運航システム、航空、情報システム、海洋科学の4つの課程があって、情報システムは2年間、そのほかは1年間。

※35 1回なかったんだっけ？
「今週のスクランブル」のコーナーでは、ほぼ毎週のように尖閣諸島周辺の動きをお伝えしてきている。しかし、この2016年3月26日の回までに、海上保安庁からも統合幕僚監部からも何も発表がなかったことが1回だけあった（編注／旧正月で休みだった説あり）。

※36　南沙諸島は古来から中国の領土で
中国名「南沙諸島」。中国とフィリピンなど周辺各国のあいだで領有権が争われているが、中国は浅瀬などを埋め立てて人工島を作り、それを領土として周辺に領海を主張している。フィリピンの訴えで国際仲裁裁判所は、中国の主張を無効と断定した。

※37　アメリカ海軍の巡航ミサイル搭載原潜オハイオ
アメリカ海軍が4隻保有する巡航ミサイル原潜の1番艦。元は戦略ミサイル原潜だったが、米ロ戦略核削減条約でトライデント・ミサイルを撤去、トマホーク巡航ミサイル最大154発を搭載でき、特殊部隊66名を乗せるよう改装されている。

※38　インド〜アジア太平洋方面の作戦航海
アメリカ海軍の軍艦は、本国やハワイ、日本の基地からはるか遠くへ作戦航海を行なう。航海期間はしばしば数カ月に及び、途中で外国の港に寄港して、補給や乗員の休養を行なう。

※39　巡航ミサイル・トマホーク
アメリカ海軍が水上艦や潜水艦に搭載している巡航ミサイル。1980年代に実戦配備になり、最新のブロックVI「タクティカル・トマホーク」は射程1600㎞、発射後の目標変更や移動目標への攻撃も可能になっている。

※40　フィリピンの5ヶ所の基地
アメリカ軍は1992年にフィリピンから撤退したが、中国の南シナ海への進出に直面して、2016年3月にフィリピンとアメリカは新たな基地協定を結んで、ルソン島に2ヶ所、パラワン島、セブ島、ミンダナオ島各1ヶ所の5ヶ所の基地を使用できることとなった。

※41　世界最大の潜水艦のひとつ
オハイオの全長は170m、水中排水量1万9000トン。全長も重さも海上自衛隊のイージス護衛艦「あたご」型より大きい。オハイオ級より大きい潜水艦は旧ソ連の「タイフーン」型だけだが、こちらは現在1隻しか残っていない。

※42　特殊潜航艇
オハイオ級は甲板上に「ドライデッキ・シェルター」という格納庫を最大2本搭載することができる。このなかに特殊部隊輸送用の小型潜水艇や、膨張式のゴムボートなどを収容できる。

※43　アメリカ海軍の特殊部隊SEALS
アメリカ海軍の特殊部隊ＳＥＡＬＳ。この名称は、Ｓｅａ(海)、Ａｉｒ(空)、Ｌａｎｄ(陸)の頭文字を集めたもので、海からでも空からでも陸からでも侵入して戦う、という意味が込められている。SEAL（シール）はアザラシの意味でもある。全体で複数形のシールズと呼ぶ。「ＳＤＶ(Seal Delivery Vehicle)」と呼ばれる特殊部隊輸送用の小型潜水艇。艇内は海水が入るので、乗り組む特殊部隊員はスキューバ・ダイビングの装備をつける。ただしある程度の空気はＳＤＶから供給することもできる。8人乗りで、うちひとりが操縦する。

アメリカ海軍の軍艦の取材でも、原潜の取材は別扱いで、なかなか機会がない。身分証明のチェックも、普通の水上艦と比べて格段に厳しい。

※45　UH-1ヒューイヘリコプター
アメリカのベル社が開発した中型ヘリコプター。1950年代に開発され、最初はエンジン1基だったが、改良が続けられていまもアメリカ海兵隊でエンジンを2基としたUH-1N型、Y型が現役。最初の機種記号HU-1の字面から、人名の「ヒューイ」とあだ名された。

※46　70㎜のロケット弾
アメリカ軍が多用している直径70㎜のロケット弾。「ハイドラ70」と呼ばれる。通常7発または19発入りの発射装置に収納される。射程は1500〜5000mで、無誘導だが、近年GPS誘導装置付きのものも開発されている。

※47　7.62ミニガン
7・62㎜6銃身ガトリング式機関銃、GAU-17／Aが正式名称で「ミニガン」はあだ名。最大射程1000m、6本の銃身が電動モーターで回転しながら射撃し、発射速度は4000発〜6000発／分。

※48　50口径マシンガン
アメリカ軍が第2世界次大戦以来使っている12・7㎜機関銃。「50口径」というのは、口径が100分の50インチだから。メートル法では12・7㎜となる。最大射程6770m、有効射程2000m、発射速度1200発／分。ヘリコプター装備型はGAU-16／Aまたは-21／Aという。

※49　IS(イスラム国)
イスラム過激派武装組織。「シリアとイラクのイスラム国」を名乗り、その英語の略でIS、ISISと呼ばれる。「イスラム国」というのはあくまでも彼らの自称であって、国家として承認している国はどこもない。

※50　パルミラ遺跡
シリア中部タドムル近郊にある古代遺跡。パルミラは

紀元前1世紀～3世紀には交易都市があり、ローマ帝国の支配下で栄えた。その後パルミラは滅亡、荒廃したが、ローマ時代の建築の遺構が残されていた。

※51　ガゼル系
シリア政府軍は、フランス製のSA342Lガゼル小型ヘリコプターを30機ほど保有しているという。現在そのうちの何機があるのかは不明だが、この映像では少なくとも実際に運用しているようだ。

※52　なかなか装備も整ってますね
車両や兵士の服装、武装などを見ると、よく揃っていて、映像や写真で見る反政府勢力の装備がしばしばてんでばらばらなのとは違っている

※53　8月までにシリアに移行政権を樹立ということで合意
結局、2016年8月を過ぎてもこの合意はまるで実現していない。シリアの内戦が収まる気配はなく、犠牲者は増え続けている。

※54　難航が予想されるジュネーブでのシリア和平交渉
そして4月に開かれたジュネーヴでの和平交渉は、シリアのアサド政権側が攻撃を続けていることから、反政府側が話し合いを打ち切り、何にもならなかった。

これでよくなるんですか？　世界は平和に　※55

そう、世界は平和になんかならなかったし、平和になってもいない。

※56　大型ステルス駆逐艦ズムウォルト
アメリカ海軍の革新的な駆逐艦。徹底的なステルス設計で、新型155㎜砲、新型垂直発射装置、新型レーダー、統合電気推進などを盛り込み、対地攻撃能力を重視したが、ミサイル防衛能力に欠け、建造費も高騰して、3隻で建造を打ち切ることになった。

※57　作った会社
ズムウォルトはアメリカ東海岸メイン州のバス・アイアンワークス造船所で建造された。軍艦は、完成すると、まず造船所側の手で試験が行なわれる。

これフネなのよ？　大事なことなのでもう一度いうけど、軍艦なのよ　※58

艦橋などは台形の箱のような構造物ひとつにまとめられ、艦首は波を切り裂くウェーブピアサー型、155㎜砲の砲身も格納され、普通の軍艦とはおよそかけ離れた姿をしている。大事なのでもう一度言うが、これが最新の軍艦の姿だ。

※59　そういう意味では、この船の動向が注目ですな
ズムウォルトはアメリカ太平洋艦隊に配備される予定で、カリフォルニア州サンディエゴが母港となる。アメリカ軍の「アジア～太平洋重視」の一環となるわけだが、西太平洋～アジア～インド方面でどのような働きをすることになるのだろうか。

※60　防衛大学校
幹部自衛官を養成する防衛省の大学校。外国の士官学校にあたるが、防衛大学では入学後に陸海空それぞれへの進路が決められる。学生数は約2000人。中谷元・前防衛大臣も防衛大学校の卒業生。

※61　任官拒否
防衛大学校を卒業しても幹部候補生にならないで、ほかの進路を選ぶこと。防衛大学校の学生は、入学時に国家公務員の自衛隊員（ただし階級はない）になる。

※62　岡部　静岡の企業とか？　能勢　静岡の企業はいかなかったですけどね（笑）。小山　名古屋は？　能勢　いやーそっちもいかなかった（笑）
まあ、能勢さんがフジテレビに入社していなければ、この番組もないわけで。

2016年6月18日 配信回［前半］

※1　『MAMOR』8月号
防衛省の協力で扶桑社が発行している「防衛省準オフィシャルマガジン」。2016年8月号は6月21日に発売した。税込578円。P16～17に小山ひかるさんの『りっくんランド』訪問のカラーグラビアが載ってるぞ。P40～41の壇蜜対談に岡部いさく（笑）。

※2　楽しそうでしたよね。迷彩服着て
小山ひかるさんは、迷彩服を着て偵察用オートバイに跨ったりしてる。戦闘服で背嚢を背負う体験はしたのかなあ。とにかく楽しそうでよろしい。

それはね、仕方がないですよね（笑）　※3

ついでに（ついでじゃないか）、P24の「自衛隊メディ

ア・トリップ・ガイド」に、能勢さんが「能勢伸之の週刊安全保障」を紹介してる。モノクロで文章は3行とちょっと。

※4　接続水域
領土の海岸線から12カイリ（約21・7㎞）が領海で、その外側さらに12カイリが接続水域として、領海ではないが、その国の法律が適用される範囲とされている。つまり接続水域で法律に違反することが行われれば、取り締まったり裁判にかけたりできるわけだ。

※5　中国海軍情報収集艦「ドンディアオ」
「東調」と書く。これもNATOのつけた呼び名。815型1隻とその改良型と見られる815G型3隻がある。最初の815型「北極星」は1999年に就役、815G型「天王星」は2010年に就役した。排水量6000トンと大型で、電波傍受用のアンテナドームが特徴。

※6　インド海軍のフネ
これに先立つ2016年6月10日～14日、インド海軍の艦隊4隻、フリゲイトのサトプラとサハヤドリ、コルヴェットのキルチ、補給艦シャクティが佐世保に寄港した。出港後、この4隻はアメリカ海軍と海上自衛隊とともに合同演習「マラバール」を行なった。

※7　マラバール演習
インド・アメリカ・日本3国合同演習。2002年からインドとアメリカの2国間演習として行なわれ、2007年には初めて日本やオーストラリアを加えて沖縄近海で行なわれた。2009年にも沖縄近海で日本が参加、2014年からは3国合同演習となっている。

※8　アメリカ第3艦隊
アメリカ太平洋艦隊のうち、アメリカ西海岸～日付変更線までを作戦海域とする部隊。従来は第3艦隊は展開準備を担当していたが、今年4月、駆逐艦3隻からなる水上戦闘グループを第3艦隊の指揮下で、第7艦隊担当海域の西太平洋に展開させた。

レーダーで見てるわけですからどれがどのフネだかわからない
※9

普通の航海用レーダーでも艦船の大小ぐらいはわかるだろう。補給艦シャクティとコルヴェットのキルチが一緒に航行するのは、いろいろな漁船や貨物船も映っていたであろうレーダーの画面のなかでも特徴的に見えたのかもしれない。

※10　インド海軍の補給艦シャクティ
イタリア製のディーパック級補給艦シャクティは2011年就役。排水量約2万8000トン、全長175m、速力20ノット。

※11　キルチ
ククリ級ミサイル・コルヴェット8隻中6番艦のキルチは2001年就役。満載排水量1400トン、28ノット。ロシア製Kh-35ウランE対艦巡航ミサイル（射程130㎞）を16発装備、イタリア製OTO・メラーラ76㎜砲1門を備える。

※12　国際海峡
領海12カイリをそのまま適用すると領海になってしまう海峡だが、それだといろんな国の船が通行するのに不便になるから、普通の公海のように通行していいことになっている海峡。日本だと大隅海峡、宗谷海峡、津軽海峡、対馬海峡東西の水道がこれにあたる。

※13　洋上偵察機
中国海軍にはY-8J洋上偵察機やY-8X対潜哨戒機、Y-8Q対潜哨戒機など、洋上での哨戒や捜索を行なうことのできる航空機を、数は比較的少ないが保有している。

※14　リンク16
リンク16はUHF電波を使うので、見通し線内でしか通じない。つまり水平線の向こうとはデータ交換ができないが、リンク16の衛星通信版としてS-TADIL-Jがある。

※15　空母ステニス
アメリカ海軍のニミッツ級原子力空母ジョン・C.ステニス。太平洋艦隊所属で母港はワシントン州ブレマートン。2016年には南シナ海で行動、韓国との合同演習、マラバール演習に参加、太平洋での空母ロナルド・レーガンとの連携行動、リムパック演習参加と忙しく働いた。

※16　ホーネット
空母ジョン・C.ステニスには、第9空母航空団（CVW-9）のVFA-41のF/A-18F、VFA-14、VFA-97、VFA-151のF/A-18Eの4個飛行隊のスーパーホーネットが搭載されている。

※17　ひゅうが
「ひゅうが」型ヘリコプター搭載護衛艦。第3護衛隊群第3護衛隊の所属で、舞鶴基地を定係港としている。満載排水量1万9000トンは、ジョン・C.ステニスの約5分の1、全長197mはステニスの約60％。

※18　インドのシヴァリク級フリゲート
インド海軍が2010年～2012年に3隻を就役させたフリゲート。今回の演習には2番艦サトプラと3番艦サハヤドリが参加。ステルス設計で、ロシア製レーダーや対空ミサイル、巡航ミサイルを搭載する。満

載排水量は6300トン。

海のなかにいる生物すごくないですか※19

この広い海を泳ぎまわり、自分の位置を知り、仲間や繁殖相手を探し出す、海の動物の能力、とくに鯨類の能力には感心する。この海の広さを示す映像から、そこに思いが至る小山ひかるさんの能力にも感心。

※20　明らかに他にもいましたし
アメリカ海軍が発表したマラバール演習の艦隊写真には、「ひゅうが」の他にも「あたご」型や「こんごう」型、「くらま」、「あきづき」型、「おおなみ」型、「むらさめ」型、「あさぎり」型護衛艦の姿が見える。

※21　国連海洋法条約
1982年に国連海洋法会議で採択されて、1994年に発効した。領海や接続水域、経済専管水域、国際海峡などもこの条約で定義されている。

※22　国際航行海峡
国連海洋法条約の通過通行権の規定が適用されるのは、「公海または経済専管水域の一部分と公海または経済専管水域の他の部分との間にある国際航行に使用されている海峡」で、つまり普通に言ったら領海だけど、外国の艦船が通ってもいいよ、とされている海峡。

※23　トカラ海峡を国際海域とは認めていないわけで
日本はトカラ海峡を国際海峡と認めてはいないし、国連海洋法条約にも国際海峡と書かれてないから、トカラ海峡は日本の領海だ。つまり外国の軍艦は通ってもいいけど、立ち止まったり、訓練をしたり、もちろん敵対的な行動をとったりしてはいけない。

※24　日本の場合は、ですね
日本の場合は、北から宗谷海峡、津軽海峡、対馬海峡西水道と東水道、それに大隅海峡が国際海峡となっている。鹿児島県の大隅半島と種子島など大隅諸島の間の大隅海峡だったら、中国の軍艦でも自由に航行できることになる。

※25　国際条約上で言う通過通行制度
国際海峡を自由に航行できるといっても、もちろん武力行使なんかしてはいけなくて、さらに途中で止まったりせずに、さっさと通り過ぎる限り、航行が認められている。国際海峡では潜水艦も潜航したまま航行していいことになっている。

※26　無害通航権
無害通航権で人様の国の領海を通るときには、武力行使しちゃいけないのはもちろん、航空機の発着や訓練、「沿岸国の防衛または安全を害することとなるような情報の収集を目的とする行為」などもしてはいけない、と国連海洋法条約で決まっているのだ。

急に能勢さんが岡部さんの家のドアをバーンとあけて、「ピンポン押してよー」って感じじゃないですか※27

小山ひかるさんは、ときどき能勢さんと岡部の家同士の問題で国際情勢を理解しようとする。実際には能勢家と岡部家はかなり離れているので、こういう事態が起こることはまずありえない。

※28　中国の海洋調査船「科学」
中国科学院海洋研究所の調査船には「科学」という名前がついているようだ。代々この研究所の調査船は約4700トンで全長約100m、速力15ノット、無人潜水艇や深海調査装備各種を備えている。2015年4月から海洋調査活動を始めている。

※29　「こっちのほうにマラバールのフネが来てないか」みたいなことを探ろうとしたのかなあ
マラバール演習の観測・情報収集に関係があったのかなかったのか。中国は南西諸島周辺や大隅海峡周辺など、中国潜水艦の太平洋への出口にあたる海域について調査したかった、と見ていいのかもしれない。

※30　第3艦隊チームの駆逐艦のスプルーアンス
アーレイ・バーク級フライトIIA型駆逐艦の33番艦（通算61番艦）、DDG-111。2011年就役。母港はサンディエゴ。2016年4月に他の2隻とともに第3艦隊指揮下に「水上戦闘グループ」を編成し、第7艦隊担当海域の西太平洋に展開、南シナ海でも行動した。

※31　F-15戦闘機
アメリカ空軍の主力制空戦闘機がF-15Cイーグル。沖縄の嘉手納基地の第18航空団には第44と第67の2個飛行隊のF-15C（と複座のF-15D）が配備されている。ストライクイーグルであれば、F-15E戦闘攻撃機ということになる。

※32　ディケーター
アーレイ・バーク級フライトII駆逐艦の2番艦（通算23番艦）、DDG-73。1998年就役。母港はサンディエゴ。スプルーアンスとともに2016年4月に「水上

戦闘グループ」を編成。もう1隻はワシントン州エヴァレット母港のフライトⅡA型モムセン、DDG-92。

※33 護衛艦「あぶくま」
「あぶくま」型護衛艦。近海護衛用のDE6隻中の1番艦、DE-229。第12護衛隊に所属して呉基地に配備されている。

※34 ルーヤンⅡ級ミサイル駆逐艦
「旅洋Ⅱ」はNATO呼称で、中国海軍では052C型。艦橋の4面に固定式のレーダーアンテナ・アレイを備え、対空ミサイルのVLSを装備、「中国版イージス」と形容される。満載排水量7112トン、6隻建造。この艦番号153は2015年就役の東海艦隊所属「西安」。

※35 ジャンカイⅡ級フリゲート
「江凱Ⅱ」はNATO呼称、中国海軍では054A型。2008年から22隻が建造されている中国海軍の主力水上戦闘艦で、満載排水量3963トン、対空ミサイルのVLSを装備。この艦番号572は2012年就役、南海艦隊所属の「衡水」。

※36 ダーラオ級潜水艦救難艦
「大老」はNATO呼称、中国海軍では926型。2010年から3隻が就役している新型の潜水艦救難艦で、救難潜水艇などを搭載する。この艦番号867は2012年に進水した最新艦の「長島」で、南海艦隊所属とみられる。

※37 フチ級補給艦
「福池」はNATO呼称、中国海軍では903型。2003~2004年に2隻が就役した後、2013年から改良型903A型4隻が就役、さらに2隻が建造中。このクラスの出現で、中国海軍の外洋行動能力は大きく向上している。番号966は2016年就役の「高郵湖」。

※38 アンウェイ級病院船
「安衛」はNATO呼称、中国海軍では920型。2008年に就役した「岱山島」1隻が知られている。東海艦隊所属。艦名はしばしば「和平方舟」と報道されることもある。排水量は約1万4000トンとも2万3000トンとも。2010年にアフリカ~南アジアで医療支援を行なった。

※39 リムパック演習
2年に1度、アメリカ太平洋艦隊が主催して行なわれる環太平洋諸国海軍合同演習。今年は、ノルウェー、ドイツ、オランダ、デンマークなどヨーロッパの国々も含めて26か国が参加した。ただし艦艇や航空機ではなく、人員や陸上部隊のみを参加させた国もある。

※40 パシフィックパートナーシップ
2004年のスマトラ沖地震を契機に、アメリカ海軍が2006年から行なっている太平洋~東南アジアへの医療・民生支援活動。しばしば大型病院船マーシーが派遣され、日本も2007年から参加、2016年には海上自衛隊の輸送艦「しもきた」が派遣されている。

※41 台湾の海洋調査船「海研一號」
台湾の国家実験研究院に所属して海洋科技中心が運用している調査船。1984年に就役し、総トン数は794トン、全長50m。漁業調査を主な用途としているとみられる。

※42 ミサイル艇「わかたか」
「はやぶさ」型ミサイル艇6隻の2番艇で、2002年就役。大湊地方隊余市防備隊第1ミサイル艇隊に所属して、北海道の余市警備所を基地としている。満載排水量200トンだが、76㎜砲と90式対艦ミサイル4発を装備、速力は44ノット。

※43 ロシア海軍スラバ級ミサイル巡洋艦
旧ソ連海軍に1983~89年にかけて3隻が就役した。満載排水量約1万1500トン。射程555㎞の超音速巡航ミサイルP-500バザルトを16発装備する。この「011」は、ロシア太平洋艦隊旗艦のワリヤーグ。

ロシア海軍のほうは一応旗を出してたってことですか ※44

このキロ級は浮上して航行、軍艦旗を掲げて国籍を明らかにしている。

※45 ASEAN東南アジア諸国連合
1982年のバンコク宣言により設立された東南アジアの地域協力機構。現在はタイ、インドネシア、ブルネイ、マレーシア、シンガポール、ラオス、ベトナム、フィリピン、カンボジア、ミャンマーの10か国が加盟している。

※46 南シナ海問題
南シナ海では、中国が独自に広い範囲の管轄権を主張、また中部のスプラトリー諸島をめぐってはいくつもの国が領有権を主張し合っているなど、近年は領有権や権益をめぐって周辺諸国のあいだでさまざまな論争が起きている。

※47 ジョンソン礁
スプラトリー諸島の珊瑚礁のひとつ。中国が領有権を主張し、埋め立てを行って人工島を作り、灯台を建て、さらには軍事化を図ろうとしている様子が見られる。

※48 機関砲
機関銃のように、弾薬を自動で装填して連続して発射

する砲。一般に口径が20㎜～57㎜程度のものを一般に機関砲と呼んで、20㎜未満の口径のものは機関銃と呼ばれることが多いようだ。

中国のこのやり方の気になるところですよね※49

南シナ海のスプラトリー諸島に人工島を築くだけでなく、さらにそこに軍事施設を設けようとしている点が、中国の南シナ海を軍事的に支配しようとしているのではないかと、各国が警戒感を持つ理由のひとつとなっている。

※50　近接防御火器
中国の艦艇に装備されている機関砲としては、PJ-14やPJ-15といった30㎜単装の遠隔操作式のものがあるが、それとはかたちが違うように見える。

※51　中国がよく使ってる30㎜のアレともかたちが違うようで
ロシア原設計の30㎜6砲身ガトリング式のAK-630でもないし、本格的なCIWSである7砲身のPL-12とも違う。

※52　この演習に参加してるアメリカの空母ステニス
既述のとおり、空母ジョン・C.ステニスは南シナ海で行動した後、沖縄南方でのマラバール合同演習に参加、さらに空母ロナルド・レーガンとの2個空母打撃群合同での行動を行なっている。さて、これが中国海軍からはどう見えたのやら……。

※53　VAQ-138部隊
アメリカ海軍の第138電子戦飛行隊。ニックネームは「イエロージャケッツ」。EA-18Gグラウラー電子戦機を装備している。本拠地はアメリカ本国ワシントン州のウィドビー・アイランド海軍航空基地だが、しばしば青森県の三沢基地に展開している。

※54　EA-18Gグラウラー
アメリカ海軍の電子戦機、ボーイングEA-18Gグラウラー。基本機体はF/A-18Fスーパーホーネットと同じだが、電子戦装備を搭載、ALQ-99戦術妨害装置ポッドや対レーダーミサイルHARMを装備することができる。2009年から実戦配備されている。

※55　第7艦隊
アメリカ海軍の太平洋艦隊傘下の艦隊のひとつ。日付変更線から西の太平洋からインド洋までを担当海域とする。実質的には太平洋艦隊の実働部隊で、ハワイやアメリカ本国の基地から出港した艦艇は、日付変更線以西に展開すると第7艦隊指揮下に入るのが通例だった。

※56　CARAT演習
Cooperation Afloat Readiness And Training（協同洋上即応および訓練）の略。アメリカ海軍が東南アジア諸国と毎年行なっている一連の2国間演習。タイ、インドネシア、マレーシア、シンガポール、フィリピン、ブルネイに、カンボジア、バングラデシュが加わった。

※57　揚陸艦アシュランド
ウィドビー・アイランド級ドック型揚陸艦12隻の8番艦で、1992年就役。満載排水量1万6195トン、LCAC4隻、兵員約400名が搭乗。2013年に佐世保基地に前方展開している。

※58　遠征ドッグ型移送艦モントフォード・ポイント
洋上で輸送艦からLCACに車両を移乗させる特殊な用途の船。いわば「洋上の桟橋」。港湾施設が使えないときでも迅速に車両や物資を揚陸させることができる。2014年から実働に入り、アメリカ海軍の付属機関である軍事海洋輸送コマンド（MSC）の所属。

※59　ブラモス
インドとロシアが協同開発した、射程290㎞、速度マッハ2.8という超音速対艦・対地巡航ミサイル。陸上・艦上・空中発射型がある。2016年6月にベトナムがこのブラモスを購入することが報じられ、南シナ海情勢への影響が注目されている。

※60　Su-30MK
ロシア製の多目的戦闘機。高速と高機動性で知られるスホーイSu-27系列の戦闘攻撃機型で、優れた飛行性能とレーダーに加えて、多彩な兵装運用能力を持つ。ベトナム空軍向けはSu-30MK2Vと呼ばれ、2016年2月までに36機が引き渡された。

※61　C-212
スペインのCASA社製のターボプロップ中型輸送機。1971年に初飛行。約480機が生産され、輸送だけでなく、洋上哨戒機としても使われている。ベトナムはC-212-400MP洋上哨戒型を3機、2011年～2012年に導入した。

※62　空母2個打撃群
アメリカ海軍は、一般的な編成として、空母1隻とその搭載航空団を中心に、タイコンデロガ級巡洋艦1～2隻、アーレイ・バーク級駆逐艦2～3隻で「空母打撃群Carrier Strike Group（CSG）」という部隊を組んで作戦行動を行なう。編成はこれとは異なる場合もある。

※63　タイコンデロガ級巡洋艦
このとき空母ステニスCSGは巡洋艦モービルベイ、駆逐艦チャン・フーン、ストックデール、ウィリアム・

P.ローレンス。レーガンCSGは巡洋艦チャンセラーズヴィル、シャイロー、駆逐艦カーティス・ウィルバー、マッキャンベル、ベンフォールドだった。

※64　B-52
アメリカ空軍の大型爆撃機。多様な搭載兵装のなかにはハープーン対艦ミサイルやクイックストライク機雷も含まれ、対艦攻撃能力も有している。しばしばグアム島にローテーション展開している。

ひかる
わかった！
シルエットで
わかった！
※65

B-52の展開は、国際情勢に対するアメリカの対応をうかがわせるものとなることがあり、この番組でも時おりB-52がニュースになる。なにしろほかの飛行機に見間違えようのない機体だけに、小山ひかるさんもシルエットを憶えてしまっているようだ。

すごいでしょう？
B-52まで
南シナ海に
持ってきて
※66

頭の巡航ミサイルCALCMやステルス巡航ミサイルJASSM、それにグライダー爆弾のJSOWやハープーンなど、強力な攻撃力を持つB-52が南シナ海を飛び、しかもトマホーク巡航ミサイル搭載の駆逐艦が南シナ海を航行する、という光景だ。

※67　EA-18G
三沢基地に展開していたVAQ-138の5機のEA-18Gのうち4機が、南シナ海周辺国のフィリピンのクラーク基地に出向いている。

※68　フィリピン軍のFA-50
しばらく戦闘機のない状態だったフィリピン空軍は、2014年に南シナ海情勢への対応から韓国製のFA-50超音速戦闘攻撃機12機の導入を決め、2015年11月に最初の2機の引き渡しを受けた。ただしFA-50のレーダー性能は比較的限られたものだ。

※69　電子戦
EA-18Gの本領は、敵のレーダーや通信の電波を探知、識別して、それに電波妨害を加え、あるいは対レーダー・ミサイルで攻撃することにある。戦闘機の数も少なく、そのレーダー性能や情報能力も高くないフィリピン空軍と、そんな高度な電子戦訓練をするのか？

ふたつ
揃えると
パチっと
※70

韓国が引き上げたフェアリングの破片と、日本に漂着した破片とを組み合わせたら、いかにもパチっとはまり合うように見える。つまり〝衛星打ち上げロケット〟「銀河3号」の先端部のフェアリングの片割れ同士だったようだ。

2016年6月18日 配信回［後半］

※1　ドリル
部隊の規律や協調、号令を受けて即座に正確に行動するための教練や訓練といった意味だが、ここでいうドリルは部隊の一糸乱れぬ動作を見せる演技のこと。この教練や訓練の意味から、みんなの嫌いな「算数ドリル」「漢字ドリル」の名前ができた。

※2　L85
イギリス陸軍のアサルトライフル。引き金より後ろに弾倉と機関部のある「ブルパップ」型で、5・56㎜のNATO弾を使用する。1985年から配備されているが、当初はさまざまなトラブルがあり、大改修された。

※3　SA80
L85を含むイギリス陸軍の小火器ファミリー。「1980年代の小火器Small Arms」という意味でSA80と呼ばれる。L85のほかに、装甲車両やヘリコプター乗員用のL22カービン銃、銃身を伸ばしてバイポッド（2脚）をつけたL86軽支援兵器などがある。

※4　薬莢受け
射撃のときに排出される薬莢が飛び散らないよう受けるバッグ。日本の自衛隊ではしばしば見るが、近年ではNATO諸国をはじめいろいろな国でも使われているようだ。薬莢を地面に残して、敵に射撃位置を把握されないようにするためなのだろう。

※5　空軍大戦略
1940年夏のドイツ空軍の空襲からイギリス本土を守り抜いたイギリス空軍戦闘機部隊の戦いを描いた、1970年のイギリス映画。ガイ・ハミルトン監督。原題「Battle of Britain」。このドリルで使われたのは、劇中のドイツ空軍のマーチだが、

※6　NAVAL AVIATION VISION 2016～2025
アメリカ海軍の航空部隊の現状と、その人員配置と訓練の課題、今後の航空戦力は何を目指し、どのような装備を求めるかを、2025年までのタイムスパンで展望した公刊文書。2014年にも「2014～2025」が公表されており、その新版ということになる。

※7　無人攻撃機UCLASS
UCLASSで「ユークラス」と読む。Unmanned Carrier-Launch Airborne Surveillance and Strikeの略で、「無人空母発進空中捜索および攻撃」。アメリカ海軍は無人艦上機を偵察／情報収集と攻撃、とくに有人機では危険の大きい任務に使うことを考えていた。

※8　MQ-XX無人機
しかしアメリカ海軍はその構想を改め、仮称「MQ-XX」をつけて空中給油機と長時間捜索偵察機として艦上無人機を使うこととした。機体名は後に「MQ-25」、ニックネームも「スティングレイ」となることが明らかにされた。

※9　空中給油を行なうことになっていること
いまアメリカ海軍空母航空団では、F／A-18E／F戦闘攻撃機に燃料タンクと空中給油ポッドを装備して空中給油機として使っているが、貴重な戦闘攻撃機を空中給油任務に割くことになるので、それなら無人機を使えばいいのでは？　と考えるようになったようだ。

※10　空母連絡機
アメリカ海軍は空母と陸上の輸送のために艦上輸送機を使用している。「COD：Carrier Onboard Delivery」と呼ばれ、E-2早期警戒機の主翼とエンジン、尾翼を基に新設計の胴体を組み合わせたグラマンC-2Aグレイハウンド輸送機を1966年以来使用している。

※11　MV-22B
グラマンC-2Aの後継機として、アメリカ海軍はベル・ボーイングV-22オスプレイの派生型を採用することを決定した。すでに2016年6月に空母カール・ヴィンソンで海兵隊のMV-22Bを使って空母運用適合性テストを行なっている。

※12　CMV-22B
海軍の空母輸送型はCMV-22Bと呼ばれる。CMV-22BはMV-22Bの機体を基に、燃料搭載量を増やし、航続力を伸ばすなどの改良が施される。2020年から44機が引き渡される予定。C-2Aよりも貨物室の寸法が大きく、F／A-18E／F用エンジンも空輸できる。

※13　Magic Carpet
これがじつは略語。「Maritime Augmented Guidance with Integrated Controls for Carrier Approach and Recovery Precision Enabling Technologies」、つまり「空母進入及び着艦精密化向上技術のための統合管制洋上誘導」の頭文字をつなげた無理やりな略語。

※14　RQ-21ブラックジャック
アメリカ海兵隊が2016年から正式運用している、ボーイング／インシトゥ社製小型無人捜索監視機。メーカー名「インテグレーター」。昼夜間TVカメラを備え、画像をリアルタイムで伝送、16時間の滞空が可能。簡易なカタパルトで射出され、ゴムひもで回収する。

なんかスター・ウォーズみたい※15

RQ-21という機種名が「R2-D2」のようなのか、それともRQ-21の機体のかたちが『スター・ウォーズ』の映画に出てきそうなのか、どういう意味で『スター・ウォーズ』みたいなのか、詳細は不明。

紐に引っかかってプルプルってしていたあれ※16

クレーンで吊ったゴムのケーブルに、翼端のフックをひっかけて回収する。RQ-21はインシトゥ社のスキャンイーグルの拡大型で、この回収方法もスキャンイーグルと同じ。小山ひかるさんは以前にスキャンイーグルの回収の映像を見て、気に入っている。

※17　トマホーク
アメリカ海軍の長距離巡航ミサイル。巡洋艦、駆逐艦、潜水艦から発射される。射程は最新のブロックⅣ「タクティカル・トマホーク」で1600㎞。アメリカ海軍は対水上打撃力強化のため、トマホークを航行中の敵艦船への攻撃にも使用することを考えている。

※18　トマホークの後継ミサイルについての構想もあります
この文書のなかに、トマホークの後継となる「NGLW：Next Generation Land Attack Weapon（次世代地上攻撃兵器）」の構想が述べられている。具体的な形や性能は明らかにしていないが、水上艦や潜水艦から発射され、さまざまな目標に対応するものとなる。

※19　無人機を空中給油に使うんだってことに注目されてましたね
無人機のメリットのひとつとして、危険な目標への偵察や、対空火器制圧など人間の乗員には危険の大きい任務に、人命の損失の怖れなしに使えることがある。アメリカ海軍の構想は、無人機の運用構想の大きな変化として注目すべきもの。

※20　X-47B

ノースロップ・グラマン社のＵＣＡＳ−Ｄ、つまり「Unmanned Combat Air System-Demonstrator（無人戦闘航空システム−デモンストレーター）」で、空母から運用する戦闘用の無人機の技術実証機。２０１１年初飛行、２０１３年に空母からの発着に成功した。

※21　ＮＩＦＣ−ＣＡについての記述も当然ながらありました
ネヴァダ州ファロン航空基地に、ＮＩＦＣ−ＣＡの戦術・技術・手順を訓練するための施設を建設し、２０２２年までに他の航空機や艦艇、施設などとも連携して全面的な統合訓練施設にするという構想が書かれている。

※22　そこに上手く降りるには大変な訓練と技術が必要
航空機の操縦システムと空母の着艦誘導システムを連携させて、最適な進入コースを取らせる。着艦までの18秒間に、これまではパイロットは２００〜３００回のコース修正操作をしなければならなかったが、それを20回に、さらに慣れれば10回に減らせるという。

※23　Offensive air to surface warfare
「攻勢的対水上戦」という言葉が出ている。現用の対艦兵器、ミサイルや誘導爆弾よりも、さらに射程が長く精密で、生残性の高い兵器を開発し、さまざまなプラットフォームから運用することで、敵の艦船への攻撃能力を強化しようという構想。

※24　海軍力が強くなってきてる国があって、それが必ずしもアメリカと上手くいっているわけではない
どこなんだろう？　そういえば近年では中国海軍の増強と行動の活発化・遠距離化が進んでいるし、南シナ海の管轄権を主張しているし、一方でロシアも海軍の近代化が進みつつあって、黒海やバルト海でロシア機がアメリカの艦艇や航空機に異常接近してるし……。

※25　Distributed Lethality
配分型打撃力、とでも訳すか。空母の航空機のミサイルや爆弾だけでなく、巡洋艦や駆逐艦の対艦攻撃力を、従来のハープーン対艦ミサイルだけでなく、さらに強化しようという構想。ＬＲＡＳＭステルス対艦ミサイルも開発中。

※26　ロシアとの国境に面するバルト海沿岸諸国やポーランドに大隊を配置するという方針を打ち出しました
イェンス・ストルテンベルグＮＡＴＯ事務総長が２０１６年６月13日に発表。国際部隊から成る部隊を、リトアニア、エストニア、ラトビアのバルト３国と、ポーランドに各１個大隊を展開させる。

※27　『Platinum Lion16-3』共同演習
２０１６年５月９日〜15日にかけて、ブルガリアのノヴォ・セロ演習場で行なわれた。ブルガリア陸軍90名、アメリカ海兵隊１５０名、イギリス軍40名、ルーマニア軍25名、フランス軍11名が参加した。２０１０年からの「黒海ローテーション兵力」部隊の演習。

※28　LAVの系列の装甲車
アメリカ海兵隊の８輪式装甲兵員輸送車。Light Armored Vehicle（軽装甲車）の略だが、13トン近い重量だから「軽」というのは装軌式のＡＡＶ−７に比べれば軽い、という意味なのだろう。基本型の25㎜機関砲搭載型のほか、さまざまな派生型がある。

※29　ＮＡＴＯ演習アナコンダ
ＮＡＴＯ軍による「アナコンダ」演習は２０１６年６月７日〜16日にかけてポーランドで行なわれた。参加国は、ＮＡＴＯ加盟国ではないスウェーデンとフィンランドも含めて24か国、総兵力３万１０００人という、冷戦以後では東ヨーロッパで最大規模の演習となった。

※30　手榴弾
「てりゅうだん」。兵士が手で投げる爆弾。英語ではhand grenadeという。爆発して破片をまき散らす以外にも、煙幕を張るものなど、いろいろな種類がある。

「透明性が大事！」※31

ポーランドと国境を接するベラルーシと、さらにロシアからのオブザーバーも招いて、演習を見学させている。ＮＡＴＯ最東部のポーランドにこれだけの大兵力を集めて行なわれる演習だけに、ロシアに無用な疑念や警戒を持たせないための措置なのだろう。

こういう拳銃持ったことないから持ってみたい※32

今日の軍隊では、とくに歩兵にとっては、拳銃は威力が充分ではないし、拳銃の威力が足りないのならば、自動小銃用の弾丸とは別に、わざわざ拳銃用の弾丸を補給する手間も面倒と考えられるようになって、携行火器としては使われなくなってきている。

※33　自動小銃
自動的に連射のできる小銃。小銃弾を用いるものが自動小銃で、それより口径の小さい、あるいは軽量の弾丸を発射するのがアサルトライフルで、どちらも兵士１人が手で持って射撃する、とざっくりいうとこんな感じだろうか。

※34　ドローン
小型の偵察用ドローンが市街地環境での敵情把握に使われている。どうもはっきり見えないが、飛びっぷりからすると、飛行機型ではなく、よくある回転翼4基の「クァドコプター」形式のものらしい。

まともな形状のハマー※35

面倒くさいことをいうと、ハマーはハムヴィー（HMMVW：高機動多用途装輪式車両）を基にした民間SUVのブランド名で、これは軍用だからハムヴィー。1985年からアメリカ軍で使われている軍用車両で、いろいろな用途に、いろいろな派生型が作られている。

※36　魔改造
ハムヴィーはアフガニスタンやイラクで使われ、現地のイスラム過激派やさまざまな武装勢力の手に渡ったものも多く、現地で装甲の追加や各種機関銃など武装の装備が行なわれ、多種多様なかたちに改造されている。

※37　空砲アダプター
自動小銃や機関銃は、弾丸を発射したガスの圧力で次の弾丸を装填するので、空包だとガスの圧力が抜けて、装填がうまくいかなくなる。そこでこのような演習や訓練で空包を撃つときは、ガスの圧力が抜けてしまわないように、銃口にアダプターを取り付ける。

※38　Mi-8？　17系？
ポーランド陸軍はMi-8もMi-17も保有していて、どちらもよく似ているのだが、この機体は機首側面に装甲板を追加しているところからすると、Mi-17だろうか。

※39　カラシニコフの系列
ポーランド陸軍の現用歩兵用火器は、従来のロシア設計のAKMやAKMSに代わって、1997年からは国産の5・56㎜NATO弾を使用するkbs wz 1996ベリルというアサルトライフルになっているようだ。

※40　ベラルーシとウクライナを挟んだすぐそこのポーランドでこういう演習やってるわけですよね、NATOはね
ロシアから見れば、ポーランドはベラルーシを挟んだところにあって、そこでNATOが大規模演習をやっている。オブザーバー派遣は、NATOの演習の規模や練度を見せつけられることにもなったのかもしれない。

※41　MPT-76
トルコの国産自動小銃で、2014年にヨーロッパの兵器展示会で公開された。モジュラー式の構成になっているといわれ、使用する弾丸が後で話に出るように7・62㎜弾である点など特徴が多い。

※42　昔のNATO弾
口径7・62㎜、全長51㎜。NATOの標準的ライフル弾として1954年から使われているもの。アメリカ軍のM-14ライフルやM-60機関銃がこれを使用する。薬莢も含めての重量は1発25・5g、M16自動小銃用は5・56㎜×45㎜弾。

じどうそうじゅうってなんですか？※43

そりゃ「自動小銃」なんて普通の人には聞きなれない言葉だから、「じどうそうじゅう」に聞こえたりもするわな。

※44　自動小銃
引き金を引いていれば自動的に次々に弾が出る小銃、小銃とは、まあつまり兵隊が手で持って撃つライフル銃みたいな長い銃のことだ。弾が出るのが自動的なだけで、狙いをつけたりすることまで銃が自動でやってくれるわけではないんだよ、小山さん。

※45　トルコ軍が、なぜ7・62㎜弾をわざわざ使うのか
NATOの各国も、アメリカ軍のM16系列やイギリス軍のL85など、5・56㎜弾を使うのが一般的になっている中で、トルコ軍が新しい銃に7・62㎜口径を採用した、というところが興味深い。そりゃ弾が重い分破壊力もあるだろうが、その分銃も重くなるし。

※46　あそこを外していろいろなキットをつけるとも言われていますし
いわゆる「ピカティニー・レール」方式で、照準器やレーザー照準器などが装着できる。また銃身の下側にはショットガンやグレネード・ランチャーも装備できるという。モジュラー式というのは、そのような柔軟な追加装備のことを言っているようだ。

※47　M109シリーズの自走砲
アメリカ陸軍の155㎜自走榴弾砲。1963年に最初の型が生産を開始し、現在まで改良が続けられている。最新のM109A7型では重量35トン、射程は通常弾で18㎞、ロケット補助推進弾で30㎞〜37㎞といわれる。アメリカ以外でも多くの国々で使われている。

※48　弾薬輸送車
M992と呼ばれる車両で、M109自走砲に弾薬を補給する。最新型はM992A2。M109と車体は共通で、M109にどこでも同行できる。155㎜砲弾と発射用の装薬95発を搭載するが、砲弾をM109に移送するコンベアーは撤去され、兵員が人力で運ぶ。

※49　アメリカ軍砲兵部隊

アメリカ陸軍の砲兵隊は、野戦砲兵（Field Artillery）と対空砲兵（Air Defense Artillery）のふたつに分かれている。野戦砲兵は牽引式の砲や自走砲、それに多連装ロケットMLRSやHIMARSを装備している。アメリカ野砲隊マーチが有名。

155㎜砲弾をかつぐんだもんなあ（笑）※50

アメリカ軍の標準的な155㎜榴弾、M795は発射重量が46・7㎏もある。M992弾薬車の給弾コンベアーは、人力で運ぶより遅いので撤去されてしまっているから、砲兵がこの砲弾を抱えて運ばなくてはいけないことになる。

※51 HIMARS
M142。「High Mobility Multiple Artillery Rocket System（高機動多連装砲兵ロケット弾システム）」。MLRSと同じM26～31ロケット弾6発かATACMSミサイル1発のコンテナ型発射機1基をトラックに搭載した車両。C-130輸送機で空輸できる。

※52 多連装ロケット
M270多連装ロケット弾システム（MLRS）。装軌式の車両で、ロケット弾6発もしくはMGM-140ATACMSミサイル1発のコンテナ型発射機2基を搭載する。射程はロケット弾で32～120㎞、ATACMSミサイルでは300㎞に達する。重量25トン。

※53 MLRSじゃなくてHIMARSだったのかしら。
在ヨーロッパ・アメリカ陸軍に指定されている部隊も、兵力の多くはアメリカ本土に置いているようで、現在ヨーロッパにはMLRS部隊は配備されていないのか？

※54 展開が速いっていうことでしょうね
そうだとすると、やはり軽量でC-130輸送機でも空輸が可能で、しかも装輪式で路上走行性に優れたHIMARSがこの演習に投入された、ということか？

※55 岡部 なるほどねえ。ほら、能勢さん、戦車ですよ（野原に展開している戦車群の映像を見て）。小山 喋って喋って（笑）
戦車に詳しい能勢さんにしゃべってもらうところだ。（能勢の卒論は「戦車の国際取引」に関するもの。本人は意識していないが、現用戦車を見ると目の色が変わると言われているようだ。by能勢）

※56 AH-64D
ボーイングAH-64アパッチ攻撃ヘリコプターだが、ロングボウ・レーダーをローター上部に装備しているところを見るとAH-64D型だろうか。この映像からは判別しにくいが、最新型で無人機運用能力など大幅な改良を施したAH-64Eかもしれない。

※57 ロングボウレーダーがついてますね
D型以降のAH-64に装備されているAPG-78射撃統制レーダー。昼夜天候を問わず、地上目標を探知、128目標を捕捉して、16目標をヘルファイア対戦車ミサイルで同時攻撃できる。ローター上部に装備され、機体は樹木や地物などに隠れたまま目標を捕捉できる。

※58 ハインド
旧ソ連が開発したミルMi-24攻撃ヘリコプター。「ハインド」はNATO呼称。1970年から実戦運用され、輸出型Mi-25やMi-35も含めて多様な型があり、東ヨーロッパや中東、アフリカなど多くの国で使われている。ポーランド陸軍もMi-24Wを32機保有している。

※59 M4小銃
アメリカ陸軍のアサルトカービン。M16A2アサルトライフルの派生型で、銃身が短くなっているが、弾丸は共通。特殊部隊や空挺部隊用だったが、現在では一般の歩兵部隊でも広く使われている。カービンは本来は騎兵が馬上で射撃するための、銃身の短い小銃。

※60 Mi-2
旧ソ連が開発した小型のガスタービン・ヘリコプター。原型の初飛行は1961年。8人乗り。旧共産圏諸国をはじめ北アフリカや南米のいくつかの国々でも使われていた。ポーランドでは陸軍も空軍もMi-2を使用している。

レオパルドのシリーズですね。A5かな ※61

旧西ドイツ（現ドイツ）が開発した主力戦闘戦車レオパルト2の改良型。砲塔の周りに新型装甲を追加したために砲塔が楔形になっている。1990年からドイツ陸軍に導入され、デンマーク、ノルウェー、スウェーデンが採用、ポーランド陸軍も105両を保有している。

※62 SEP
「System Enhancement Package（システム強化パッケージ）」。M1戦車の改良計画で、SEP、SEPV2と段階があり、冷房装置の強化や遠隔操作式機銃CROWSIIの装備、スモークディスチャージャーの更新など、装備や能力の向上が図られている。SEPV3も計画中。

※63 主砲120㎜
M1A2の砲はM256 120㎜44口径滑腔砲。装弾筒つき翼安定型徹甲弾（APAFDS）や高性能対戦車

榴弾（HEAT）、成形炸薬弾（HESH）などの砲弾を発射でき、薬莢は焼尽式。

※64　バイポッド
三脚がトライポッドに対して、二脚だからバイポッド。射撃時に銃を安定させるために用いる。MPT-76小銃は前部のハンドグリップのなかにバイポッドが収納されていて、これを伸ばして開くようになっている。

バトルシップ、もとい、バルトップス演習※65

たぶん小山ひかるさんは映画の『バトルシップ』を見たことがあるんじゃないかと思う。あるいは『バトルシップ』という題名が記憶にこびりついているとか。

※66　Mk.80系の爆弾に信管と後ろに羽をとりつけて、機雷にできるんですよ
アメリカ空軍／海軍が用いる「クイックストライク」機雷は航空爆弾に機雷用の信管と安定／減速翼を取り付けて、航空機から投下する沈底機雷。227kgのMk.82爆弾のMk.62、454kgのMk.83爆弾のMk.63があり、1086kgのMk.65は機雷専用の弾体を用いている。

※67　それをB-52につける
B-52Hには227kgのMk.62クイックストライク機雷ならば51発を、454kgのMk.63機雷か1086kgのMk.65機雷ならば18発を搭載できる。B-2はMk.62を80発、B-1Bは84発を搭載可能。F／A-18やP-3Cもクイックストライク機雷を投下できる。

※68　ブーム
燃料を受ける機体の受油口に金属製のパイプを差し込んで給油する方式を「フライング・ブーム」式といい、その燃料移送パイプを「ブーム」という。ブームの操縦翼を動かしてブームの位置を調整する。構造が複雑で重くなるが、燃料移送量は大きい。

※69　空中給油機
アメリカ空軍のボーイングKC-135R空中給油機。1955年に原型が初飛行して、約800機が生産された。現在も400機以上が使われている。1980年代半ばに、エンジンを新型に交換、燃費が大幅に向上し、航続距離が伸びている。

※70　空中給油機をたくさん使うのが、アメリカ軍やNATO軍の定石
空中給油を行なうことで、戦闘機や攻撃機の航続距離を大幅に伸ばすことができる。自国周辺より遠い地域で行動することが多いアメリカ軍やNATO軍の航空作戦では、空中給油を活用して戦闘機・攻撃機の行動半径を広げることが多く行なわれている。

※71　コンフォーマルタンク
機体、とくに胴体に貼りつけるように装備した燃料タンク。機体形状と一体になっているので「コンフォーマル」。主翼のパイロンをドロップタンクに使わなくて済むので、爆弾やミサイルの搭載場所を増やせる。飛行特性や性能への影響を少なくできるかがカギ。

※72　ポーランド空軍のF-16C
ポーランド空軍は2006年から48機のF-16C／Dブロック52+を導入した。スナイパーポッドやヘルメット・マウンテッドサイトなどを装備し、AIM-120CやAIM-9X、JSOW-Cを運用でき、コンフォーマル・タンクも装備し、「NATOでもっとも進んだF-16」といわれる。

※73　レーザー誘導爆弾を照準するためのポッド
電子光学センサーや赤外線カメラで昼夜問わず地表を見て航法を助け、あるいは目標を捕捉し、さらには目標にレーザーを照射してレーザー誘導兵器を運用する、などの機能を持つポッドを、今日の戦闘機や攻撃機、爆撃機はしばしば装備する。

先っちょが丸いからライトニングかしら※74

赤外線前視装置（FLIR）と電子光学カメラ、レーザー照準装置を備えた目標捕捉／照準ポッド。イスラエルのラファエル社が開発、アメリカのノースロップ・グラマン社が改良と販売を担当し、アメリカ、イスラエルのほか、多くの国で使われている。米軍名AAQ-28。

※75　ライトニングにはいろんな種類があるの
イスラエル軍の最初の型ライトニングI、アメリカで改良されたライトニングII、探知距離を伸ばしたER、識別能力向上型G4などの型がある。このライトニングはLITENINGと綴り、「稲妻Lightning」とは発音は同じだが綴りが違う。

※76　アメリカの空母ドワイト・D.アイゼンハワー
ニミッツ級原子力空母の2番艦、1977年就役。艦番号CVN-69。母港は大西洋側のヴァージニア州ノーフォーク。2016年6月1日にノーフォークを出港、巡洋艦2隻、駆逐艦4隻の空母打撃群で地中海～アラビア海へ展開した。

※77　ハリー・S.トルーマン

ニミッツ級原子力空母の8番艦、1988年就役。艦番号CVN-75。母港はノーフォーク。2015年11月に出港して地中海〜アラビア海に展開、途中で作戦期間を延長して、2016年7月にノーフォークに帰還。展開期間は8カ月に及んだ。

東のほうはシリアとゴタゴタしてて大変なの ※78

シリアとイラクのIS（いわゆるイスラム国）などのイスラム過激派武装勢力に対して、アメリカ海軍は地中海に展開した空母からの航空攻撃を行なっていた。地中海東部沿岸は、イスラエルとパレスチナの対立もあり、緊張度が高い。

※79　タコのカルパッチョとか
せっかく地中海で料理の話になったから、やはり海のものということで、とりあえずタコのカルパッチョを思い浮かべてみた。では白ワインの冷たいのを。

※80　バイオ混合燃料
イタリア海軍もアメリカ海軍と同様に艦艇の燃料にバイオ燃料を使う構想を進めている。それが「ラ・フロッタ・ヴェルデ」で、このときはドワイト・D.アイゼンハワー空母打撃群の駆逐艦メイソンが、イタリア補給艦エトナからバイオ燃料の給油を受けた。

※81　グレートグリーンフリート
アメリカ海軍は1907〜1909年に戦艦部隊で世界一周航海を行ない、当時のアメリカ軍艦が白い塗装だったことから、この艦隊は「グレート・ホワイト・フリート」と呼ばれた。バイオ燃料艦隊の「グレート・グリーン・フリート」という呼び名はそれに倣っている。

※82　ホライゾン型駆逐艦
1990年代にイギリスとイタリア、フランスは「ホライゾン」計画として3国協同で駆逐艦を開発しようとした。しかしイギリスが脱退、イタリアとフランスが、共通の基本設計と共通の多機能レーダー、対空ミサイルを持つ駆逐艦2隻ずつを建造した。

※83　カイオ・ドゥイリオ
「ホライゾン」計画でイタリアが建造した駆逐艦は、アンドレア・ドリア（艦番号D553、2008年就役）とカイオ・デュイリオ（艦番号D554、2009年就役）の2隻。EMPAR多機能レーダーをマスト上のドームに装備、シルバーA50VLS48セルを持つ。

※84　EMPAR
EMPAR回転式のフェーズド・アレイ方式のレーダーで、探知距離は100kmといわれる。300目標を同時に捕捉・追尾して、24目標を同時に迎撃できる。アスター15／30対空ミサイルの射撃指揮もこのレーダーで行なう。

※85　ASTER30、ASTER15
フランスとイタリアが協同開発した艦／地対空ミサイル。射程120kmの長射程型がアスター30、射程30km＋の短射程型がアスター15。射高はアスター30で2万mという。慣性航法とEMPARからのアップデートで飛行し、終末段階はアクティブ・レーダー誘導。

※86　ASTER30ブロック1NT
アスター30ブロック1は、操縦翼による空力的操縦と、胴体中部の矩形の安定翼に内蔵された「ピフパフ」と呼ばれるロケットからの直接推力操縦により、60Gという驚異的な機動が可能で、射程600km程度の短距離弾道ミサイルの迎撃が可能とされている。その改良型ブロック1NTでは、弾頭部のレーダーを新型化し、誘導コンピューターも改め、より遠距離で目標を捕捉し、より正確な迎撃針路の算定ができるようになり、短距離弾道ミサイルだけでなく準中距離弾道ミサイルの一部も迎撃が可能になるという。

※87　ブロック1A、1Bクラス
アメリカと日本が現用しているイージス艦搭載迎撃ミサイル、SM-3ブロックⅠAとセンサー改良型ブロックⅠBは、射程1500km程度の準中距離弾道ミサイル、具体的には北朝鮮のノドンのようなミサイルまで迎撃する能力があるとされている。

今日なんかパニックになった ※88

珍しくアメリカ以外の弾道ミサイル迎撃用ミサイルの話になったもんで、能勢さんも岡部も暴走モードに入ってしまいました。置いてきぼりにしてゴメン！

※89　ノドンとかは、大気圏の外の空気が薄いところで狙うことになってるんですね
大気圏の上限の高度がだいたい100kmぐらいとされているから、ノドンが弾道の頂点に達するあたり、つまり「ミッドコース」では完全に大気圏の外になる。SM-3は弾道ミサイルやその弾頭を「ミッドコース」で迎撃する。

※90　空気が薄いから、弾頭もかたちに凝らなくてもいいやということになってるんです
したがってSM-3の迎撃弾頭は、空気の抵抗をまっ

たく考慮しない形状になっている。円筒形で先端に赤外線シーカーがついていて、中央部にコース制御用のスラスター4基がある。

※91　それで色が同化してステルスっぽく見えたのは、霧だから？　そうではない？
ステルスっぽく見える、と言っているのはおそらく霧の艦の姿が溶け込んで、よく見えなくなっている、という意味だろう。それは小山ひかるさんの言うのが正しい。軍艦の灰色塗装がこういう状況のなかで迷彩効果を発揮しているわけだ。

※92　揚陸艦のボクサー
ワスプ級強襲揚陸艦7隻の4番艦、1995年就役、艦番号LHD-4。満載排水量4万1302トン、全長258m。海兵隊員1687名搭乗。ヘリコプターおよびMV-22Bオスプレイ30機、AV-8B攻撃機6～8機を搭載。太平洋艦隊所属、母港はサンディエゴ。

※93　トルーマンの艦隊
ボクサーは2016年6月5日にペルシャ湾に入っている。一方空母ハリー・S.トルーマンは同年6月2日にスエズ運河を北に抜けているから、アデン湾～ペルシャ湾海域ではボクサーとトルーマンは入れ違ったことになる。

※94　ペルシャ湾からハリアーを発進させて、IS（イスラム国）への攻撃に加わらせている
この展開時にボクサーが搭載していたのは、VMA-214（第214海兵攻撃飛行隊）「ブラックシープ」のAV-8BハリアーII＋攻撃機だった。

※95　今後ロシアとNATO側、緊張が高まるかも、という観測もあるそうです
この後もアメリカ偵察機やアメリカ駆逐艦に対するロシア機の接近など、ロシアとNATOのあいだではいろいろな事件が起きている。

※96　NATOの側は「黒海に常設の艦隊を入れるようにしようではないか」みたいな話が出ているようですね
ロシアのクリミア侵攻の後、黒海に面するNATO加盟国のルーマニアとトルコは、黒海にNATO常設艦隊を展開させることを検討するよう、他のNATO諸国に働きかけていた。

肝心のブルガリアが（笑）※97

同じく黒海沿岸でNATO加盟国のブルガリアは、6月16日にボリソフ首相が「ヨットや観光客を乗せた客船が行きかう黒海が見たいのであって、軍事行動の舞台になって欲しくない」と、NATO黒海艦隊構想に加わらないことを表明した。

※98　小山嬢が聞いたことがあるのはF-35ライトニング
アメリカの次期戦闘機F-35の名前はライトニングLightning II。先ほどB-52Hが装備していた、目標捕捉・照準ポッドのライトニングはLITENING。発音が同じ。

ライトニングポッドと戦闘機のライトニング、同じ名前を違うものにつけているアメリカ軍が悪い（笑）※99

片や戦闘機、片や目標捕捉・照準ポッドだし、F-35ライトニングIIは高度な赤外線画像センサーを装備しているからライトニング・ポッドを吊るす必要はないし、まず混同はしないだろう。でも詳しくない人は、ひとつの番組のなかで両方の名前が出たら混乱するな。

※100　SIGSAUER社
SIG（シグ）は「スイス工業会社」という意味のドイツ語の略語。その銃器部門が他の企業に売却されてスイス・アームズ社という別の銃器メーカーになり、そのブランド名がシグとシグ・ザウエルというらしい。正しく知りたければ銃器に詳しい人に聞いて下さい。

※101　MCX
MCXはアメリカ法人シグ・ザウエル社製でシグMCXと呼ばれる。銃身を交換することで5・56㎜弾と0.300BLK弾（約7・62㎜）、7・62㎜弾の3種類の弾丸を使うことができる。アサルトライフルのように見えるがセミオートマチックで、民間人も買える。

※102　機関部
弾を装填・発射する機構のある部分。

※103　M-16
アメリカ軍が1960年から使用している自動小銃。弾丸には5・56㎜弾を用いるため、反動が小さく、命中精度も高い。さまざまな派生型・改良型があり、アメリカ陸軍・海兵隊の他に多数の国で使われている。

※104　AR-15
M16を設計・開発したアーマライト社の製品名。M16の自動射撃機構を改めてセミオートマチックまでとした民間用の銃がいろいろなメーカーで作られていて、それらにもAR-15の名前が付けられている。

■解説おわり■

今夜も『ネコが椅子噛んでる《イスカンデル》！』

後書き

フジテレビ解説委員
能勢伸之

後書きということだが、『週刊安全保障』の終了間際のことを視聴者や読者の皆様にアンカーの立場から説明させていただきたい。番組終了が近づいていることを知らせるネコが啼けば、アシスタントの小山ひかるさんが「また、来週も視てくださいね～」と〝バッサリ、にこにこ〟。画面には、小山さんの屈託のない笑顔と対照的な筆者の引き攣った作り笑顔が並ぶ。1時間55分という長尺の番組ながらつねに終了間際はドタバタ。その理由はおもにふたつだ。ひとつめは、担当のIディレクターによれば「専属構成作家（筆者が兼任）がネタを詰め込みすぎる！」から。反論困難な指摘だが、世界は番組の都合など歯牙にもかけず動いており、本番間際まで伝えるべき事象は増え続けるのだ。結果、ディレクターが本番中でも冷汗やタメ息とともにネタを整理し続けることになる。ふたつめは、小山ひかる、である。「チチュウカイって料理用語じゃないの？」慌てて地図を開くゲストの岡部いさく氏。地図を見せれば「ロシアって、こんなところにあったんだ！」。ミサイルの脅威を語っていると「椅子噛んでる？ ※筆者注／イスカンデル短距離弾道ミサイルのこと」（「椅子を噛んでる猫」イラスト誕生の理由）。さらに質問のスケールは地球レベルを超え「月って、人工衛星？」。慌ててスケッチブックを開く岡部氏。

もちろん、筆者とて岡部さんにムチャブリするばかりではなく、小山さんの質問に対峙する（こともある）。「知事って、政治家？」……政治の本質を突く質問に天を仰いだ。このように岡部氏らゲスト陣と筆者は、知ったかぶりと無縁の小山さんの唐突な質問に手を替え品を替え時間内に納得いくまで答えねばならず、番組終盤切迫事情も御理解いただけることと思う。それなのに、嗚呼それなのに〝バッサリ、にっこり〟。

こういったアレコレの結果として「ほぼほぼ、バラエティ番組」という声があるのも承知しているが、ゲストも筆者も小山さんも、安全保障問題に大真面目に取り組んでいる。小山さんはゲスト出演した中谷元・元防衛相の前で（むろんカンペもなしに）NIFC-CAの説明をこなして『満点』を貰ったのだ。あえて言わせてもらうが、『週刊安全保障』は〝報道番組〟である。これは、言い訳ではない（キッパリ）。

それはさておき、金曜午後7時〜のホウドウキョク『週刊安全保障』（http://www.houdoukyoku.jp/）をお楽しみいただければ幸いである。

追記

さて、ややこしくなる一方の日本の周辺情勢＋世界情勢を背景に、『週刊安全保障』からのスピンオフ番組『日刊安全保障』がスタートしています。毎週月曜日〜木曜日の午後午後8時55分からの5分間番組で、視聴方法は『週刊安全保障』同様。その日その日の安全保障に関わるトピックスを取り上げます。こちらでも「#週刊安全保障」のタグつきのツイート大歓迎。金曜の『週刊安全保障』でゲストに解説していただきます（またムチャブリって言われる？）。

Books of Isaku Okabe & Dasaku Okabe

世界の駄っ作機5

岡部ださく／定価［本体2600円＋税］

情熱を傾けても愛を注いでもダメな飛行機はできちゃうんです。連載分32篇29機＋書き下ろし3機収録。シリーズ刊行10周年を記念しカラー塗装図4ページ増。

世界の駄っ作機6

岡部ださく／定価［本体2600円＋税］

古今西のダメ〜な飛行機の数々を、愛にあふれた目で紹介します。連載分32編に加え書き下ろし3編を収録。

世界の駄っ作機2

岡部ださく／定価［本体2400円＋税］

歴史の狭間に消えていった、珍妙なるも愛すべき駄作機たちの愛と涙と笑いのストーリー。『月刊モデルグラフィックス』掲載の大人気コラム第2巻。3年ぶんの連載原稿31篇に加え書き下ろしも4編収録。

世界の駄っ作機3

岡部ださく／定価［本体2400円＋税］

航空史の裏側に横たわる死尾黒々、まだまだあります駄作の翼。書き下ろし3篇を含む全33機の駄作機＋あの伝説の飛行機、XB-70のヴァルキリーも収録!

Yusha Retsuden Series

勇者列伝
シリーズ

英国軍艦勇者列伝

岡部いさく／定価［本体2600円＋税］

英国軍艦に対して愛情をタップリ注ぎ込んだ、艦船模型専門誌『ネイビーヤード』に連載中の人気コラム「なんだか蛇の目なフネだから」改題の単行本。収録タイトル19編＋書き下ろしコラムも収録。

Janome Series

蛇の目
シリーズ

各シーリーズ、絶賛発売中!

岡部いさく&能勢伸之の
ヨリヌキ 週刊安全保障

発 行 日 2016年12月2日 初版第1刷発行

監 修 フジテレビジョン『ホウドウキョク』

監修・執筆・イラスト 岡部いさく

執 筆 能勢伸之（株式会社フジテレビジョン）

発 行 人 小川光二

発 行 所 株式会社 大日本絵画
〒101-0054 東京都千代田区神田錦町1丁目7番地
電話／03-3294-7861（代表）
http://www.kaiga.co.jp

編 集 人 市村弘

企画・編集 株式会社 アートボックス
〒101-0054 東京都千代田区神田錦町1丁目7番地
電話／03-6820-7000（代表）
http://www.modelkasten.com/

編 集 モデルグラフィックス編集部

装幀・割付 井上則人／土屋亜由子／
阿部文香／入倉直幹／篠原朱
（井上則人デザイン事務所）

撮 影 株式会社 インタニヤ

印刷・製本 大日本印刷 株式会社

[写真提供] DVIVS／HMSO／MALINA MIRITARE／M.D.A／NATO／PEPUBLIC OF THE PHILPPINES／Philippines Air Force／Royal Australian Navy／U.S.Air Force／U.S.D.o.D／U.S.Marine／U.S.Navy／海上自衛隊／海上保安庁／小泉悠／航空自衛隊／統合幕僚監部／浪江俊明／防衛省（アルファベット・五十音順）

[協力] IMS Entertainment／石川潤一／小泉悠／中谷元事務所／フジテレビジョン【清水俊宏（フジテレビジョン ニュースコンテンツプロジェクトリーダー）、磯部透（ホウドウキョク ディレクター）、北原燎真（ホウドウキョク アシスタントディレクター）、田中裕祐（ホウドウキョク アシスタントディレクター）】／もやし／山田幸彦（五十音順）

■内容に関するお問い合わせ先：㈱アートボックス 03-6820-7000（代表）
■販売に関するお問い合わせ先：㈱大日本絵画 03-3294-7861（代表）

ISBN978-4-499-23199-2